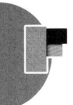

"**本科教学工程**"全国纺织专业规划教材

高等教育"十二五"部委级规划教材

织造工程

ZHIZAO
GONGCHENG

牛建设　主编

杨红英　马 琴　副主编

化学工业出版社

·北京·

《织造工程》是纺织工程专业本科教学的专业课教材，系统介绍了织造设备及织造工艺。内容包括络筒、整经、浆纱、穿结经、纬纱准备、并捻、开口、引纬、打纬、卷取和送经、织机其他机构、织物整理、机织物加工的工艺流程及快速反应共十三章。本书全面介绍了国内外新型织造准备和织造设备的机构特点、运动分析、机织物的织造基本原理、工艺参数调节、优质生产的基本措施及发展趋势。同时安排有大量实验，包括设备机构认识实验和上机工艺实验。

本书可以作为高校纺织工程的专业课教材，也可作为有关工程技术人员和科研人员的参考书。

图书在版编目（CIP）数据

织造工程/牛建设主编. —北京：化学工业出版社，2015.4

"本科教学工程"全国纺织专业规划教材. 高等教育"十二五"部委级规划教材

ISBN 978-7-122-23214-4

Ⅰ.①织… Ⅱ.①牛… Ⅲ.①织造工艺-高等学校-教材 Ⅳ.①TS105

中国版本图书馆 CIP 数据核字（2015）第 043721 号

责任编辑：崔俊芳 装帧设计：史利平
责任校对：边 涛

出版发行：化学工业出版社（北京市东城区青年湖南街 13 号 邮政编码 100011）
印 装：三河市延风印装厂
787mm×1092mm 1/16 印张 18 字数 440 千字 2015 年 5 月北京第 1 版第 1 次印刷

购书咨询：010-64518888（传真：010-64519686） 售后服务：010-64518899
网 址：http://www.cip.com.cn

定 价：39.00 元

序

　　教育是推动经济发展和社会进步的重要力量，高等教育更是提高国民素质和国家综合竞争力的重要支撑。 近年来，我国高等教育在数量和规模方面迅速扩张，实现了高等教育由"精英化"向"大众化"的转变，满足了人民群众接受高等教育的愿望。 我国是纺织服装教育大国，纺织本科院校47所，服装本科院校126所，每年两万余人通过纺织服装高等教育。 现在是纺织服装产业转型升级的关键期，纺织服装高等教育更是承担了培养专业人才、提升专业素质的重任。

　　化学工业出版社作为国家一级综合出版社，是国家规划教材的重要出版基地，为我国高等教育的发展做出了积极贡献，被原新闻出版总署评价为"导向正确、管理规范、特色鲜明、效益良好的模范出版社"。 依照《教育部关于实施卓越工程师教育培养计划的若干意见》(教高 [2011] 1 号文件)和《财政部教育部关于"十二五"期间实施"高等学校本科教学质量与教学改革工程"的意见》(教高 [2011] 6 号文件)两个文件精神，2012 年 10 月，化学工业出版社邀请开设纺织服装类专业的 26 所骨干院校和纺织服装相关行业企业作为教材建设单位，共同研讨开发纺织服装"本科教学工程"规划教材，成立了"纺织服装'本科教学工程'规划教材编审委员会"，拟在"十二五"期间组织相关院校一线教师和相关企业技术人员，在深入调研、整体规划的基础上，编写出版一套纺织服装类相关专业基础课、专业课教材，该批教材将涵盖本科院校的纺织工程、服装设计与工程、非织造材料与工程、轻化工程(染整方向)等专业开设的课程。 该套教材的首批编写计划已顺利实施，首批 60 余本教材将于 2013～2014 年陆续出版。

　　该套教材的建设贯彻了卓越工程师的培养要求，以工程教育改革和创新为目标，以素质教育、创新教育为基础，以行业指导、校企合作为方法，以学生能力培养为本位的教育理念；教材编写中突出了理论知识精简、适用，加强实践内容的原则；强调增加一定比例的高新奇特内容；推进多媒体和数字化教材；兼顾相关交叉学科的融合和基础科学在专业中的应用。 整套教材具有较好的系统性和规划性。 此套教材汇集众多纺织服装本科院校教师的教学经验和教改成果，又得到了相关行业企业专家的指导和积极参与，相信它的出版不仅能较好地满足本科院校纺织服装类专业的教学需求，而且对促进本科教学建设与改革、提高教学质量也将起到积极的推动作用。 希望每一位与纺织服装本科教育相关的教师和行业技术人员，都能关注、参与此套教材的建设，并提出宝贵的意见和建议。

2013. 3

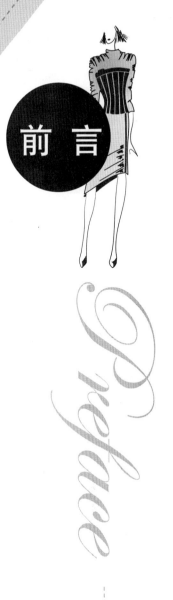

前 言

为落实国家中长期教育改革和发展规划纲要，适应经济社会发展和科技进步的要求，推进课程改革，加强教材建设，建立健全教材质量监管制度，满足本科质量工程项目"卓越工程师培养计划"的需求，对纺织工程专业的培养模式和教学方法进行了较大的改革。《织造工程》作为纺织工程专业的重要专业课，在理论教学及实践教学两方面也进行了相应的改革创新，使理论更好地与实践相结合，突出工程能力培养，强化实践动手能力和创新能力的培养。

《织造工程》由全国多所有纺织工程专业的高校联合编写，其特点是在讲述各工序设备结构的基础上，再进行工艺原理的讲述，重点讨论织造工艺参数的影响因素、织造工艺参数的确定及其调节等内容，以方便学生对织造工艺参数的理解，为开展实验活动打下基础。 本书按照"卓越工程师培养计划"的总体要求，结合纺织工程专业课程安排设计编写内容，其中课程实验教学内容包括设备机构认识实验和上机工艺实验，专门为培养动手实践能力较强的卓越纺织工程师所设计。

本书第一章、第二章由河南工程学院马琴编写，第三章、第五章由安徽农业大学王健编写，第四章由武汉纺织大学龚小舟编写，第六章、第十章由嘉兴学院黄立新编写，第七章、第九章、第十一章由中原工学院牛建设编写，第八章由安徽工程大学王旭编写，第十二章由中原工学院李虹、杨红英合作编写，第十三章由中原工学院杨红英编写。 全书由牛建设任主编，杨红英、马琴任副主编。

由于笔者水平有限，书中难免存在不足之处，敬请读者批评指正。

编者

2015. 1

目 录
Contents

第一章

络 筒

络筒是纱线在织前准备中的第一道工序。在络筒工序中，纱线被加工成符合后道工序加工要求或符合销售半制品运输要求的卷装形式——筒子。络筒工作由络筒机完成。

一、络筒的目的

1. 接长纱线，提高后道工序生产效率

将管纱（或绞纱）做成容量较大、成形良好的筒子，供应整经、并捻、染色、卷纬、织机的供纬或针织用纱，其可大大提高这些工序的生产效率。管纱容纱量少，大卷装的管纱每只净重仅约 70g，能容纳 29tex 的棉纱约 2500m，若卷绕成净重 1.6kg 的筒子，绕纱长度约 56000m。所以，一只筒子的容量相当于 20 多只管纱，可大大降低后道工序的停台次数，为提高后道工序生产率、保证产品质量提供了有利条件。

2. 清除纱疵，提高纱线外在质量

纺部生产出的纱线存在一些疵点，如长粗节、短粗节、细节、双纱、弱捻纱、棉结、杂质等。在络筒工序中，利用清纱装置对纱线外在质量进行检查，并清除纱线上对织物产量和质量有影响的疵点和杂质，这不仅能提高纱线的均匀度和光洁度，改善织物的外观质量，而且有利于减少整经、浆纱、织造及并捻、卷纬等后道加工过程中的纱线断头。

二、络筒的要求

随着纺织科技进步和人民生活水平的不断提高，人们对纺织品的质量要求越来越高，因而对络筒工序提出了更高的要求。

1. 筒子卷装坚固、稳定，成形良好

应保证筒子成形良好，有均匀、适当的卷绕密度，使筒子在长期储存及运输过程中纱圈不发生滑移，不改变筒子卷装形状；筒子的形状和结构应保证在下一道工序中，纱线能以一定速度轻快退绕，不脱圈、不纠缠断头，退绕张力均匀；筒子上纱圈的排列要整齐，无重叠、凸环、脱边、蛛网等疵病；确保在后道工序中，不因筒子成形不良或卷绕密度不匀而加大退绕张力的波动。

2. 卷绕张力的大小适当而均匀

卷绕张力的大小既应保证筒子卷装坚固、稳定，成形良好，又要保持纱线原有的物理机械性能。一般认为，在满足筒子卷绕密度、成形良好的前提下，应尽量采用较小的卷绕张

力，以最大限度地保留纱线的强度和弹性。

3. 尽可能清除纱线上影响织物外观和质量的有害纱疵

应根据对成布的不同实物质量要求和纱线的质量状况，制订适当的清纱器的清纱范围，既要保证清除纱线上的有害疵点，又要尽量减少接头次数，避免产生新的结头疵点。

4. 尽可能增加筒子卷装容量，满足定长要求

在卷绕成形机构许可的情况下增大筒子容量，可最大限度地提高后道工序的生产效率。在自动络筒机上，一般细特短纤纱的筒子容纱量可达 $100\sim200$ km，化纤长丝的筒子卷装容量可达 10kg，甚至更多。用于间断式整经的筒子，其绕纱长度还应符合定长要求。

5. 纱线连接处的直径和强度符合工艺要求

应使结头在以后加工中不脱结、不挂断，不缠绕邻纱，尽可能采用无结接头，提高产品档次。

6. 尽可能降低络筒过程中毛羽的增加量

纱线上的毛羽在后道工序中会使纱线之间相互纠缠，增加断头，在织机上会造成开口不清，增加断头，形成织疵，严重影响生产效率和产品质量。所以在络筒过程中尽量减少对纱线的摩擦，减少静电聚集，降低毛羽的增加量。

三、络筒工艺流程

目前，生产中常用的络筒机有普通槽筒式络筒机和自动络筒机两类。

图 1-1 所示为 GA014 型槽筒式络筒机工艺流程示意图。纱线自管纱 1 退解下来，绕过导纱板 2 改变纱线运行方向，穿过圆盘式张力装置 3 控制络筒张力，经清纱器 4 清除纱线上的杂质、疵点，再通过导纱杆 5，越过断纱自停探纱杆 6（当探测到纱线断头或过于松弛时，使筒子自动抬起停转），然后绕过槽筒 7 的上表面，卷绕到筒子 8 上。槽筒 7 旋转时，摩擦传动筒子 8 卷绕纱线，同时槽筒表面的沟槽引导纱线作横向往复导纱运动，络成圆锥形筒子。

GA014 型槽筒式络筒机的换管、找头、接头、落筒等操作都需人工完成，工艺路线不够合理，且劳动强度大，生产效率不高。

自动络筒机型号很多，其工艺路线各不相同。常见自动络筒机的工艺流程如图 1-2 所示。细纱管纱 1 插在插纱锭脚上，纱线引出后，经过气圈控制器 2 后再经预清纱器 4，使纱线上较大的杂质和纱疵得以清除。然后纱线经过张力装置 5、捻接器 6、电子清纱器 7，根据需要由上蜡装置 9 对纱线上蜡。最后纱线经过槽筒 10 表面卷绕到筒子 11 上。气圈控制器 2 可有效降低和均匀退绕张力；预清纱器 4 的作用是刮去纱线上的粗大棉结、杂质，并阻断管纱上脱出的纱圈进入张力装置；张力装置 5 用于调节络筒张力；捻接器 6 用于对纱线进行无结接头；电子清纱器 7 检测纱线的条干均匀度，切除粗细结和双纱；上蜡装置 9 给纱线表面上蜡，以降低纱线表面的摩擦因数；槽筒 10 摩擦传动筒子旋转卷绕纱线，同时引导纱线左右往复运动。

自动络筒机实现了换管、找头、接头、落筒、清洁直至装纱理管自动化，大大降低了劳动强度，提高了络筒质量和生产效率。同时由于使用了捻接器和电子清纱器，提高了络筒质量。

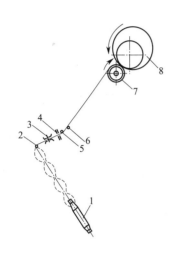

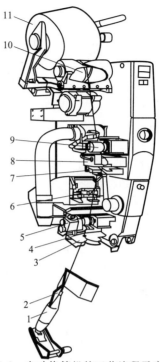

图 1-1　GA014 型槽筒式络筒机
工艺流程示意图

1—管纱；2—导纱板；3—张力装置；

4—清纱器；5—导纱杆；6—探纱杆；

7—槽筒；8—筒子

图 1-2　自动络筒机的工艺流程示意图

1—管纱；2—气圈控制器；3—余纱剪切器；4—预清纱器；

5—张力装置；6—捻接器；7—电子清纱器；8—张力传感器；

9—上蜡装置；10—槽筒；11—筒子

第一节　络筒机主要机构

络筒机主要有卷绕成形机构、张力机构、清纱机构、接头机构、辅助机构等。

一、卷绕成形机构

筒子成形原理是络筒技术的基本原理，是络筒理论的基础。使筒子良好地卷绕成形是络筒的主要任务。

（一）筒子的卷绕成形

在络筒过程中，通过卷绕机构把纱线以螺旋线形式，一圈圈、一层层有规律地稳定卷绕在筒子表面。所以，筒子卷绕由旋转运动和往复运动两个运动叠加而成。筒子的旋转运动和纱线的往复运动相合成，结合筒管形状和筒子架的结构，便可卷绕成一定形状的筒子。

络筒速度由旋转运动的圆周速度和往复运动的导纱速度两个速度合成。如图 1-3 所示，通常圆周速度用 v_1 表示，导纱速度以 v_2 表示，两者合成的络筒速度用 v 表示。

纱线的速度方向（纱线卷绕点的切线方向）与筒子表面该点圆周速度方向之间所夹的锐角 α 叫纱圈卷绕角或螺旋上升角。几个参数之间存在如下关系。

$$v=\sqrt{v_1^2+v_2^2}$$

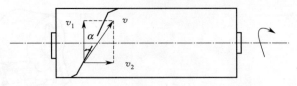

图1-3 络筒速度与纱圈卷绕角

$$\tan\alpha = \frac{v_2}{v_1}$$

纱圈卷绕角 α 是筒子卷绕成形的一个重要参数。当导纱速度 v_2 与圆周速度 v_1 的比值发生变化，卷绕角 α 就随之改变，筒子的卷绕形式也会发生变化。如果圆周速度 v_1 基本保持不变，而导纱速度 v_2 很慢，卷绕角 α 就很小，纱圈在筒子上沿高度方向上升很慢，纱圈间距很小，在筒子上近似平行地排列，这样卷绕的筒子叫平行卷绕筒子；相反，如果圆周速度 v_1 基本保持不变，而导纱速度 v_2 较快，卷绕角 α 就较大，纱圈在筒子上沿高度方向上升较快，纱圈间距较大，上下相邻的两层纱圈之间形成交叉，这样卷绕而成的筒子叫交叉卷绕筒子。筒子上来回纱圈相交的角即 2α，叫纱圈交叉角。交叉卷绕筒子是生产中使用的主要筒子形式。

（二）筒子的卷绕形式

在纺织生产中，为适应不同的后道加工目的与要求，筒子的卷绕形式也很多。按筒子的卷装形状分，有圆柱形筒子、圆锥形筒子和其他形状的筒子三大类；根据筒子上纱圈卷绕方式分类，有平行卷绕筒子和交叉卷绕筒子；按筒管形状分，有无边筒子和有边筒子。

1. 圆柱形筒子

圆柱形筒子主要有平行卷绕的有边筒子和交叉卷绕的无边筒子两种，如图1-4所示。

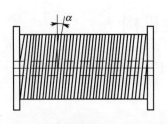 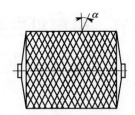 

(a) 平行卷绕的有边筒子　　　　(b) 交叉卷绕的圆柱形筒子　　　　(c) 交叉卷绕的扁平形筒子

图1-4 圆柱形筒子

（1）平行卷绕的有边筒子。圆柱形筒子采用平行卷绕时，筒子两端的纱圈极易脱落，一般需卷绕在有边筒管上，如图1-4(a)所示。有边筒管的两端都带有扁平的边盘，筒子的边盘使纱圈能保持稳定状态。但是纱线退绕一般都得从切线方向引出，筒子需作回转运动。这样的退解方式使纱线退解速度受到限制，不能满足现代高速退绕的要求，这就使有边筒子的使用范围受到限制。

平行卷绕筒子的优点是稳定性好，卷装密度大，但切向退绕方式使它的应用范围较小。这种卷装常用于丝织、麻织、绢织及制线工业中。

（2）交叉卷绕的无边筒子。交叉卷绕方式常用于无边筒子，如图1-4(b)、(c)所示。采用交叉卷绕时，由于纱圈卷绕角 α 较大，位于筒子两端的纱圈就不易脱落，筒管两端不用带边盘，纱线可沿筒子轴线方向退绕，筒子不需作回转运动，可大大提高纱线退解速度，这就可以满足后道工序高速退绕的要求，所以无边筒子比有边筒子应用更广泛。圆柱形筒子采用等速槽筒摩擦传动时，在整个卷绕过程中，圆柱形筒子表面圆周速度和导纱速度是均匀不变的，所以整个圆柱形筒子的卷绕角、卷绕密度、络筒速度、卷绕张力都是均匀的（边部除外），这种筒子适于染色或其他湿加工。

交叉卷绕的扁平筒子的外形特点是筒子直径远比筒子高度大。扁平筒子一般用于倍捻机并捻加工及无梭引纬，也广泛用作化纤长丝的卷装。

2. 圆锥形筒子

圆锥形筒子呈圆锥体，纱线可沿轴线方向从筒子小端退解，因此比圆柱形筒子更有利于退解，且退绕张力小而均匀，所以圆锥形筒子在生产中应用最广。常用于整经加工、针织生产、无梭织机供纬，其适用范围最大，常用于棉、毛、麻、黏胶纤维和化纤混纺纱的筒子卷装。

圆锥形筒子分为普通圆锥形筒子、变圆锥形筒子两种，如图 1-5 所示。

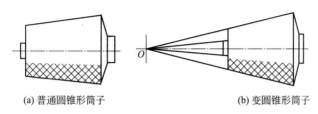

(a) 普通圆锥形筒子　　　　　　　　(b) 变圆锥形筒子

图 1-5　圆锥形筒子

锥形筒子母线与高的夹角称为筒子倾斜角，又叫锥顶角之半。筒子倾斜角大小根据用途而定，整经用筒子倾斜角一般为 5°57′，针织用筒子为 9°15′，4°20′的普通圆锥形筒子特别适合在倍捻机上加工。1332MD 型槽筒式络筒机生产的筒子倾斜角约为 6°。

筒子的纵向长度即母线长度通常称为筒子的高度。筒子高度也根据筒子用途而定。筒子高度的大小是由导纱动程决定的。整经用筒子一般采用 150mm 的导纱动程。同一种自动络筒机可以生产不同高度的筒子，从而形成系列产品，最短动程可以只有 85mm，最长可达 200mm。

普通圆锥形筒子如图 1-5(a) 所示，从小筒到满筒，倾斜角保持不变。其卷绕机构采用等厚度卷绕的筒子架，在卷绕过程中，筒子中心线与槽筒接触线间的夹角始终保持不变，所以卷成的筒子的纱线厚度处处相等，筒子锥体母线和筒管锥体母线相互平行，筒子大、小端的卷绕密度比较均匀一致。

普通圆锥形筒子可以做成紧密卷绕的筒子，也可做成网眼式的松式筒子。松式筒子常用于染色或其他湿加工。

变圆锥形筒子如图 1-5(b) 所示，其在卷绕过程中采用不等厚度卷绕筒子架，筒子中心线与槽筒接触线间的夹角随筒子直径的增加而逐渐变大，这样卷成的筒子大直径端的纱层厚度比小直径端的大，大小端直径差异增加，筒子大端的纱线在退绕时摩擦纱段减小，这有利于均匀大小端退绕张力，提高退绕速度。特别是大直径卷装的筒子，例如大端直径大于 250mm（一般筒子约为 220mm）时，采用不等厚度卷绕，更能显示出它的优越性，对高速退绕更加有利。

不等厚度卷绕的锥形筒子在整个卷绕过程中，筒子的倾斜角逐渐增加，比如有种自动络

筒机，开始卷绕时筒子倾斜角为 $5°57'$，满筒时增加到 $9°$。

3. 其他形状筒子

在纺织生产中，除了前面介绍的几种筒子类型外，还有一些其他形状的筒子，如图1-6所示。

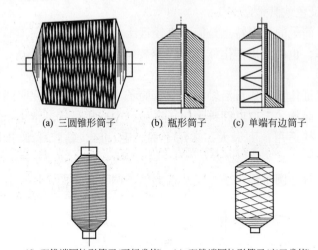

(a) 三圆锥形筒子　　(b) 瓶形筒子　　(c) 单端有边筒子

(d) 双锥端圆柱形筒子(平行卷绕)　(e) 双锥端圆柱形筒子(交叉卷绕)

图1-6　其他形状的筒子

（1）三圆锥形筒子，又称菠萝筒子，这种筒子结构比较稳定，筒子两端逐渐向中部靠拢，边部纱圈不易脱落，边部纱圈折回点的分布比较分散，因此筒子两端的密度与中部接近。所以它不仅卷装结构稳定，而且卷绕容量大，筒子重量可达 $5\sim10$kg，因此常用于合成长丝的筒子卷装。

（2）瓶形筒子的筒管形状与纱管的形状类似，筒管的一端呈圆台形，第一层纱以此为基础开始卷绕，采用平行卷绕方式卷绕，纱线可沿轴线方向退绕，筒子可静止不动，因此可提高退解速度。

（3）单端有边筒子采用的筒管形状和瓶形筒子的筒管形状相同，但在卷绕过程中，它的导纱动程为卷装高度，比瓶形筒子要大，每层纱线卷绕之后，导纱器在前进运动机构的作用下，向筒子底部方向运动一段距离。合成纤维缝纫线常用单端有边筒子卷绕。

（4）双锥端圆柱形筒子有两种，这两种筒子都采用圆柱形筒管，它们的外形相似，在圆柱形筒子两端呈圆锥形，它们的区别在卷绕方式上，图1-6(d) 所示是采用平行卷绕，图1-6(e) 所示是采用交叉卷绕。双锥端圆柱形筒子的边部纱圈不易脱落，而且筒子中部和两端的卷绕密度差异较小。平行卷绕与交叉卷绕相比，结构更稳定，因此常用于合成长丝的筒子卷装，筒子重量可达 5kg。

（三）筒子的传动

络筒时，筒子的传动有槽筒摩擦传动和锭轴直接传动两种方式。

1. 槽筒摩擦传动卷绕机构

槽筒是带有封闭左右螺旋沟槽的圆柱形凸轮，它的外表面能摩擦传动筒子使筒子回转，沟槽能引导纱线往复运动。它将成形所需的两大运动结合起来，为提高络筒速度、络筒质量创造有利条件。

槽筒沟槽的形状，如宽度、深度、角度等参数，在不同区段应有不同的设计。沟槽将纱线自一侧边端导回,再把纱线导离到对侧边端,中间(不一定在等分点)有一导回和导离的转折点,称导纱中点。将纱线自边端导回导纱中点的槽,称回槽;把纱线自导纱中点导向边端的槽,称离槽。一个槽筒上有左旋和右旋沟槽各一条,每条沟槽上的离、回槽也各占一段。离、回槽的连接点就是导纱中点。不同性质的沟槽曲线,其导纱中点的位置略有不同。

当纱线被离槽引导时,纱线的张力使纱线容易滑出沟槽,所以离槽的截面形状要深而窄,槽壁陡直,与回槽相交处为保证正确导纱,离槽是连续贯通的。当纱线被回槽引导时,纱线张力与返回方向一致,纱线不易从沟槽滑出,所以回槽的截面形状要浅而宽,槽壁较坦,与离槽相交处回槽是断开的。

为了具有足够控制纱线的作用,沟槽应有适当深度。通常胶木槽筒离槽的深度为17~18mm,金属槽筒的沟槽可较胶木槽筒更深些,如一种金属槽筒沟槽的最深处达24mm。

槽筒的材料有胶木和金属两类,胶木槽筒比较容易制造,重量轻,但不太坚固,容易积聚静电,不适用于合成纤维。金属槽筒表面高强耐磨,坚固耐用,不损伤纱线,导电性能好,容易消除静电、减少毛羽,适用于各种纤维的纱线。

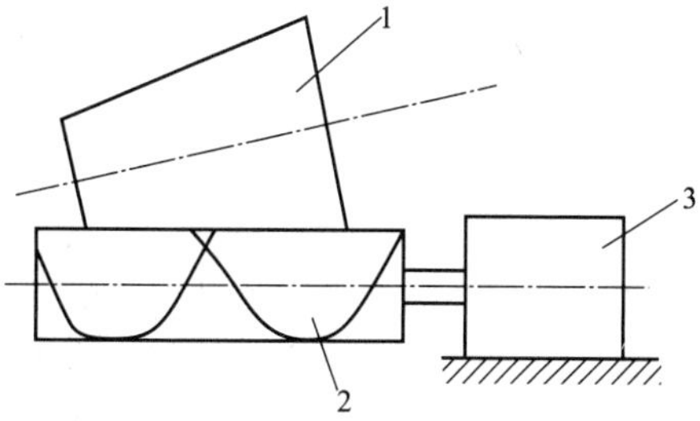

自动络筒机全部采用金属槽筒,1332MD型及GA系列络筒机的胶木槽筒也大量被金属槽筒取代。

槽筒的传动方式有一列槽筒积极传动,普通槽筒式络筒机即采用这种传动方式。将一列所有槽筒固装在同一轴上,由一台主电动机传动。这样一列槽筒为同一运转速度,各个槽筒不能独立制动或调速。

目前,新型自动络筒机多采用微型变频电动机

图 1-7　微型变频电动机单锭传动

1—筒子;2—槽筒;3—变频电动机

单锭传动的方式,如图1-7所示。络筒机的每一锭配置一只微型变频电动机来传动槽筒,微型电动机可控制槽筒正转、反转、自动调速。电动机转速由计算机程序控制,可达到筒子卷绕防叠和减少络筒毛羽等目的。纱线断头时,筒锭握臂自动抬起,使筒子尽快脱离槽筒表面,防止槽筒过度摩擦筒子表面纱线。

2. 锭轴直接传动卷绕机构

筒子的旋转由锭轴直接传动,由独立导纱器引导纱线左右往复运动。导纱器的往复运动可以与锭轴联动(图1-8),也可以单独传动。

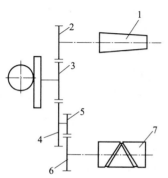

图 1-8　锭轴直接传动

1—筒子;2~6—齿轮;

7—导纱器

锭轴直接传动中,筒子和导纱滚筒不接触,筒子成形好,不磨损纱线,筒子卷装容量大,但机构较复杂。用于化纤长丝和其他不耐磨的纱线加工。

(四)　筒子卷绕结构

1. 圆柱形筒子

(1) 槽筒摩擦传动圆柱形筒子。采用圆柱形槽筒摩擦传动圆柱形筒子,如果不计槽筒与筒子之间的摩擦滑移,则筒子与槽筒接触线上的各点的圆周速度都相等,都恒等于槽筒表面的圆周速度 v_1,一般导纱速度 v_2 也是一个常数,这样络纱速度 v 就保持不变,络筒速度稳定有利于纱线张力均匀,

筒子成形良好，为提高络筒速度、增大筒子直径创造了有利条件；同时纱圈卷绕角 α 也不随卷绕直径的增大而变化，称为等升角卷绕，筒子卷绕密度比较均匀。因此这种传动方式常用于染色或其他湿加工筒子的卷绕；随筒子卷绕直径的增大，由于卷绕角不变，所以纱圈螺旋节距 h 逐渐增大；筒子直径增大，筒子卷绕转速 n_k 不断减小，单位时间内单向导纱次数 m 不变，所以每层纱线绕纱圈数不断减小（图1-9）。

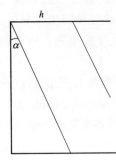

图 1-9   纱线卷绕螺旋线展开线

（2）锭轴传动圆柱形筒子。锭轴直接传动筒子有两种方式：一种为筒子转速不变即锭速不变，另一种为锭轴转速有级变化。

如果锭轴转速不变，筒子的转速 n_k 保持不变，导纱速度 v_2 也不变，则在整个卷绕过程中，圆周速度 $v_1 = \pi D n_k$，随筒子卷绕直径的增大，圆周速度 v_1 逐渐增大，使整个筒子的卷绕张力差异较大，影响筒子卷绕质量，不宜卷绕直径很大的筒子；同时卷绕角 $\alpha = \arctan(v_2/v_1)$，筒子由内到外，$\alpha$ 逐渐减小，卷绕密度不匀，里松外紧，外层纱圈卷绕不够稳定，所以筒子卷绕直径不宜超过筒管直径的3倍；纱圈螺距 $h = v_2/n_k$，即纱圈的螺距保持不变，此卷绕称为等螺距卷绕，每层绕纱圈数 $m = H/h$（H 为筒子的高），所以采用这种方式卷绕，每层绕纱圈数不变，纱圈排列规则。

筒子每层绕纱圈数恒定不变的卷绕，称为精密卷绕。精密卷绕所得到的筒子称为精密筒子。精密筒子每层纱圈数恒定不变，有纱圈定位准确、排列规则、退绕性能良好、纱圈分布均匀等优点。但因其内外层纱线卷绕密度差异较大，导致筒子成形不良，对筒子纱退绕和筒子染色不利。

为满足圆柱形筒子内外层纱圈卷绕密度均匀的要求，一些新型自动络筒机采用有级精密卷绕（即数字式卷绕）的方式（图1-10）。

有级精密卷绕即筒子转速 n_k 有级减小，n_k/v_2 作有级变化。在小范围内 n_k、m 不变，具有精密卷绕的性质，在整个卷绕过程中，n_k 减小，v_1、α 均保持接近，使卷绕密度相对均匀。

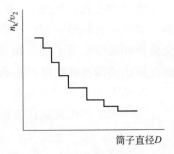

图 1-10   有级精密卷绕

总之，锭轴直接传动筒子，由独立导纱器引导纱线左右往复运动，由于导纱器存在质量惯性，不利于高速，因此一般较少采用。但是由于其对筒子表面纱线无磨损，络不耐磨的化纤长丝或对卷绕结构有特殊要求的缝纫线时有应用。

2. 圆锥形筒子

（1）槽筒摩擦传动圆锥形筒子。槽筒传动锥形筒子的传动如图1-11所示，图中线 AB 为筒子与滚筒的接触线，也是锥形筒子的母线。当槽筒摩擦传动时，筒子只能有一个转速，而筒子的半径沿轴向都不相等，于是筒子的大小端产生了不同的卷绕速度，大直径端的线速度大于小直径端，且都不同于槽筒的圆周速度。

如图1-12所示，在筒子与槽筒接触线 AB 上，只有 C 点处的线速度与槽筒的圆周速度是相同的（不计滑移时）。这一点与槽筒之间保持滚动接触，通常称该点为"传动点"，"传动点"处的筒子半径为"传动半径"。

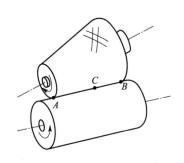

图 1-11　滚筒传动锥形筒子

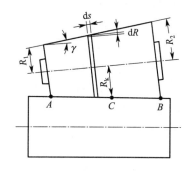

图 1-12　锥形筒子的传动半径

在 C 点左侧，筒子的半径逐渐减小，接触线 AC 上的各点圆周速度都不同程度地小于槽筒的圆周速度。在 C 点右侧，筒子的半径逐渐增大，接触线 CB 上各点的圆周速度都不同程度地大于槽筒的圆周速度。于是，在点 C 的左侧和右侧存在着不同程度的摩擦滑移，产生方向不同的摩擦力和摩擦力矩。

那么，传动点 C 点在哪里，传动半径有多大，通过分析（略）得出等厚度卷绕筒子的传动半径的表达式为：

$$R_k = \sqrt{\frac{R_1^2 + R_2^2}{2}}$$

式中　R_k——筒子的传动半径；

　　　R_1——筒子小直径端半径；

　　　R_2——筒子大直径端半径。

筒子的平均半径 R 为：

$$R = \frac{R_1 + R_2}{2}$$

所以，得出 $R_k > R$。

说明锥形筒子的传动半径要大于筒子的平均半径，即传动点 C 总是位于筒子平均半径略偏大端的一侧；且大小端半径差异越大，传动点 C 偏离平均半径越多；当筒子平均卷绕半径逐渐增大时，传动点至筒子小直径端的距离便逐渐减少，即逐渐向平均半径处靠拢。

进一步分析可知，随着锥形筒子卷绕直径的不断增大，小直径端的圆周速度不断增大，而大直径端的圆周速度不断减小，大小端的线速度差异随筒子直径增加而逐渐缩小，并逐渐向平均线速度接近。

锥形筒子的卷绕角沿轴向和径向都是不相等的。为简化分析，设导纱速度 v_2 为一常数，由于筒子大小端的圆周速度的不等和内外差异，使筒子大端的卷绕角小于筒子小端的卷绕角；大端里层的卷绕角小于外层的卷绕角，小端里层的卷绕角大于外层的卷绕角。由于筒子大小端圆周速度差异随筒子直径增大而缩小，筒子大小端卷绕角的差异也逐渐缩小并逐渐接近。

在摩擦传动条件下，随着锥形筒子卷绕直径的不断增大，筒子转速 n_k 逐渐减小，于是每层绕纱圈数 m' 逐渐减小，而纱圈的平均螺旋节距 h_p 逐渐增加。

由上述分析可知，锥形筒子的卷绕密度很不均匀。大端紧，小端松；大端里紧外松，而小端里松外紧。

由于锥形筒子在被摩擦传动时，只有传动点和槽筒之间保持纯滚动，其他各点和槽筒之间都存在不同程度的摩擦滑移，这样就使筒子卷绕表面纱线受到磨损，纱线上静电和毛羽增加，尤其是筒子小端纱线受槽筒摩擦作用比较严重，在络卷细特纱时易起毛、断头。同时转动点两侧产生的摩擦力作用方向相反，使筒子转动不平稳，小端摩擦力与卷绕张力方向相反，因此小端筒子卷绕松软；大端摩擦力与卷绕张力方向相同，大端筒子卷绕紧密，增加了筒子卷绕密度不匀。

为避免或减轻产生上述问题，可采取如下措施。

① 将槽筒设计成稍带锥度的圆锥体，比如锥顶角为 $3°20'$，这样可减少筒子大小端的摩擦滑移，改善小端纱线磨损情况。

② 适当减小圆锥形筒子的锥度，比如将锥顶角之半从 $9°15'$ 改为 $5°57'$，这个措施也能减少小端纱线的磨损，能使筒子小端与槽筒之间的摩擦滑移率从 57% 减小到 16%。但锥角减小对筒子顺利退绕不利。

③ 在新型络筒机上，为了防止因筒管硬度过大，在起绕的一定厚度内，引起槽筒的沟槽割断纱线，减少空筒卷绕时大小端表面纱线受到过度磨损，特别是对长丝的磨损，常采取如图 1-13 所示的槽筒、锭子结构。在筒子的起绕阶段，使筒子和槽筒表面保持一定的间隙，待筒子卷绕上一定厚度的纱线之后两者才接触。这样可防止卷绕启动时使纱线受到损伤，同时退绕时不会产生筒脚纱，并可延长筒管的使用寿命。

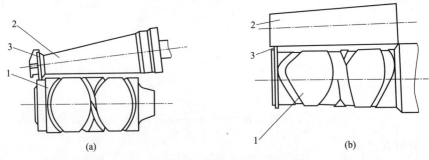

图 1-13　筒子起绕时与槽筒表面脱离
1—槽筒；2—筒子；3—凸肩

图 1-13(a) 所示为带凸肩筒管与槽筒接触的示意图，图 1-13(b) 所示为筒管与带凸肩的槽筒接触的示意图。

④ 将筒子轴心线与槽筒轴心线错开，使它们不在同一平面内，从而使筒子母线与槽筒接触线错开 $2°\sim3°$，使筒子两侧受槽筒的摩擦作用减弱。

(2) 锭轴传动圆锥形筒子。其与圆柱形筒子传动方式及卷绕特点相似，作普通精密卷绕时，n_k 和 v_2 是常数，所以每层绕纱圈数 m 和纱圈的平均节距 h_p 也不变。随着筒子直径的增加，卷绕线速度增加。

（五）卷绕成形机构

1. 普通槽筒式络筒机卷绕机构

普通槽筒式络筒机筒子托架在筒子直径逐渐增大时，筒管大小端与槽筒间的距离保持相等。筒子中心线对槽筒接触线的倾斜角保持不变，可制成等厚度的圆锥形筒子或圆柱形筒子。

2. 水平右移卷绕机构

水平右移卷绕机构的第一个作用是在络筒过程中，使筒锭握臂随筒子直径增大作水平方向的右移，从而增大筒子大端端面的斜度，结合筒子轴线倾斜角渐增机构，可制成与球面成形相似的不等厚度筒子。

如图 1-14 所示，锭子 1 装在筒锭握臂 2 上，筒锭握臂 2 后部的长轴穿在握臂座 3 的轴孔内，长轴后部经连杆与防叠轴 5 连接。防叠轴穿在套管 4 中，套管与握臂座 3 连为一体。套管上用紧固螺钉 7 固装扇形支架 6，支架的下方用两只螺钉将曲弧凹槽板 8 连为一体。因此当筒子卷绕直径增大时，筒锭握臂逐渐上升，经握臂座、套管和扇形支架，使曲弧凹槽板以防叠轴为中心逐渐向前摆动。

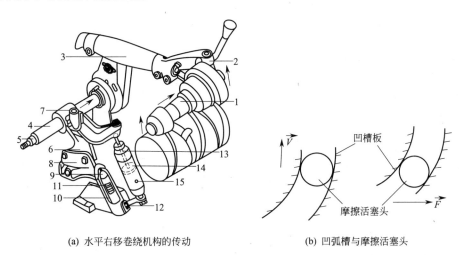

(a) 水平右移卷绕机构的传动　　　　　(b) 凹弧槽与摩擦活塞头

图 1-14　水平右移卷绕机构

1—锭子；2—筒锭握臂；3—握臂座；4—套管；5—防叠轴；6—扇形支架；7—紧固螺钉；

8—曲弧凹槽板；9—摩擦活塞头；10—摩擦制动汽缸；11—活塞头弹簧；

12—压缩空气入口；13—活塞杆；14—平衡汽缸；15—压缩空气入口

另外，摩擦制动汽缸 10 固装在机架上，汽缸活塞与摩擦活塞头 9 相连。当汽缸下部通入压缩空气后，经活塞头弹簧 11 使活塞头顶向凹槽板的凹槽，起到固定销钉的作用，因此，当筒子直径增加，凹槽板向前摆出、凹槽板在活塞头上移动时，受到摩擦活塞头的反作用力 F，方向向右。由于凹槽板与筒锭握臂等套件的连接，使筒子随自身卷绕直径增加逐渐向右移动。

该机构还具有筒子加压调节功能。在自动络筒机卷绕机构上，对筒子加压的压力由三部分组成，即锭架和筒子的重量、压力平衡汽缸的反作用力、摩擦吸震器的作用力。在卷绕过程中，筒子的重量、各种作用力力臂的长度都在变化。可采用压力平衡汽缸和摩擦吸震器抵消这些变化，并可根据卷绕密度的需要调节筒子加压。

当压缩空气通入摩擦制动汽缸 10 后，摩擦活塞头 9 便紧顶在曲弧凹槽板 8 的凹槽内，给筒锭握臂套件的上升施以制动力。当筒子直径增加、握臂上升时，摩擦活塞头的摩擦制动力对筒子产生压力。气压愈大，压力愈大，筒子的卷绕密度也愈大。与此同时，摩擦制动力还具有吸震作用，防止筒子跳动，以适应高速络筒。

压力平衡汽缸 14 上的活塞杆 13 经球形接头与扇形支架 6 上的支臂连接。当平衡汽缸下部通入压缩空气后，扇形支架得到一个向上的作用力，该力的作用方向与筒子加压力的方向

相反。所以调节压力平衡汽缸的空气压力可弥补由于筒子重量、各种作用力力臂长度的变化造成的筒子加压不匀。当平衡汽缸内气压增大时，筒子加压减轻，筒子卷绕密度减小。

综合调节摩擦制动汽缸和压力平衡汽缸内的气压大小，可获得所需要的筒子压力和卷绕密度。

（六）纱圈的重叠和防叠

在络筒过程中，有时上下相邻数层纱圈会集中卷绕在相同的位置，使筒子表面形成密集或凹凸不平的条带，这就是纱圈的重叠。纱圈重叠危害很大，它影响槽筒和筒子之间的正常传动，使凸起部分的纱线嵌入槽筒沟槽中，受到严重的磨损，造成纱线起毛，甚至断头；纱圈重叠使纱线排列过于集中，内外层纱圈相互嵌入，以致增加退绕阻力，影响纱线的顺利退绕，容易造成脱圈和乱纱现象；纱圈重叠使筒子密度分布不匀，筒子容量减少；如用于松式络筒，纱圈重叠会使染液或其他介质不能顺利渗入，影响染色或其他加工的效果。

1. 槽筒络筒机筒子重叠的成因

用槽筒摩擦传动筒子时，筒子直径在不断增大，所以筒子转速逐渐降低；而导纱规律不变，使筒子每层绕纱圈数逐渐减少。如果在一个或几个导纱往复周期中，筒子回转数正好为整数时，即筒子绕纱圈数正好为整圈数时，则纱圈会重叠。

2. 槽筒络筒机的防叠措施

（1）周期性改变槽筒的转速。槽筒的转速间歇性增速和减速，筒子由槽筒摩擦传动，筒子转速也要相应发生变化，但由于惯性影响，筒子的转速变化总是迟于槽筒，因而两者之间产生滑移。如果筒子的直径达到了重叠的条件，但由于筒子的滑移，使后绕上的纱圈和原来的纱圈错开，从而避免了重叠。

周期性改变槽筒转速的方法有两种：一种是有规律间歇性地直接断开电动机的电源或槽筒的传动，这种防叠装置叫间歇式防叠机构；另一种是在正常速度的基础上，有规律地微调槽筒电动机的速度，叫变频调速防叠机构。

① 间歇式防叠机构采用间歇开关断开电动机电源，如 1332MD 型普通络筒机。有接触式间歇开关和无触点式间歇开关两种形式。

接触式间歇开关在触点接触时产生的电弧易把接触板烧毁，维修工作量大，现已逐渐用无触点式间歇开关代替。

无触点式间歇开关由循环定时器精确地产生低频矩形脉冲信号，脉冲信号经放大后，控制触发器工作，由双向可控硅控制电动机的间歇开关。间歇次数为 20～40 次/min。无触点式间歇开关具有结构简单、性能稳定、节省贵金属和维修工作简单等优点。

② 变频调速防叠机构是在正常速度的基础上，有规律地微调电动机的速度。多个型号的自动络筒机均采用这种防叠机构。该机构结构简单，槽筒启动平滑稳定，筒子和槽筒表面线速度保持一致，从而减少了由于惯性而引起的筒子表面纱线被槽筒表面滑动擦伤的现象。由微电脑控制的变频器能够切实可靠地防止重叠卷绕现象发生，并且由于筒子和槽筒之间无滑动现象，既可以提高筒子卷绕的定长精度，又可以在使用新一代电子清纱器（槽筒启动，电子清纱器立即起作用）时，使整个卷绕过程均得到电子清纱器的控制。

另外，纱线断头时，筒子抬起并脱离槽筒，筒子与槽筒同时迅速制动，也可以起到防止纱线擦伤的作用。

（2）筒子握臂架周期性轴向移动或摆动，使相邻纱圈错开，避免重叠。锭轴上下摆动或左右移动，如 Savio 的专利防叠技术就采用锭轴上下摆动方式进行防叠（图 1-15）。

偏心轮 1 以 32～36r/min 的速度回转，经转子 2 使连杆 3 和摆动钳 5 以摆动轴 4 为中心摆动，又经连接头 6 传动摆动杠杆 7，使其以支点轴 8 为中心摆动，再经连杆 9 使防叠轴 10 作左右往复运动。因防叠轴右端与连杆 11 铰连，连杆上端与筒锭握臂轴 12 固装，从而实现筒锭及筒子在槽筒表面作上下摆动，使筒子转速间歇变化。偏心轮回转一周，筒子完成一次差微变速。调节连接头 6 在摆动杠杆 7 上的高低位置，可改变筒子摆动量的大小，即改变筒子转速的变化幅度。

（3）利用槽筒防叠。当纱圈重叠时，重叠的纱条一旦嵌入沟槽，会使重叠现象持续较长时间，造成的重叠现象就很严重，如果改变槽筒沟槽形状，改变纱线的卷绕位置，也可起到防叠的作用。

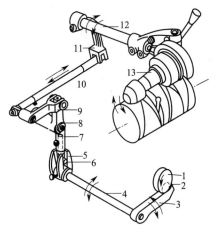

图 1-15　摆动握臂式防叠机构

1—偏心轮；2—转子；3—连杆；4—摆动轴；5—摆动钳；6—连接头；7—摆动杠杆；8—支点轴；9—连杆；10—防叠轴；11—连杆；12—筒锭握臂轴；13—筒锭

槽筒沟槽中心线左右扭曲，或者沟槽边缘离其中心线忽近忽远，使纱线在筒子表面的卷绕位置有少量的自由活动，可减少纱圈的重叠机会。

将普通槽筒的 V 形对称槽口改为直角槽口，减小槽口宽度，使重叠条带不容易嵌入沟槽，可减少严重重叠。

在槽筒上设置虚槽和断槽。取消一部分回槽称为虚槽，在离槽与回槽交叉处，回槽被切断，称为断槽。如图 1-16 所示，这时，纱线仍能借助自身的张力返回槽筒中央，但纱线的卷绕位置会发生变化，减少重叠机会。

图 1-16　虚槽和断槽槽筒防叠

利用槽筒防叠具有一定的效果，但不能完全消除重叠，只能防止严重重叠。在生产实践中，可综合运用其他防叠措施，以达到理想效果。

3. 筒子由锭轴传动时重叠的产生及防叠

导纱器往复导纱一次，卷绕机构的卷绕比 i 为常数。

$$i = \frac{筒管转速 \ n_k}{导丝器往复频率 \ f_H}$$

即在导纱器一个往复导纱周期内，筒子绕纱圈数为 i。卷绕比的小数部分确定了纱圈在端面的卷绕位置，该小数称为防叠小数。

因此，精确设计选择防叠小数，就可控制纱线在筒子上的卷绕位置，防止重叠产生，从而满足筒子卷绕成形良好和卷绕密度均匀的要求。

（七）自由纱段对筒子成形的影响

在络筒过程中，如果通过槽筒摩擦使筒子回转，那么纱线经过槽筒后卷绕在筒子上，纱线在槽筒上由沟槽控制。如图 1-17 所示，N 为槽筒沟槽侧壁引导纱线的导纱点，简称导纱控制点，M 为纱线卷绕到筒子上的卷绕点，简称筒子卷绕点，即纱线刚接触和稳定在筒子表面上时的位置，导纱点 N 与卷绕点 M 之间有一段纱线，这段纱线处于自由状态，称为自由纱段。

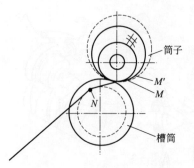

图 1-17 槽筒传动筒子卷
绕时的自由纱段

其实，各种络筒卷绕机构络筒时都存在自由纱段。在一个导纱往复过程中，导纱点和卷绕点的位置都在不断变化，所以自由纱段也在不断变化着位置和长度，它是个变量；在整个络筒过程中，随着筒子卷绕直径的增加，自由纱段的长度也随之增加。图中 NM' 为筒子直径增大后的自由纱段，NM' 比 NM 长。自由纱段的存在使筒子成形受到一定影响。图 1-18 中 N_1、N_2…表示络筒过程中不同的导纱点位置，M_1、M_2…表示不同的卷绕点位置，图中 $M_1 N_1$、$M_2 N_2$…即为自由纱段。

令筒子表面卷绕点 M 到导纱器运动轨迹的距离为 C（简称 C 值），则自由纱段对筒子两端成形的影响可以用包含 C 值的一个函数来描述。

如图 1-18 所示，导纱器在 N_1 和 N_n 点之间做往复运动，其全程为 L。当导纱器到达左端 N_1 时，纱线正好绕到筒子表面上的 M_1 点，该点距筒子边缘为 a。当导纱器向右移动到达 N_2 点时，纱线将在卷绕角逐渐减小的情况下继续向左方的筒子表面上绕去。当导纱器到达 N_3 点时，纱线刚好绕上筒子左方的边缘，在这一点卷绕角等于零。导纱器继续向右运动到达 N_4 点时，纱线就向右绕上筒子，其卷绕角逐渐增大。筒子右方边缘绕纱情况和左边一样。

自由纱段的存在，引起了导纱动程 L 和筒子高度 h_0 之间的差异，即筒子高度小于导纱动程（图 1-18 中 b 与 b' 之和），并使筒子上邻近两端处的一定区域（折回区）中纱线的卷绕角小于正常的卷绕角，从而使筒子两端卷绕密度增加，严重时可导致凸边和塌边等疵病。

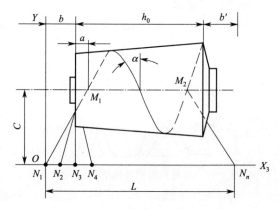

图 1-18 自由纱段对筒子成形的影响

通过研究得出，$b = 0.693 \times \dfrac{v_2}{v_1} C$，且 C 值随筒子直径增大而增大。

随着卷绕厚度的增加，筒子大小端圆周速度 v_1、导纱速度 v_2 发生不同变化，使筒子大小端卷绕高度发生不同变化。在筒子小端，随筒子直径增大，b 值略有增大，即筒子高度略有减小，可忽略，通常认为筒子小端端面是平齐的；而在大端，从空筒到满筒，b' 值显著增大，即卷绕高度逐渐减小，使大端端面形成锥面，这有利于后来绕上的纱圈的稳定性，获得成形较好的筒子，减少崩塌和攀丝现象，筒子在整经退绕时比较顺利。

二、络筒张力与张力装置

（一）络筒时纱线张力的作用及要求

络筒时，为得到符合质量要求的筒子，纱线必须具有一定的张力。络筒张力大小必须适当，这样可使筒子卷绕紧密、成形良好且稳固，同时，还可将纱线的薄弱环节在络筒工序中予以清除，为后续工序的顺利工作创造有利条件。但是，络筒张力也不能太大，张力太大会使纱线伸长过多，弹性变差，织造时断头增多。特别是化纤纱，张力太大易使纤维移动，造成纱线变细或断头。

络筒张力的大小应根据纤维种类、原纱特点、络筒速度、织物外观及风格要求、筒子用途等因素来确定。络纯棉纱、毛纱、麻纱时，张力不超过纱线断裂强度的10%～20%；络涤/棉混纺纱时，张力应略低些。

络筒张力不仅要适当，而且还要均匀，张力不匀会影响筒子成形，造成卷绕密度不匀，而且造成后道工序退绕张力波动。对普通络筒机来说，张力波动过大还容易造成无故停车。

（二）络筒张力分析与张力装置

络筒时，纱线卷绕到筒子上时所具有的张力是由三项因素构成的。

（1）退绕张力，即纱线从管纱上退解所形成的张力。

（2）摩擦张力，即导纱器对纱线摩擦作用所产生的张力。

（3）附加张力，即张力装置对纱线产生的张力。

1. 退绕张力

（1）管纱退绕过程。管纱卷绕过程中，钢领板升降一次，形成一个层级。钢领板上升速度慢，纱圈密度大，形成卷绕层；下降速度快，纱圈密度小，形成束缚层。所以管纱退绕时，是从上而下，一个层级一个层级退绕的。整个管纱由管纱身和管纱底两部分组成，管纱底纱层倾斜角较小，管纱身各层级纱线倾斜角均匀一致。

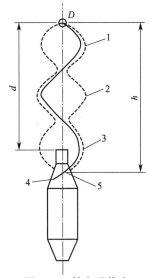

络筒时，纱线从固定不动的管纱上高速退解，一边高速回转，一边上升前进，这时，在空间有一个或多个旋转曲面，称为气圈，如图1-19所示。退绕条件（纱线线密度、络筒张力、导纱距离等）不同，退绕时形成的气圈形状和节数也不同，有一节气圈的称为单节气圈，有两个或两个以上气圈的称为多节气圈（图中1、2、3）。管纱顶端至导纱器之间的距离 d 称为导纱距离。纱线由静止进入退绕状态的起始点4称为退绕点；纱线开始脱离管纱进入空间的起始点5称为分离点。在退绕点4与分离点5之间处于蠕动状态的纱段称为摩擦纱段。摩擦纱段对应管纱轴心的弧度角叫摩擦包围角。分离点5至导纱器之间的垂直距离 h 称为气圈高度。管纱退绕时，导纱距离不随退绕而变化，退绕点和分离点的位置随退绕纱圈的变化而周期性地上下移动，但总趋势是下降的，所以气圈高度是个变量，随分离点下移而逐渐增大。

图 1-19　轴向退绕中的管纱及气圈

（2）退绕张力的构成。将管纱的退绕路线分为：空间气圈纱段和管纱表面纱段两段进行分析，所产生的张力分别为气圈张力和分离点张力。

① 气圈张力。气圈上微元纱段受到的作用力有很多种类，如重力、空气阻力、回转运动产生的法向惯性力、前进运动产生的法向惯性力、哥氏惯性力，还有纱段两端的张力。上述诸力的矢量和很小，它们对退绕张力的影响是微小的。

② 分离点张力。纱线在分离点处的张力由下列因素决定。

a. 纱线在退绕点所具有的初始张力，即静平衡张力 T_0。

b. 纱线由静态到动态所需克服的惯性力。

c. 摩擦纱段和卷装表面的黏附力。

d. 摩擦纱段和卷装表面的摩擦张力。

这四项因素中，惯性力和黏附力数值很小，可略去不计。所以分离点张力可以认为是由纱线的静平衡张力和摩擦张力共同决定的。分离点张力 T_1 可近似地用下式表示：

$$T_1 = T_0 e^{f\alpha}$$

式中　f——纱线与卷装表面的平均摩擦因数；

　　　α——摩擦包围角。

上式说明，分离点张力主要是由摩擦纱段包围角的大小决定的。摩擦纱段增长，包围角就增大，分离点张力大幅度增加。摩擦纱段所产生的张力比静平衡张力大得多。显然，摩擦包围角 α 的大小变化将对分离点张力产生显著影响。

根据以上分析可知，退绕张力由气圈作用力和分离点张力两部分组成，而退绕张力的大小主要是由分离点张力决定的；影响分离点张力的最主要因素是摩擦包围角的大小。

2. 导纱器引起的摩擦张力和张力装置产生的附加张力

它们虽属两种张力，但因产生张力的原理相似，所以将二者合并起来加以讨论。

摩擦张力是由导纱器对纱线所产生的摩擦形成的，现在常用的张力装置也大都是通过和纱线接触产生摩擦而增加张力的。根据给纱线增加张力的原理，将摩擦张力和附加张力分为以下几种。

(1) 累加法。纱线从两个相互紧压的平面之间通过时，纱线与两个平面之间摩擦而产生的张力叫累加张力，这种产生张力的方法叫累加法。纱线通过圆盘式张力装置产生的张力即属此类。

图 1-20(a) 所示就是圆盘式张力装置引起张力的情况，纱线出张力装置时所具有的张力为：

$$T = T_0 + 2fN$$

式中　T_0——纱线进入张力装置前的张力；

　　　T——纱线离开张力装置时的张力；

　　　f——纱线和张力装置工作表面之间的摩擦因数；

　　　N——张力装置对纱线的正压力。

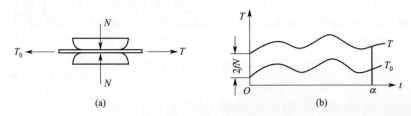

图 1-20　累加张力的产生与变化性质

如果纱线经过 n 个这样的张力装置，则纱线的总张力为：

$$T = T_0 + 2f_1 N_1 + 2f_2 N_2 + \cdots + 2f_n N_n$$

式中　f_1、f_2、$\cdots f_n$——纱线和各个张力装置工作表面之间的摩擦因数；

　　　N_1、N_2、$\cdots N_n$——各个张力装置对纱线的正压力。

由此可见，纱线张力的增加是累次相加的，因此称为累加法。采用此种方法增加纱线张力，张力波动幅度不变，张力平均值增大，因此降低了张力不匀率，如图 1-20(b) 所示。

累加法张力装置对纱线产生正压力的方法有垫圈加压 [图 1-21(a)]、弹簧加压 [图1-21(b)] 和气动或电磁加压 [图1-21(d)] 三种。

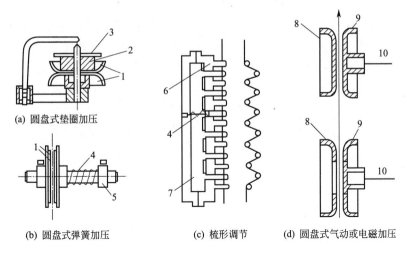

(a) 圆盘式垫圈加压　　(b) 圆盘式弹簧加压　　(c) 梳形调节　　(d) 圆盘式气动或电磁加压

图 1-21　各种张力装置

1—圆盘；2—缓冲毡块；3—张力垫圈；4—张力弹簧；5—张力调节紧圈；
6—固定梳齿；7—活动梳齿；8—慢转张力盘；9—加压张力盘；10—气动或电磁加压

用垫圈加压时，纱线上的粗细节会引起上圆盘和垫圈的振动，产生意外的络筒动态张力，引起新的张力波动，而且络筒速度越高，这种现象越严重。因此，采用这种张力装置时，必须采用良好的缓冲措施，减少上圆盘和垫圈的振动，以适应高速络筒。另外，由于这种圆盘式张力装置水平放置，两个圆盘之间容易聚集短绒和杂质，造成圆盘间纱线受力不匀，或聚集的绒毛被纱线带走易形成新的大粗节。所以这种垫圈加压的圆盘式张力装置会被逐渐淘汰。

用弹簧加压时，纱线上的粗细节引起弹簧压缩的变形量很小，弹簧产生的正压力变化也很小，这对络筒的动态张力影响很小。因此弹簧加压在高速络筒机上得到广泛应用。

自动络筒机上采用气动或电磁加压的无柱芯圆盘式张力装置，这种装置较先进，采用累加法工作原理，把张力盘的动态附加张力减小到最小。

用压缩空气加压，对纱线的加压作用平缓而均匀，遇纱线粗节所产生的动态附加张力比普通水平式要小，且全机各锭张力装置加压大小可统一调节，压力由程序控制，压力更加均匀稳定，整台车上锭与锭之间的张力差异很小，当变换品种改变纱线线密度时，调节非常方便。采用直立式，两圆盘之间不易聚集花衣，有利络筒质量。

一些新型自动络筒机采用电磁加压式张力装置，压力大小由电信号控制。张力装置上方装一张力传感器，用于检测纱线退绕过程中动态张力的变化值并及时通过电子计算机进行相应调节。当纱线张力变化时，传感器中的弹性元件发生变形，改变输出的电流或电压信号，此信号经计算机处理后再传输给张力装置，张力装置中的电磁加压则根据得到的信号大小使压力增减，用以调节补偿，使张力保持大小适当均匀。

（2）倍积法。纱线绕过一个曲弧面（通常是张力器或导纱器的工作面）时，它们之间的摩擦使纱线获得的张力增量叫倍积张力，这种产生张力的方法叫倍积法。纱线通过导纱器或梳齿式张力装置产生的张力即属此类，如图 1-21(c) 所示。

纱线与一个曲弧面摩擦产生的张力增量为 $e^{f\alpha}$ 倍，如图 1-22(a) 所示。

如果经过 n 个这样的曲面，纱线总张力为：

$$T = T_0 e^{f_1\alpha_1 + f_2\alpha_2 + \cdots f_n\alpha_n}$$

由此可知，纱线张力是成倍增加的，因此称为倍积法。采用此种方法增加纱线张力，张力波动幅度增大，张力平均值同比增大，因此张力不匀率不变，如图 1-22(b) 所示。纱线上的粗细节不会引起新的动态张力波动。高速络筒时，用这种方法对均匀张力有利。

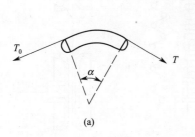

(a)

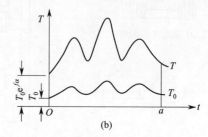

(b)

图 1-22　倍积张力的产生与变化性质

在普通槽筒式络筒机上，圆盘式张力装置是通过累加法给纱线增加张力的。但纱线从管纱上退绕下来至卷绕到筒子上以前，还要经过一些导纱器，纱线和它们的摩擦会使张力按倍积法增加；纱线和张力装置的柱芯之间所产生的摩擦接触也属于此类；由于纱线要在导纱器（槽筒）的带动下往复运动，它们之间的摩擦包围角不断发生变化，这会造成络筒张力有较大差异。为减少这种不利影响，新型自动络筒机的纱路一般设计为直线，并取消了圆盘式张力装置的柱芯，减小了纱线与导纱器间的摩擦包围角，使张力波动减小，也避免了柱芯缠纱现象。

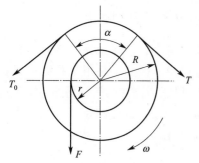

图 1-23　纱线绕过可转动圆柱体
获得张力的工作原理

（3）间接法。纱线绕过一个可转动的圆柱体的工作表面（图 1-23），圆柱体在纱线带动下回转的同时，受到一个恒定外力 F 的阻力矩作用，从而使纱线产生一个张力增量，这个张力增量叫间接张力，这种产生张力的方法叫间接法。

设纱线进入张力装置时的张力为 T_0，离开张力装置时的张力为 T，根据动态平衡条件可知：

$$TR = T_0 R + Fr$$

式中　r——阻力 F 的作用力臂；

　　　R——圆柱体工作表面的半径。

这种张力装置给纱线增加张力的作用原理和前两种靠摩擦增加张力的原理完全不同，纱线与圆柱体工作表面不发生相对滑移，纱线张力的调节是依靠改变阻力矩而实现的。因此，这种张力装置有以下主要特点。

① 在高速条件下工作时，纱线的磨损很小。

② 通过张力装置后张力平均值增加，张力波动幅度不变，张力不匀率下降。

③ 张力增加值与纱线的摩擦因数、纱线的纤维材料性质、纱线表面形态结构、纱线颜色等因素无关，这些特点对色织生产十分有利。

④ 装置结构比较复杂。

(三) 影响络筒张力的因素

在络筒过程中，影响络筒张力大小及波动的因素很多，在退绕张力、摩擦张力、附加张力三个因素中，主要是摩擦纱段长度及摩擦包围角的变化造成退绕张力的变化。退绕张力是造成络筒张力波动的主要因素，附加张力是决定络筒张力大小的根本因素。

1. 管纱卷绕结构对络筒张力的影响

(1) 退绕一个层级时纱线张力的变化规律。纱线每退绕一个层级，张力波动一次，如图1-24所示。这是因为纱线在层级顶端 1 所具有的退绕半径小，退绕角速度略大，摩擦包围角大，所以退绕张力大；在层级底端 2 时，情况则相反，退绕张力小。但是这种张力波动幅度较小且难以克服，对后续工序影响也比较小。

图 1-24　每退绕一个层级时纱线张力的变化规律

(2) 整只管纱退绕时纱线张力的变化规律。图 1-25 所示为整只管纱退绕时纱线张力变化的波形图。满管时张力极小，出现不稳定的三节气圈。随着退绕的进行，退绕点与导纱点之间的距离逐渐增加，气圈变长，气圈抛离纱管表面的程度减弱，并且纱管裸露部分增加，摩擦纱段长度逐渐增加，管纱退绕张力也逐渐增加。在此期间，最末一节气圈的颈部逐渐向纱管管顶靠近。当退绕到一定时候，往往是该节气圈颈部与管顶相碰，气圈形状瞬间突变，气圈节数减少，出现稳定的两节气圈，摩擦纱段长度瞬时突增，管纱退绕张力也瞬时增加较大数值（图 1-25 中 B 点）。当纱线退绕到 C 点时，气圈形状又一次发生变化，出现稳定的单节气圈，摩擦纱段和张力增长幅度较大。在 C 点至 D 点之间，气圈始终维持单节状态，但气圈高度却在不断增大，气圈形状变得瘦长，摩擦纱段长度迅猛增加，退绕张力急剧上升。由此可见，气圈形状和摩擦纱段是影响管纱退绕张力的决定性因素。

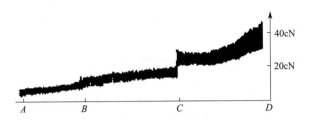

图 1-25　整只管纱退绕时纱线张力的变化规律

2. 络筒速度对张力的影响

图 1-26 中曲线 I 表示 19.5tex 纱线在络筒速度为 450m/min 时的张力波动图形，曲线 II 是在其他条件都保持不变，络筒速度为 750m/min 的张力波动图形。

由图 1-26 可知，速度提高使络筒张力大幅增加，退绕到管底时，张力增加幅度更大。这是由于在提高速度后，气圈的回转角速度增加，空气阻力的作用增大，使摩擦纱段、摩擦包围角也增大，加之因提高速度引起的其他因素，如法向惯性力、哥氏惯性力等也增加，使总的退绕张力随之增加。

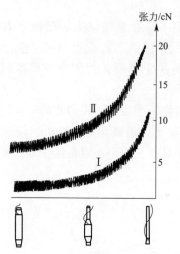

张力/cN

图 1-26　络筒速度对退绕张力的影响

Ⅰ——络筒速度 450m/min，

19.5tex（30 英支）纱线；

Ⅱ——络筒速度 750m/min，

19.5tex（30 英支）纱线

生产实践表明，普通槽筒式络筒机络筒速度提高到 650m/min 以上时，断头迅速增加，而大部分断头是由于纱线脱圈造成的。纱线脱圈之所以增加，是由于摩擦纱段包围角增加的缘故。当摩擦纱段的摩擦张力大于纱层间的黏附力和原有的摩擦张力时，许多纱圈被带落下来，造成脱圈断头，这是高速退绕必须解决的一个问题。

3. 导纱距离对退绕张力的影响

不同导纱距离对退绕张力的影响如图 1-27 所示。

图 1-27(a) 所示为导纱距离 $d=50$mm 时，从满管退到空管时的张力波动情形，曲线表明，张力波动较小。这是因为在管纱的整个退绕过程中，始终保持单节气圈，没有张力突变。

图 1-27(b) 所示为导纱距离 $d=200$mm 时，从满管退到空管时的张力波动情形，由张力曲线可以看出，退绕张力在退绕过程中存在阶段性增加现象，这是由于在导纱距离为 200mm 时，气圈节数校多，当从满管退到空管时，气圈节数逐渐减少，在节数改变时，张力突变。退至空管时，其张力达满管退绕时的 4 倍以上，因而，构成了络筒张力不匀现象，给络筒工艺造成困难。

图 1-27(c) 所示为导纱距离 $d=500$mm 时，从满管退到空管时的张力波动情形，由图可以看出，张力波动也较小。这是因为在满管时，气圈节数达 10 节以上，管纱的整个退绕过程中，虽然气圈节数会减少，但气圈节数的变化对气圈形状及摩擦包围角的影响较小，因而张力波动幅度较小。

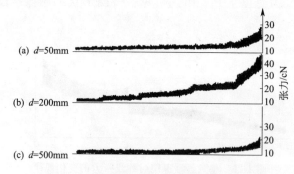

图 1-27　不同导纱距离对退绕张力的影响

络筒速度：450m/min；纱线线密度：29tex（20 英支）

上述实验说明，短距离和长距离导纱都能减少络筒张力的波动，有利于络筒张力均匀。仅在中距离导纱时，张力波动较大，应力求避免。

应当指出，上述试验结果是在一定试验条件下得出的。若络筒速度、纱线线密度及管纱结构等条件不同，张力变化的情形就会有所不同。但是，试验资料表明的导纱距离与退绕张力的密切关系则总是存在的，在考虑工艺配置时，应适当地选择。

（四）均匀络筒张力的措施

为了改进络筒工艺，提高络筒质量，应采取适当措施，均匀络筒时的退绕张力。进行高速络筒时，尤为必要。

1. 正确选择导纱距离并防止管纱锭脚安装不正

前已提及，短距离或长距离导纱都能获得比较均匀的退绕张力。但是，在手工换管、接头的普通络筒机上，短距离和长距离导纱都因操作不便和增加劳动强度而难以实行。只有在实现了自动换管、喂管、接头的自动络筒机上，才能普遍采用长距离导纱。普通络筒机选用的导纱距离一般为70～100mm。采用这样的导纱距离时，从满管退绕至空管所产生的张力差异在1倍左右。这样的波动幅度一般是可以接受的。

插纱锭脚应安装正确，使管纱中心线的延长线对准张力架导纱板的导纱口。否则在导纱过程中会增加纱线与纱管的摩擦，增加张力的不均匀程度。

2. 安装气圈控制器

气圈控制器又叫气圈破裂器。当管纱退绕至管底时，气圈被控制成双弧形的双节气圈，能减少摩擦纱段对管底纱层的包围角，收到减小或避免管底退绕张力剧增的效果。最常用的气圈破裂器是气圈破裂环，如图1-28（a）所示。气圈破裂环由金属丝弯成，圆环直径为25mm，内圈有细齿，可增加对气圈的控制和对纱线的除杂作用。破裂环安装在离纱管顶30～40mm处。

图1-28（b）所示为气圈破裂球，安装在管纱与导纱器间的边侧，也可将气圈控制成双弧形，减少退绕张力，减少脱圈断头。此外还有管状和方形破裂器，如图1-28（c）所示。后者使用在一种自动络筒机上。

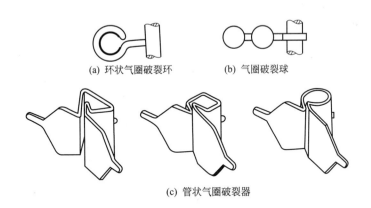

(a) 环状气圈破裂环　　(b) 气圈破裂球

(c) 管状气圈破裂器

图1-28　气圈破裂器

图1-29所示为使用气圈破裂器均匀退绕张力的试验资料。由图可见，使用破裂器后，络纱张力的波动幅度要小得多。

气圈破裂器的开口位置应适应纱线退绕时的回转方向，使纱线能自动进入环圈，同时气圈旋转时，纱线不会脱出破裂环。破裂环的中心应对正纱管的中心。破裂环铰装在张力架座上，在手工换管时，破裂环可以移开。

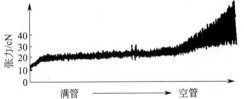

图1-29　使用气圈破裂器均匀退绕张力

（试验条件为络筒速度1500m/min，棉纱线密度13.5tex）

各种气圈破裂器的使用效果见表 1-1。

表 1-1 各种气圈破裂器的使用效果

百管断头率 \ 形式 \ 速度及线密度	环式	双球式	单球式	管式	无破裂器
900m/min,19.5tex	5	2	4	3	不能正常生产
1200m/min,19.5tex	5	2.5	3	3	不能正常生产

某些新型自动络筒机上采用了新型气圈控制器——光电跟踪式气圈控制器（图 1-30），它可以随管纱的退绕而逐步下降，其除了具有气圈破裂器的作用外，还具有使旋转的气圈与周围的空气隔离的作用，能减小空气对纱线的摩擦，明显降低毛羽的增加。另外，在络筒过程中，光电跟踪气圈控制器随着管纱退绕而同步自动下降，能保持该装置与管纱分离点之间的距离不变，从而有效地控制整个管纱退绕过程中的气圈，有利于降低张力波动。

图 1-30 新型光电跟踪式气圈控制器

3. 增大纱管底部圆台母线的倾斜角

前已指出，由于纱管底部圆台母线倾斜角小，纱线退到底部结构时，退绕半径减小，纱线与纱层、纱管间的摩擦作用显著增加，退绕张力迅速增加，并导致断头。若将纱管底部圆台倾斜角加大到与管纱身层级的倾斜角基本相同，就可以减少退绕张力的波动幅度。但管纱的容量略有减少。

4. 用变频调速电动机自动调节络筒速度

奥托康纳 238 型和萨维奥 ESPERO 型自动络筒机的络纱锭节配有单锭调速的变频器和交流电动机，络筒机配有微型计算机进行工艺参数的监测和控制。当纱线退绕至接近管底及管底部位时，卷绕速度以预设要求下降，退绕张力增幅较小，均匀了退绕张力。

5. 降低摩擦张力及附加张力的波动

导纱器的作用是改变纱线的运行方向，对纱线有一定的摩擦包围角，因此对纱线产生的张力为倍积张力。倍积张力会增大纱线的张力波动幅度。在新型络筒机上，为减少倍积张力，降低络筒张力不匀率，通常使纱路上与纱线接触的器件尽可能得少，并使纱线尽可能处于直线状态，并减少络筒速度的波动。

6. 合理选用张力装置

张力装置产生的张力占络筒张力的 80% 左右。为了使络筒张力波动较小、统一、调节方便，新型络筒机主要采用圆盘式和铁鞋式两种张力装置，作用面垂直放置。该装置采用气动加压、弹簧加压、电磁加压，也可采用间接张力。

三、清纱与清纱装置

（一）清纱的目的

清纱的目的是清除纱线上的粗节、细节、棉结、杂质等疵点，提高纱线条干的均匀度和平均强度，进而提高后道工序的生产效率，改善织物外观质量。

（二）纱疵分类和清纱要求

细纱用乌斯特条干均匀度仪和疵点计数仪测定时，纱疵分为三类。

1. 短片段周期性粗细节

由于纤维开松和梳理不足，在细纱机牵伸过程中产生牵伸波并随机排列，细纱在均匀度仪上可记录下短片段的周期性粗细节。其截面厚度在平均值的$-50\%\sim+50\%$。这类粗细节与平均值相差不多，故可不计入疵点数内，不予清除。对较粗特织物或线织物的表面影响程度较小，对高档织物的表面匀整性有一定影响。

2. 非周期性粗细节及棉结

这类疵点的粗节和棉结截面厚度在平均值的$+50\%\sim+100\%$，细节截面厚度在平均值的$-70\%\sim-50\%$。其产生原因与周期性短片段疵点基本相似，主要由纤维原料和纺纱工艺不完善造成。但在数量上比周期性短片段粗细节要少，这类疵点中的粗节和棉结对单纱薄型织物的外观质量影响明显，可根据织物质量要求予以适当清除。

3. 偶发性显性纱疵

这类疵点主要由细纱操作及清洁工作不良造成，如细纱大结头、飞花落入等。这类粗节的长度和截面均明显，截面厚度达平均截面厚度的$+100\%$以上，或达平均截面厚度的几倍；细节的长度和截面也较明显，截面厚度在平均截面的-70%以上。这些疵点必须予以清除。

总之，络筒机的清纱装置应按对织物品种外观和风格特征的要求，对纱疵进行适当范围的清除。

（三）清纱器的分类及其工作原理

根据其工作原理，清纱器分为机械式和电子式两大类，机械式清纱器包括板式、梳针式；电子式清纱器分为光电式和电容式。

1. 机械式清纱器

机械式清纱装置通常为板式，也有梳针式，如图 1-31 所示。机械式清纱器有一条可调

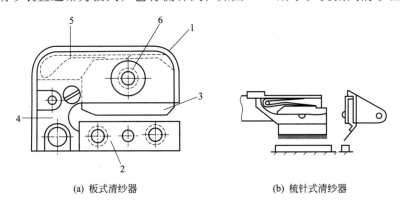

(a) 板式清纱器　　　　　　　(b) 梳针式清纱器

图 1-31　机械式清纱器

1—后盖板；2—固定清纱板；3—活动清纱板；4—前板盖；5—弹簧；6—调节螺钉

的缝隙，纱线通过缝隙时，纱线的直径得到检查。粗节纱、棉结因通不过缝隙而被刮断，附着在纱线上的杂质、绒毛和尘屑等被清纱板或梳针刮落。纱线在高速退解时可能产生的脱圈，也通不过缝隙，从而提高了络筒的质量。

机械式清纱器缝隙的大小应根据纱线的纤维类别、纱的线密度、络筒速度、织物品种的外观要求等性能进行适当选择。缝隙过宽，粗节纱和纱圈容易漏过；缝隙过窄，会造成断头过多，刮毛纱线。

机械式清纱器的清纱效率很低，一般板式清纱器清除粗节的效率仅 40% 左右，梳针式清纱器清除效率稍高，但易刮毛纱线。因此目前机械式清纱器已逐渐被淘汰。

2. 电子式清纱器

电子式清纱器是将纱线直径转化为电信号进行纱疵检测的。

(1) 电子清纱器的组成。电子清纱器由检测头、电路板、电源控制中心几部分组成。

检测头主要由传感器、转换电路、信号放大器、切刀及其驱动电磁铁构成。

传感器是通过纱线直径信号的变化来影响电容值或光敏元件的受光量的。转换电路是将电容或光敏元件的光生电动势变成电信号（电流、电压）的器件。信号放大器能将电信号放大，并送到电路板上。

电路板是对放大的信号进行处理的一块电路板。先将放大的电压信号与多级直径设定电压（如短粗节、长粗节、长细节）比较，当其值大于某一级时，对应通道导通，开始对长度进行积分，当长度积分电压值也大于该长度设定电压时，即判断为相应的疵点，并向切刀驱动电路发出信号，由电磁铁驱动切刀将纱疵切除。

电源控制中心向检测头、电路板提供各直流电压和各种设定电压，由操作面板输入各种参数。基础参数有纤维种类、纱线线密度、络筒速度等；清纱范围设定包括长粗节电压设定、长细节电压设定、短粗节电压设定、参考长度设定等。

(2) 光电式电子清纱器。光电式电子清纱器检测纱疵的侧面投影，它较接近视觉。其工作原理是将反映纱疵形状的直径和长度两个几何量通过光电系统转换成相应的电脉冲信号而进行检测。光电式电子清纱器的工作原理如图 1-32 所示。

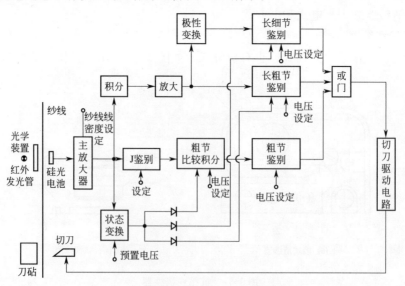

图 1-32 光电式电子清纱器的工作原理

光电式电子清纱器由检测部分、信号处理部分和执行部分组成。

检测部分由光源和光敏接收器组成。高速运行的纱线从光源和光敏接收器之间通过。现在都用红外发光管作光源，它使用寿命长，性能稳定。光敏接收器以前是用光敏二极管或三极管，但其光接收面积太小，不能完整、线性地反映纱疵的粗细程度，导致漏疵多、清除效率低。现在一般都用硅光电池作为光电接收器。当纱线上出现纱疵时，硅光电池的受光面积发生变化，它接受到的光量和输出的光电流量随之变化，光电流量的幅值与纱疵的直径成正比。当纱线运行速度确定时，纱疵越长，光电流量幅值所维持的时间也越长。光电式电子清纱器就这样把纱疵的直径和长度两个几何量的变化转换为光电接收器输出电流脉冲的幅值和宽度的变化，从而达到检测纱疵的目的。为提高对扁平纱疵的检出能力，在红外发光器和光电接收器之间还有一个光学装置，光学装置对光产生漫反射，使检测光从多个方向射入，使光电接收器接收到多路光源信号，从而加强对扁平纱疵的识别能力。

光电接收器输出的电流脉冲经主放大器放大后，变成与纱疵形状相对应的电压脉冲信号，分别送到短粗节通道、长粗节通道、长细节通道和状态变换电路。当这个电压脉冲信号幅度超过鉴别电路设定电压的幅度，鉴别电路就有信号输出，经或门触发切刀驱动电路工作，带动切刀切断纱线，将纱疵清除。

如果纱线在检测槽内高速通过，主放大器的输出电压使状态变换电路处于动态状况，状态变换电路将预置电压切断，因而预置电压不能加到后一级的电路上，即不能加到短粗节、长粗节、长细节三个鉴别电路上，则短粗节通道、长粗节通道、长细节通道的设定电压为正常运行条件下清纱所需的电压值。如果检测槽内纱线不运行或无纱线时，状态变换电路处于静态状况，这时预置电压分别加到短粗节、长粗节、长细节三个鉴别电路上，使这三个鉴别电路的电压设定值上升，提高抗干扰能力，即防止误切。

（3）电容式电子清纱器。电容式电子清纱器能检测纱线单位长度内的质量。其工作原理是把纱线单位长度内的质量变化转化为电信号，根据质量变化测知纱线截面积的变化，从而检测是否有纱疵。电容式电子清纱器也由检测部分、信号处理部分和执行部分组成。

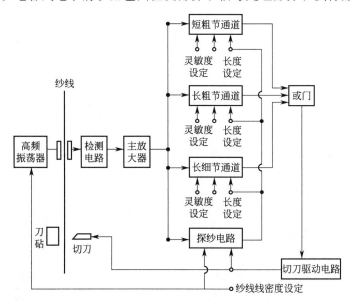

图 1-33 电容式电子清纱器的工作原理

电容式电子清纱器的工作原理如图 1-33 所示。电容式电子清纱器检测部分由高频振荡器、电容传感器和检测电路组成。两块平行的金属板组成一个电容传感器，两极板之间无纱线通过时，电容量最小。因为纤维介电常数比空气的大，当纱线从两块金属板之间通过时，电容量增加，当纱线粗细变化时，就会引起电容量的变化，电容量增加的数量与单位长度内纱线的质量成正比，因此纱线截面积的变化，即单位长度内质量的变化被转换成传感器电容量的变化，从而改变了高频振荡器所产生的等幅波的波幅，波幅的高低反映了纱线截面积的变化，此信号经过检测电路检波、滤波后，把反映纱线粗细变化的低频电信号取出，转换成电脉冲信号。

信号处理部分由主放大器、短粗节通道、长粗节通道、长细节通道和探纱电路等机构组成。检测电路输出的脉冲信号经主放大器放大后分别加到短粗节通道、长粗节通道、长细节通道。每一个通道都由纱疵粗细节灵敏度和纱疵长度鉴别电路组成，以此检测纱疵的粗度和长度。如果纱疵所对应的脉冲信号面积均达到设定值，鉴别电路就会发出切除指令，使切刀驱动电路工作，清除纱疵。

主放大器的输出信号还被加到探纱电路上，探纱电路判别检测元件中纱线的状况（投纱、运行、空纱、静态检测等），然后根据纱线的状况，对各通道的鉴别电路进行控制，提高它们的抗干扰能力，即防止误切。探纱电路还能对纱线材料系数进行自动修正。

（4）电子清纱器的工作性能。由于光电式电子清纱器和电容式电子清纱器的检测工作原理不同，因此它们的工作性能有较大差异，二者工作性能的对比见表 1-2。

表 1-2　光电式和电容式电子清纱器工作性能的对比

性　能	光　电　式	电　容　式
扁平纱疵	会漏切	不漏切
纱线捻度	影响大，可切除弱捻纱疵	无影响，但漏切弱捻纱疵
纱线颜色与光泽	有影响	无影响
纱线回潮率	影响较小或无影响	影响大，引起检测失误
纤维种类与混纺比	略有影响	有影响
飞花、灰尘积聚	影响大，引起检测失误	有影响
系统稳定性	需定期校正，使用寿命短	稳定性好，使用寿命长
检测灵敏度	较低	高

四、络筒接头

对结头的要求是牢而小。结头不牢，在后工序中会脱结而重新断头。结头过大，织造时不能顺利通过综眼和筘齿，造成断头。如能通过综眼和筘齿，织成织物后，织物的结头显现率高，影响织物质量，结头纱尾太长，织造时还会与邻纱缠绕，引起开口不清或断头，造成"三跳"等织疵。

常用的接头方式有有结接头和无结接头。

（一）有结接头

络筒常用的有结接头形式有两种。

1. 织布结（蚊子结）

织布结如图 1-34(a) 所示，这种结头体积较小，且愈拉愈紧。纱尾长 3～6mm，且纱尾分布在纱身两侧，不易与邻纱扭缠。织物表面的结头显现率较低，布面较平整。

织布结可手工打结或用打结器打结，生产中现已广泛采用打结器打结，打结器操作简便，维修保养方便。该种结头适用于棉和棉混纺的中、粗特纱。

2. 自紧结（渔网结）

自紧结如图 1-34（b）所示，它由两个结连接构成。这种结头紧牢可靠，脱结最少。但打结手续复杂，采用自紧结打结器打结，结头体积较大，纱尾较长，达 4～7mm，适用于棉、毛、化纤纱线。

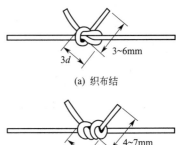

(a) 织布结

(b) 自紧结

图 1-34　织布结和自紧结

（二）无结接头

1. 无结头连接的意义

由于人工或机械打结器接头直径是原纱直径的 3～4 倍，络筒结头在生产高密织物时会在织机上脱节或重新断头，严重影响后道加工工序的生产效率，并且机织物、针织物正面的结头使成品外观质量下降。随着捻接技术的产生和发展，这一矛盾得到解决。捻接技术从根本上改变了以往清纱去疵工作的实质，以一个程度不严重的"纱疵"（结头）代替一个程度严重的纱疵。捻接后接头处的纱线直径仅为原纱直径的 1.1～1.3 倍，接头后断裂强度在原纱强度的 80％ 以上，在静态负荷下与原纱弹性一致，且接头速度很快，每次仅 0.3～1s。

空捻接头和机械接头对织机效率的影响见表 1-3。

表 1-3　空捻接头和机械接头对织机效率的影响

原纱线密度	织物数量	空捻接头纱停台	机械接头纱停台
14.5tex	60m	0.20	0.70
7.3tex	60m	1.67	2.53

2. 空气捻接技术

捻接的方法很多，有空气捻接、机械捻接、静电捻接等方法。其中技术最成熟、应用最广泛的是空气捻接法。

空气捻接方式有手控空气捻接和自动捻接两种。

空捻接头技术是将两纱尾搭接在紊流空气捻接腔中，由捻接腔中的强气流进行捻接，接头时间及耗气量均可调节，从而满足空捻纱的质量要求，垂直于纱尾的气流在捻接的同时还给接头纱一定的捻度。

空气捻接器对捻接区长度、喷射气流时间和空气流量及捻接腔捻向等参数均可选择或调整。

目前空捻接头技术已得到广泛应用，可用于任何原料、任何品种、任何线密度，是络纱工序不可缺少的部分。目前市场上供应的空气捻接器除普通空气捻接器外，还有热捻捻接器、喷湿捻接器等品种，可用于粗特纱、细特纱、花式纱、股线、弹力包芯纱及密实环锭纱等不同品种。

总之，空气捻接器对提高原纱和织物质量，提高生产效率有显著作用，也相应降低了成本，比机械打结器的维修量减少。

五、自动络筒机

自动络筒机按其功能分为半自动络筒机、全自动络筒机和细络联型自动络筒机。

（1）半自动络筒机又称纱库型自动络筒机，每个络纱锭节设一盛纱库供给管纱，每个纱

库内盛放 6 只管纱,管纱的喂入由人工完成。络筒机可实现自动换管、自动找头、自动接头、自动开车等功能。

(2)全自动络筒机又称托盘型自动络筒机,一台机器设一盛纱托盘(或称管纱准备库),托盘内盛放细纱机下来的散装管纱,管纱的整理、输送、引头及换管前的准备到位、换筒等工作均由机器完成,因而提高了络筒自动化。

(3)细络联型自动络筒机是将络筒机与环锭式细纱机联结在一起,细纱机落下的满管纱输送到络筒机进行络筒,两机之间不需人工运输和装纱操作,进一步实现了省力化和自动化,也减少了储存筒子的空间。细络联型自动络筒机目前处于推广应用阶段。

新型自动络筒机有如下一些技术特征。

(一)质量保证体系

络筒工序除了将管纱卷绕成具有一定长度要求的筒子纱外,另一个重要任务就是清除各类有害纱疵,如大棉结、粗节、细节、竹节、双纱、股线缺股、弱捻等,以改善纱线外观质量。

现代自动络筒机的质量保证体系主要有清纱、捻接、张力控制和减少毛羽增长等方面。

1. 清纱和捻接

新型自动络筒机的电子清纱器基本上都采用最新的微机型清纱器,不仅清纱工艺性能好,而且功能强,可和机上电脑连接,使清纱器的处理系统融合在微机内,做到电清工艺统一设置和控制,所以操作简单,故障率低,误切、漏切少。新型清纱器还可检切异色纤维,但设置参数应恰当,否则检切率过高,影响效率。

新型自动络筒机的接结技术都采用捻接器(空气、机械)取代打结器,为生产无结纱创造了条件。

有些新型自动络筒机,若电子清纱器在接头前检测到从筒子上退绕下来的纱线有纱疵,则上捕纱器会继续引纱,直到剔除后再接头。下捕纱器则能通过传感器控制引纱长度,即上捕纱器引纱没有结束,下捕纱器在引纱达到要求长度时不会继续引纱而处于等待状态。

自动络筒机配备的捻接器有标准型、热捻接器、喷湿捻接器,以适应各种纱线的需要。

2. 张力控制系统

一般络筒机的张力控制是随机的,即附加张力是事先设定的一个不变的张力补偿值,它不因纱线退绕张力的变化而变化,因此会造成卷绕张力不匀和下游工序退绕时张力的波动。

新型自动络筒机则采取了新的张力控制措施,即附加张力是变化的,它随纱线退绕张力的变化而反向变化,加以调节、补偿,使络纱张力保持恒定。这一系统由气圈破裂器、张力器、张力传感器及自控元件组成。在张力管理系统中,只需输入纱线品种、线密度和生产速度,计算机就会算出合适的设定张力。

采用张力控制装置,在保证筒纱质量的情况下,络筒速度一般可提高 10% 左右,并对单纱强力和单强 CV 值都有改善。

3. 毛羽减少装置

近些年,各机械制造厂针对减少纱线摩擦、降低毛羽增长采取了如钢质及有肩槽筒、断头抬起刹车装置、无接触式电子清纱器、尽量采取直线型引纱路线并减少纱道折角、改善纱道光洁度并采用耐磨的陶瓷部件、降低络纱张力等措施,都取得了一定成效。

新型自动络筒机还推出了跟踪式气圈控制器，随管纱的退绕，气圈控制器自动跟随下降，使管纱在退绕过程中始终保持单节气圈，张力稳定，且退绕过程中也显著减少了毛羽。

某自动络筒机还推出了新型毛羽减少装置，用气流将蓬松的毛羽捻附在纱体上，减少毛羽，改善外观，其结构如图1-35所示。

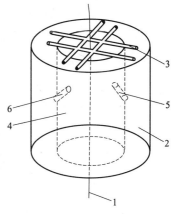

纱线1穿过直径为2mm的纱线通道4，壳体2上有两个通向纱线通道的斜向喷气孔5、6（直径0.3mm，与管子轴线倾斜角为50°）。压缩空气经喷气孔在纱线通道中形成与纱线行进方向相反的旋转气流，在纱线通道的入口处，该旋转气流与纱线捻向相反，对纱线有退捻作用，从而降低了纱线的捻度，使纱线疏松；而在纱线通道的出口处，对纱线起加捻作用，让纱线原来的捻度又得到恢复，纱身捻紧。

当带毛羽的纱线经过这个装置时，因涡流作用，纱表面的长毛羽被卷入纱体中，从而使纱线上的毛羽明显减少。

图1-35　毛羽减少装置结构示意图
1—纱线；2—壳体；3—搓抹器；
4—纱线通道；5、6—喷气孔

位于纱线通道出口处的搓抹器3由四根两两正交的搓抹棒组成。搓抹口对纱线的运动有微弱的约束作用，在搓抹口内，做旋转向上运动的纱线受搓抹棒光滑表面的机械作用，使游离毛羽头端沿纱线捻向捻贴到纱身上，进一步提高了减少纱线毛羽的效果。它还使纱线强力及其他方面得以提高。

4. 防叠系统

新型自动络筒机在槽筒直接驱动的基础上，均采用电子防叠装置，根据设备运转及设定的防叠参数进行电子式"启动—停止"的自我调控方式，实现瞬时加速及减速，达到防叠目的。

采用计算机智能卷绕防叠系统，当筒纱卷绕直径与槽筒直径成倍数关系（临界重叠卷绕直径）时，伺服系统发出指令，修正筒纱和槽筒之间的传动比，以防止重叠。

（二）高速卷绕系统

络纱速度和管纱退绕张力有密切关系。在整个退绕过程中，纱线张力均匀、脱圈少，就可提高络纱速度。

高速卷绕系统采取单锭电动机直接驱动、变频调速的措施，即在大、中纱时提高速度，小纱时适当降低速度，使络纱速度由平均1000m/min提高到平均1200m/min左右，使实际络纱速度提高了10%左右。

自动络筒机采用跟踪式气圈控制器，使管纱在退绕过程中始终保持单节气圈，张力稳定，防止和降低了脱圈的产生，从而提高了络纱速度。

（三）智能化及电控监测系统

自动络筒机的电子防叠、纱线张力、打结循环、电子清纱、接头回丝控制等操作都由计算机集中处理，单锭调控。

自动络筒机的智能化管理已从数据统计、程序控制为主，转向以质量控制为主，如电子清纱已从分体式改为一体化，即电子清纱器的控制系统和计算机融为一体；由正常卷绕控制到全程控制，从断头、换管、启动到控制，保持良好筒子成形；纱线附加张力根据退绕张力的变化而由计算机进行自动调节，保持均匀的纱线张力等内容，使筒纱质量进一步提高。

（四）细纱与络筒连接系统

细络联在西方国家发展较快。它在细纱机和络筒机之间增加了一个连接系统，把细纱机自动落下的管纱自动运输到自动络筒机，并且在管纱退完后自动把空管运回。

细络联具有如下优点。

（1）由于细纱机落下的管纱自动运输到络筒机进行络筒，一是省略了管纱运输工作，节省了人力和加工成本；二是保证了纱线质量，降低了油脏污等纱疵。

（2）能满足多品种、小批量的要求，缩短了生产周期，一台车可生产三个品种。

（3）生产效率比原来自动络筒机有所提高。

（4）整体设计能节约占地面积30%左右。

（5）减少了半成品贮存，加快了周转，减少了备用纱管，降低了成本。

第二节　络　筒　工　艺

一、络筒工艺及工艺设计

络筒工艺设计的主要内容有络筒速度、导纱距离、张力装置的形式及工艺参数、清纱装置的形式及工艺参数、筒子卷绕密度、筒子绕纱长度、结头形式及打结要求等。络筒工艺应根据纤维材料、原纱质量、成品要求、后工序条件、设备状况等众多因素来统筹制订。合理的络筒工艺设计要做到纱线减磨保伸，筒子卷绕密度与纱线张力尽可能均匀，筒子成形良好，合理地清除疵点杂质。

（一）络筒速度

络筒速度的确定与机型、纱的线密度、纱线性质、退绕方式以及看台定额等因素有关。自动络筒机络筒速度可达1000m/min以上，用于管纱络筒的国产普通槽筒式络筒机速度就低一些，一般为500～800m/min，各种绞纱络筒机的络筒速度则更低。当采用粗特纱、管纱喂入或络股线时，其络筒速度可取较高值；若采用细特纱、化纤及混纺纱、绞纱喂入或线质量差、条干不匀时，则宜取较低速度。生产中主要视纱线表面毛羽情况、百管断头数及挡车工看台定额而定。

（二）导纱距离

合适的导纱距离应兼顾插管操作方便、张力均匀、脱圈和断头最少等因素。普通管纱络筒机采用较短的导纱距离，一般为60～100mm。自动络筒机一般采用长导纱距离并附加气圈破裂器。

（三）张力装置的形式及工艺参数

络筒过程中应尽量减少张力波动，使筒子卷绕密度尽可能达到内外均匀一致，筒子成形良好。这主要靠选择适当的张力装置形式及工艺参数来实现。

张力装置有许多形式，合理的张力装置应符合结构简单，张力波动小，飞花、杂质不易堆积堵塞的要求。垫圈式和弹簧式张力装置采用累加法和倍积法兼容的工作原理，弹簧式张力装置的加压方式比垫圈式有所改进，张力波动有所减小。梳齿式张力装置采用倍积法工作原理，张力波动幅度大，在络丝机上有应用。自动络筒机一般采用气压式无芯柱张力装置，这种张力装置采用累加法工作原理，并把张力盘的动态附加张力减小到最低程度，对减小张力波动十分有利。

张力装置的工艺参数主要是指加压压力或梳齿张力弹簧弹力。加压压力通过垫圈重量（垫圈式张力装置）、弹簧弹力（弹簧式张力装置）、压缩空气压力（气压式张力装置）来调节。压力大小应轻重一致，在满足筒子成形良好或后加工特殊要求的前提下，采用较轻的压力，最大限度地保持纱线的原有质量。原则上，粗特纱的络筒张力大于细特纱，涤/棉混纺纱的络筒张力略小于同特的纯棉纱。

（四）清纱装置的形式及工艺参数

机械式清纱装置结构简单，价格低廉，但清除效率低，容易刮毛纱线、产生静电，且不能鉴别纱疵长度，已无法满足对化纤产品、混纺产品和高档天然纤维产品日益提高的质量要求，一般只用于中、低档产品生产，还要正确设定清纱隔距。

电子清纱装置多采用多功能清纱器，可清除短粗节、长粗节、长细节、双纱等纱疵，部分清纱器还扩展有筒子绕纱定长和验结功能。电子清纱装置采用非接触工作方式，不损伤纱线，清除效率高，而且可以根据产品质量和后工序要求，综合纱疵长度和截面积两个因素灵活设定清纱范围，清除有害纱疵，保留对织物质量和后工序生产无明显影响的无害纱疵。生产实践表明，使用电子清纱装置，可明显提高产品质量和后工序的生产效率。

为了正确使用电子清纱器，电子清纱器制造厂须提供相配套的纱疵样照和相应的清纱特性曲线及其应用软件。

在制造厂提供不出可靠的纱疵样照的情况下，一般采用瑞士蔡尔韦格—乌斯特纱疵分级样照。该纱疵样照把各类纱疵分成 23 级，如图 1-36 所示。样照中，对于短粗节纱疵，长度在 0.1 ~1cm 的称 A 类，在 1~2cm 的称 B 类，在 2~4cm 的称 C 类，在 4~8cm 的称 D 类；纱疵横截面积增量在 +100% ~+150% 的称为第 1 类，在 +150% ~+250% 的称为第 2 类，在 +250% ~+400% 的称为第 3 类，在 +400% 以上的称为第 4 类。这样，短粗节总共分成 16 级，即

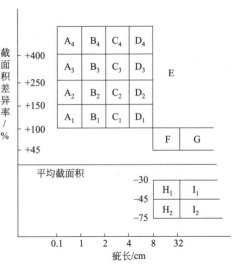

图 1-36 纱疵分级样照

A_1、A_2、A_3、A_4、B_1、B_2、B_3、B_4、C_1、C_2、C_3、C_4、D_1、D_2、D_3、D_4。对于长粗节，分为 3 级，纱疵横截面积增量在 +100% 以上、疵长大于 8cm 的称为双纱，归入 E 级；纱疵横截面积增量在 +45% ~+100%、疵长在 8~32cm 的称为长粗节，归入 F 级；纱疵横截面积增量在 +45% ~+100%、疵长大于 32cm 的也称长粗节，归入 G 类。对于长细节，分为 4 级，纱疵横截面积增量在 -45% ~-30%、疵长在 8~32cm 的定为 H_1 级；截面积增量相同于 H_1 级而疵长大于 32cm 的定为 I_1 级；纱疵横截面积增量在 -75% ~-45%、疵长在 8~32cm 的定为 H_2 级；截面积增量相同于 H_2 级而疵长大于 32cm 的定为 I_2 级。

清纱设定是指有害纱疵、无害纱疵及临界纱疵（在清纱特性曲线上）的划分。所谓清纱特性曲线，是清纱器在不同工艺设定参数下工作时，应切除纱疵和应保留纱疵之间的分界线。清纱特性曲线之上的纱疵为有害纱疵，曲线之下的纱疵为无害纱疵，应作保留。因此，清纱特性曲线又称为临界纱疵线。

图 1-37(a) 所示的清纱特性曲线为直角型，图中阴影区域为清纱器纱疵参考长度和灵敏

度（截面积变化率）分别等于 2cm 和 200% 时的清纱范围。

图 1-37(b) 所示的清纱特性曲线为函数型，被切纱疵的临界长度和临界截面积变化率之间存在一定的函数关系。

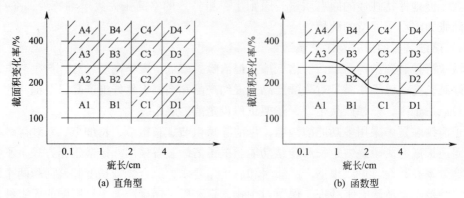

图 1-37　电子清纱器清纱特性曲线

应根据产品质量要求和后工序生产需要，制订最佳的清纱范围。清纱范围并不是越大越好，清纱范围过大，络筒中清除纱疵过多，会影响生产效率，并且络筒结头过多，同样会影响后工序的生产效率和织物外观质量。

（五）筒子卷绕密度

筒子单位绕纱体积中的纱线重量称筒子的卷绕密度，单位是 g/cm³。筒子的卷绕密度反映了筒子卷绕的松紧软硬程度。影响筒子卷绕密度的因素很多，与纱线结构有关，也与筒子卷绕形式、卷绕条件有关。

1. 纱线结构

股线卷绕密度大于单纱 10%～20%，涤/棉纱的卷绕密度一般应大于纯棉纱，细特纱的卷绕密度大于粗特纱，强捻纱卷绕密度大于弱捻纱，表面光洁纱线的卷绕密度大于粗糙纱线。

2. 纱圈卷绕角

一般认为在一定范围内，纱圈卷绕角越小，筒子卷绕密度越大。当卷绕角 $\alpha = 45°$ 时，卷绕密度最小；卷绕角接近 0° 时，卷绕密度最大。一般来讲，各种筒子的卷绕角在 13°～20°。

3. 络筒张力

络筒过程中，张力越大，卷绕密度越大；纱线绕上筒子后，纱线张力产生一定的向心压力压向内层，纱线张力越大，产生的向心压力也越大。在筒子里层，纱线松弛起皱，甚至被挤出端面，如同菊花状，这种现象叫菊花芯。菊花芯较严重时，就形成了疵筒。

4. 加压

筒子所受压力越大，卷绕密度越大。

筒子卷绕密度的确定应以筒子成形良好、紧密，又不损伤纱线性能为原则。不同用途的筒子，其卷绕密度的要求不同，如染色用筒子要求结构松软、均匀，密度在 0.32～0.37g/cm³，整经用筒子要求结构紧密、稳定、容纱量大，棉纱筒子密度要求在 0.34～0.47g/cm³。

不同线密度棉纱筒子的卷绕密度见表 1-4。

表 1-4 不同线密度棉纱筒子的卷绕密度

棉纱线密度/tex	32~96	20~31	12~19	6~11.5
筒子密度/(g/cm³)	0.34~0.39	0.34~0.42	0.35~0.45	0.36~0.47

(六) 筒子绕纱长度

1. 筒子定长的意义

确定筒子绕纱长度又叫筒子定长。筒子定长可配合整经集体换筒，使筒子架上所有筒子的绕纱长度基本一致，均匀片纱张力，并减少倒筒脚的量，减少回丝；统计产量准确。

2. 筒子绕纱长度计算

(1) 计算筒子卷绕体积 V。

(2) 计算筒子绕纱重量 G。

(3) 计算筒子理论绕纱长度（最大绕纱长度）L_1。

(4) 计算筒子计划绕纱长度 L。

为均匀整经张力，现在生产中常采用集体换筒。为了减少筒脚回丝，避免出现小轴，一个筒子的绕纱长度应保证整经时卷绕若干个完整的经轴，所以应先算出一批筒子可卷绕的经轴数 n。

筒子计划绕纱长度为：

$$L = L_{经轴}n + 回丝$$

式中回丝长度包括筒脚回丝长度、筒子插座与经轴卷绕点之间的经纱长度，因筒子卷绕及经轴卷绕过程中，有时会有滑移，造成测长不准，为防止整经时个别筒子出现跑空现象，这个回丝量通常考虑得比较大。各个厂可根据具体情况来确定，例如有些厂取 500~2000m。

3. 筒子定长方式

定长装置有机械式定长和电子式定长两种方式。

机械式定长是直接测量筒子卷绕直径，当筒子的卷绕直径达到规定值时，满筒自停机构使槽筒自动停转，并发出满筒信号。这种满筒定长装置结构简单，维修和调节都较方便，但车间温湿度的变化会使筒子的绕纱长度有所变化，锭与锭之间的差异则根据保全工的水平而定。一般筒子重量的锭差应控制在 ±50g 以内，长度（或重量）的误差应控制在 ±3% 左右。

电子定长有两种方法：一种是相对测量；另一种是绝对测量。

(1) 相对测量。相对测量是利用安装在槽筒轴旁的检测头，测量槽筒的转数，将测得的转数信号转换成电脉冲信号输送给绕纱长度计数控制板，换算成筒子的络纱长度。当筒子达到设定长度后，发出停车信号，并由电子清纱器自动切断纱线。

电子定长装置将槽筒转过一圈转换成 n 个电脉冲信号，n 为检测头传感器磁钢的极数。则筒子上纱线绕纱长度 L 与脉冲个数 m 之间的关系如下。

$$L = \frac{m}{n}a$$

式中　m——脉冲数；

　　　n——槽筒一转产生的脉冲数；

　　　a——槽筒一转筒子的绕纱长度。

（2）绝对测量。用电子清纱器测出络纱速度 v，并将正常络纱计时为 t。则络筒长度 L 可由下式得出。

$$L = vt$$

将设定长度输入定长控制中，当络纱长度达到 L 时，自动发出满筒信号。

（七）结头形式及打结要求

为提高织物成品外观质量，提高后道加工工序的生产效率，现在生产中多采用空气捻结结头。如用有结接头，则一般纯棉纱选用织布结，涤/棉单纱选用织布结或自紧结，股线选用自紧结。

（八）防叠装置参数

防叠装置通过周期性改变槽筒转速，使筒子和槽筒发生滑移来抑制纱圈重叠，防叠装置的参数为速度减小的比例，如 3％、6％、9％、12％等。

（九）槽筒启动特性参数

槽筒启动特性参数为槽筒加速到正常速度时所需的时间。设定恰当的槽筒加速时间可以减少筒子启动时槽筒对筒子的摩擦，减少纱线磨损及毛羽增加；同时，也因减少了筒子与槽筒间的滑移，从而提高了筒子的定长精度。

（十）空气捻接器的工作参数

空气捻接器的工作参数包括纱头退捻时间、捻接器内加捻时间、纱尾交叠长度、气压等，有些还有允许重捻次数、热捻接温度等参数。可根据不同的纱线品种设定和调整上述参数，以达到理想的捻接质量。

（十一）自动速度控制参数

管纱退至管底时，退绕张力会剧增。为了达到均匀络筒退绕张力、减少毛羽增加的目的，部分新型自动络筒机配备了自动速度控制功能，可根据管纱退绕尺寸、络筒张力波动情况自动降低络筒速度。自动速度控制参数包括减速的起点与幅度，起点为纱长的 20％～80％，推荐值为 80％；减速幅度为 50％～90％，推荐值为 60％。

二、络筒产量与质量控制

（一）络筒的产量

络筒机的产量是指单位时间内，络筒机卷绕纱线的质量。机器产量分理论产量和实际产量。理论产量指单位时间内机器的连续生产量。但是，生产过程中机器会因断头、接头、落筒、工人自然需要等原因出现反复停顿，从而引出了时间效率 K。单位时间内机器实际产量等于理论产量和时间效率的乘积。

络筒机理论产量（kg/锭·h）：

$$G' = \frac{6v\mathrm{Tt}}{10^5}$$

式中　v——络筒速度，m/min；

　　Tt——线密度，tex。

络筒机实际产量：

$$G = KG'$$

时间效率 K 取决于原料质量、机器运转状况、卷装大小、自动化程度、工人的技术熟练程度等因素。

（二）络筒工序的主要质量指标及其检验

1. 百管断头率

百管断头率即每百只管纱的断头次数。通过检验，及时发现络筒时引起断头的原因，以便采取措施降低断头，提高络筒效率。

2. 筒子卷绕密度

可通过测试卷绕密度来衡量络筒卷绕的松紧程度，进而判断络筒张力是否合适，并可计算出筒子的最大卷装容量。

影响卷绕密度的因素有以下几点。

（1）同一种纱线，张力越大，卷绕密度越大。

（2）同一种机型，车速越大，卷绕密度越大。

（3）同一种原料，纱线越细，卷绕密度越大。

（4）同一种原料，纱线捻度越大、结构越紧密，卷绕密度越大。

3. 毛羽增加率

经过络筒以后，单位长度上筒子纱的毛羽数比管纱毛羽数的增加量占原纱毛羽数的百分比即毛羽增加率。其计算公式如下。

$$毛羽增加率 = \frac{筒纱毛羽数 - 管纱毛羽数}{管纱毛羽数} \times 100\%$$

$$纱线毛羽数 = \frac{仪器测出毛羽总数}{测试时间 \times 测试速度}$$

通过测试毛羽增加率，可了解管纱经过络筒后对纱线毛羽的影响，为改善络筒工艺提供依据，以进一步提高络筒质量。

影响毛羽增加的因素有以下几点。

（1）槽筒的材质、表面光滑程度是影响毛羽增加率的主要因素。一般情况下，采用金属槽筒，其表面加工精度高，毛羽增加要比采用胶木槽筒的少一些。

（2）纱道偏角对毛羽增加有很大影响，一般直线型纱道或偏角较小的纱道要比偏角大的纱道毛羽增加量少，这是因为直线型纱道减少了纱线对导纱部件的摩擦包围角，减小了对纱线的摩擦，进而减少了毛羽的产生，同时纱道偏角小，也减小了倍积张力的产生，也有利于均匀络筒张力。

（3）络筒工艺参数，如络筒速度、络筒张力等因素对毛羽增加也有很大影响，速度大、张力大，毛羽增加率也大，所以应根据纱线特点选择适当的工艺参数。

4. 好筒率

筒子质量的好坏对后道工序、对织物质量均有重大影响。其计算公式：

$$好筒率 = \frac{检查筒子总只数 - 查出疵筒数}{检查筒子总只数} \times 100\%$$

通过测试好筒率，可以全面了解筒子质量，并了解每个挡车工的络筒质量，将其作为考核挡车工质量成绩的主要依据，找出问题，对症下药，进而提高筒子质量，稳定整经生产，提高整经生产效率和经轴质量。

筒子疵点包括外观疵点和内在疵点。

常见筒子外观疵点有葫芦筒子、包头筒子、凸环筒子、铃形筒子、蛛网或脱边、重叠起梗、松筒子、大小筒子等形式。

常见筒子内在疵点有结头不良、乱结头、搭头、原料混杂、错支错批、纱线磨损、飞花、杂物及回丝卷入以及双纱、油渍等形式。

5. 电子清纱器正切率、清除效率测试

正切率、清除效率是衡量电子清纱器质量的重要指标，可用下式表示。

$$正切率 = \frac{正确切断数}{正确切断数 + 误切数} \times 100\%$$

$$清除效率 = \frac{正确切断数}{正确切断数 + 漏切数} \times 100\%$$

$$清纱器品质因素 = 正切率 \times 清除效率$$

通过测试，既可以检查电子清纱器质量的好坏，又可以了解电子清纱器清纱效率和检测系统的灵敏度和准确性。

正切率、清除效率反映了电子清纱器检测系统的准确性和灵敏度。正切率和清除效率高，说明纱疵被漏切的少，因而络纱质量较高，有利于提高后道工序的加工质量和织物质量。目前对电子清纱器性能指标的要求如下。

短粗节的正切率＞70％，清除效率＞70％，品质因素＞55％。

长粗节的正切率＞90％，清除效率＞90％。

长细节的正切率＞90％，清除效率＞90％。

使用电子清纱器时，必须选择最佳的清除范围，如设定的灵敏度过高，就会增加回丝和接头次数，降低络筒效率，增加劳动强度。如设定的灵敏度过低，则难以保证筒子纱的质量。因此，应根据原纱质量和后道工序的要求，对照纱疵样照，合理选择清除范围，提高电子清纱器的正切率和清除效率。

6. 无结头纱捻接质量检验

通过试验，了解纱线捻接质量是否符合技术要求，并以此来评价捻接器质量和捻接质量的好坏，为提高捻接器性能和捻接质量提供依据。

无结头纱捻接质量测试指标有成接率、捻接强力比、捻接单强 CV（％）、捻接长度（mm）、捻接直径（mm）等指标。

实验一　自动络筒机及其主要机构认识

一、实验目的

（1）了解自动络筒机的工艺行程及各部件的作用。
（2）了解自动络筒机的主要机构及其工作原理。

二、实验设备

（1）实验设备：自动络筒机。
（2）实验材料：纱线。

三、实验内容

（一）自动络筒机的工艺行程及各部件的作用

在络筒机工艺路线上有管纱、气圈控制器、余纱剪切器、预清纱器、张力装置、捻接器、电子清纱器、张力传感器、上蜡装置、槽筒、筒子等部件，掌握其安装位置、外观形态、作用原理、工作特点等内容。

（二）自动络筒机的主要机构及其工作原理

自动络筒机的主要机构有管纱支撑装置、气圈破裂器、张力装置、清纱装置、接头装置、卷绕成形机构、防叠机构、定长装置、传动机构、络筒辅助机构（自动换筒装置、自动换管装置、自动寻断头装置、清洁除尘系统，新型自动络筒机上还配备有毛羽减少装置）、监控系统等，了解这些主要机构的工作原理、工作性能特点等内容。

四、实验报告的内容

（1）记录实验设备型号、纱线原料及线密度。

（2）自动络筒机的自动化程度——半自动或全自动、自动化内容等。

（3）画出自动络筒机的纱线工艺行程图，并标出各主要部件的名称及其作用。

（4）分析总结自动络筒机主要机构的工作原理、工作性能特点等内容。

实验二　管纱退绕张力的因素分析

一、实验目的

（1）了解管纱退绕张力的变化规律。

（2）了解均匀管纱退绕张力的措施。

（3）了解络筒张力的测定装置、测定方法，掌握测定操作技能。

二、实验设备

（1）实验设备：普通槽筒式络筒机或自动络筒机。

（2）实验材料：纱线。

（3）实验仪器：机械式或电子式单纱张力仪。

三、实验内容

（一）了解实验仪器工作原理及使用方法

以机械式单纱张力仪为例介绍其工作原理与测试方法。

1. 机械式单纱张力仪工作原理

如图1-38所示，小罗拉受力，压迫与罗拉相连的弹簧游丝产生一力矩，这一力矩传动指针摆动，从而在张力指示盘上显示张力的大小。

2. 使用方法

（1）先缓缓按动按钮，使中间转手从左（右）端移至右（左）端位置，同时将待测的纱线嵌入3只罗拉的中间，然后轻轻放松按钮。

（2）读出张力显示盘上指针的读数，即为纱线的张力。如测动态张力，指针是游动的，一般

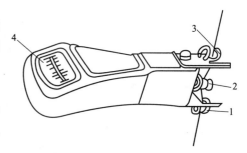

图1-38　SFY-13型机械式单纱张力仪

1、3—固定罗拉；2—可动罗拉；4—张力显示盘

情况下指针游动的中心即为所测张力的平均值。

(3) 如待测张力超过 0.49N（一般指在 0.49～0.98N），应将上下罗拉的支架互换位置，以改变罗拉之间的距离和角度，这样即可按上述步骤进行测量。

(4) 严格按照仪器操作规范和注意事项进行测试。

(二) 实验内容和实验步骤

1. 实验内容

(1) 测试退绕一个层级时纱线退绕张力的变化规律。

(2) 测试整个管纱退绕过程中纱线退绕张力的变化规律。

(3) 测定不同纱线线密度时纱线退绕张力的变化。

(4) 测定不同速度时纱线退绕张力的变化。

(5) 测定不同导纱距离时管纱顶部和管纱底部纱线退绕时退绕张力的变化。

(6) 在使用和不使用气圈破裂器的条件下，测定管纱顶部和管纱底部纱线退绕时络筒张力的变化。

2. 实验步骤

(1) 测量普通槽筒式络筒机的槽筒转速或记录自动络筒机的络筒速度。

(2) 测量槽筒的直径和导纱动程、沟槽圈数、导纱距离。

(3) 放置好单纱张力仪，应放在纱管上方靠近导纱器处。

(4) 按照实验内容依次进行测量，各测两个管纱。

3. 实验注意事项

络筒过程中，络筒张力始终是一个波动值。建议使用具有一定机械惯性的机械式张力仪，读出指针摆动区的中点数值，即为检测时段内张力的平均值。

四、实验报告内容

1. 记录实验设备型号、槽筒直径、导纱动程、沟槽圈数、导纱距离、络筒速度、纱线原料、纱线线密度等内容。

2. 根据各项实验内容设计表格并将实验数据记录在表格中。

3. 分析实验结果并得出结论。

思考题 ▶▶

1. 络筒工序的目的及工艺要求是什么？

2. 画出自动络筒机的工艺流程简图，标出各工艺部件并说出各部件的作用。

3. 络筒机的主要机构有哪些？各机构的作用是什么？

4. 筒子成形由哪两种基本运动组成？完成两种运动的方式分别是什么？

5. 什么是精密卷绕、有级精密卷绕？

6. 何为纱圈卷绕角、传动点、传动半径？

7. 在 1332 型槽筒式络筒机上，计算当锥形筒子大小端直径为 45/82、65/102、85/122（单位：mm）时传动半径和平均半径的大小，并求其差值，根据实际差值的变化写出结论。

8. 槽筒对筒子摩擦传动时，圆柱形、圆锥形筒子的圆周速度、纱圈卷绕角、纱圈节距随筒子直径的增加分别发生怎样的变化，为什么？

9. 试述影响筒子卷绕密度的主要因素，锥形筒子卷绕密度的分布规律，为实现卷绕密度均匀应采取什么措施？

10. 什么是自由纱段？自由纱段对筒子成形有何影响？

11. 摩擦传动筒子时，纱圈重叠的原因是什么？有哪些防叠措施？

12. 络筒张力由哪几部分组成？分别是如何产生的？

13. 如何定义气圈、导纱距离、气圈高度、分离点、退绕点、摩擦纱段？

14. 简述影响管纱退绕张力的因素，如何均匀管纱退绕张力？

15. 按产生张力的原理分，张力装置有哪些类型？各自的特点是什么？

16. 简述电子清纱器的形式和工作原理，并对比其主要工作性能。

17. 络筒定长的目的是什么？电子定长的工作原理是什么？

18. 络筒工序的工艺参数有哪些？

19. 如何计算络筒产量？如何确定络筒速度？

20. 络筒外观质量和内在质量各包含什么内容？

第二章

整 经

整经作为经纱织前准备的第二道工序，其目的在于改变纱线的卷装形式，将由单根纱线卷装的筒子变成多根纱线的具有织轴初步形式的卷装——经轴。

整经工序的任务是把一定数量的筒子纱，按工艺设计要求的长度和幅宽，以适当均匀的张力平行卷绕在整经轴或织轴上，为后工序作好准备。

经轴的加工质量直接影响后道工序的生产效率和织物质量，因此，对整经工序提出如下要求。

(1) 整经过程中保持单纱和片纱张力的均匀一致，并不过度损伤纱线的物理机械性能。

(2) 全片经纱排列均匀，经轴成型良好，表面平整。

(3) 经轴卷绕密度适当而均匀，经轴表面圆整。

(4) 整经根数、整经长度、色纱排列符合工艺要求。

(5) 结头质量符合规定标准，回丝要少。

在织造生产中，应根据加工纱线的种类和所采用生产工艺的不同，采用不同的整经方法。

一般情况下，一块全幅织物需要由数千根甚至上万根经纱与纬纱交织而成，整经前单根纱线的卷装形式是筒子，整经时需将各根纱线从筒子上引出排列成片纱，这样就需将筒子按一定规律安放在筒子架上。为节约筒子架占地面积，均匀整经片纱张力，需将织物所需总经根数分成几部分进行整经，一般采用如下整经方法。

1. 分批整经法

分批整经法又叫轴经整经法，它是将织物所需的总经根数分成几批，分别卷绕在几个经轴上，再把这几个经轴在浆纱机或并轴机上合并，按规定长度卷绕成一定数量的织轴。织轴上的经纱根数即为织物所需的总经根数。

图 2-1 所示为分批整经机工艺流程示意图。锥形筒子纱 1 放置在筒子架上，纱线从筒子上引出后，经过张力器和导纱器等部件后进入一对导纱棒，再经过伸缩筘 2 形成排列均匀、幅宽合适的片状经纱，再经导纱辊 3，最后卷绕在整经轴 4 上。压辊 5 以一定的压力紧压在经轴上，使经轴获得均匀适当的卷绕密度和圆整的卷装外形。变频调速电动机 6 直接驱动经轴回转卷绕经纱。

一组整经轴的个数，应根据总经根数和筒子架容量确定。筒子架容量一般为 500 ～700

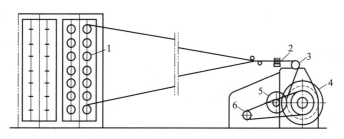

图 2-1　分批整经机工艺流程示意图
1—锥形筒子纱；2—伸缩筘；3—导纱辊；4—整经轴；5—压辊；6—电动机

只，中、低密度的织物，总经根数较少，需卷绕的经轴个数一般为 8～10 个；高经密织物，经轴个数一般在 10 个以上。

分批整经在经轴合并时不易保持色纱的排列顺序，因此，这种方法主要用于原色或单色织物中。分批整经法的优点是生产效率高，整经质量好，适宜大批量生产，因而是现代化纺织厂采用的主要方法。其缺点是经轴在浆纱机上合并时易产生回丝。

2. 分条整经法

分条整经又称带式整经。根据经纱配色循环及筒子架容量，将全幅织物所需的总经根数分成几份，每份以条带状按工艺规定依次卷绕在大滚筒上。全部条带卷满后，再一起从大滚筒上退绕下来，卷绕到织轴上。

图 2-2 所示为分条整经机工艺流程示意图。纱线从筒子架 1 上的筒子 2 引出，绕过张力器（图中未画出），穿过导纱瓷板 3，经分绞筘 5、定幅筘 6、导纱辊 7 卷绕到整经大滚筒 10 上。当一个条带卷绕至工艺要求的长度后剪断，重新搭头，逐条依次卷绕于整经大滚筒上，直至所有条带卷绕完成，达到织物所需的总经根数为止，以上过程称为卷绕。待所有条带都卷绕到滚筒上之后，再将全部经纱同时从大滚筒上退出，经上蜡辊 8、引纱辊 9，再卷绕成织轴 11，此过程称为再卷或倒轴。

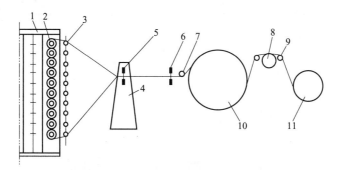

图 2-2　分条整经机工艺流程示意图
1—筒子架；2—筒子；3—导纱瓷板；4—分绞筘架；5—分绞筘；6—定幅筘；
7—导纱辊；8—上蜡辊；9—引纱辊；10—整经大滚筒；11—织轴

采用分条整经的经纱，一般不需上浆，整经后的产品即为织轴。分条整经能够准确地得到工艺设计的色纱或不同品种经纱的排列顺序，且改变花色品种很方便，回丝较少。由于整经条带较多，且整经长度较短（每次仅为一个织轴容纱长），生产效率较低。所以，分条整经广泛用于小批量、多品种的色织、毛织、丝织等复制行业中。

3. 分段整经法

分段整经与分条整经相似，首先将全幅织物所需的总经根数分成几部分，分别卷绕到数只窄幅经轴上（即分为数段经轴），然后将这些窄幅经轴的经纱同时退绕到织轴上（图2-3）。数只窄幅经轴的总幅宽与织轴幅宽相等，卷绕密度也相同，将相同色纱排列的窄幅经轴正反组合，即可组成较大循环的对称花纹，甚为方便。这种方法多用于有对称花型的多色整经中，以及针织行业的经编织物生产中。

图 2-3　分段整经机

4. 球形整经法

将全幅织物所需的总经根数根据筒子架容量分成若干纱束，将每个纱束卷绕成圆柱状经球（图2-4），经绳状染色机染色，再由整经机卷成经轴，上浆后合并成织轴。球经染色较均匀，但工艺复杂，这种整经法多用于牛仔布等织物的生产。

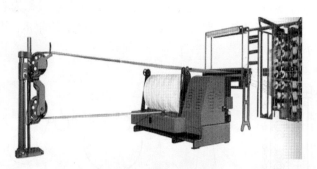

图 2-4　球形整经机

第一节　整经机主要机构

整经机包括筒子架和整经机头两部分。筒子架是放置筒子的架子，上面还设有张力装置、导纱器、断头自停装置及其他辅助装置；整经机头包括卷绕传动机构、启动与制动机构、经轴加压装置、上落轴装置、测长与满轴自停装置等机构。

一、卷绕机构

整经卷绕一般属平行卷绕，要求卷绕张力和密度均匀、适当，卷绕成型良好。

（一）分批整经卷绕机构

为保持整经张力恒定不变，经轴必须以恒定的表面线速度回转，所以随经轴卷绕直径的增大，其转速须逐渐减小。因此，整经卷绕过程具有恒线速、恒张力、恒功率的特点。

1. 滚筒摩擦传动的经轴卷绕

卷绕工作原理如图 2-5 所示，交流电动机传动滚筒 12 转动，整经轴 1 在压力的作用下紧压在滚筒表面，滚筒靠摩擦传动经轴转动。由于滚筒表面线速度恒定，所以经轴也以恒定的线速度卷绕纱线，以达到恒张力卷绕的目的。

整经轴 1 的轴头 2 安放在轴承座 3 上，滑座 4 可沿水平滑轨 5 前后移动。齿杆 8 的一端装在滑座中，另一端与齿轮 9 啮合。重锤 11 通过绳轮 10 使齿轮 9 顺时针方向回转，并带动齿杆将整经轴紧靠在滚筒 12 上。整

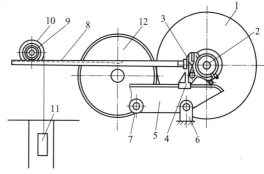

图 2-5 滚筒摩擦传动的经轴卷绕

1—整经轴；2—轴头；3—轴承座；4—滑座；
5—水平滑轨；6—支托脚；7—托架；8—齿杆；
9—齿轮；10—绳轮；11—重锤；12—滚筒

经过程中，从水平方向给经轴加压，压力大小与经轴卷绕直径无关，压力在卷绕过程中保持大体稳定，经轴跳动也较小，因而经轴卷绕质量比较好。

这种传动系统简单可靠，维修方便，但存在制动过程经轴表面与滚筒之间的滑移造成纱线磨损严重、断头关车不及时、纱头易卷入轴内等弊病。为防止纱头易卷入轴内，减少制动时的经轴惯性回转，整经车速受到限制（速度最高为 350m/min）。整经速度的不断提高是整经技术向前发展的标志之一，因此新型高速整经机已不采用这种传动方式。

2. 直接传动的经轴卷绕

要实现经轴的恒线速传动，在卷绕过程中，经轴转速须随直径的增大而自动降低，实现无级调速。经轴直接传动有三种常见的形式：第一种是调速直流电动机传动，第二种是变量液压马达传动，第三种是变频调速交流电动机传动。

目前，以液压马达作为传动装置应用较普遍，它具有驱动力矩大、调速范围广、重量

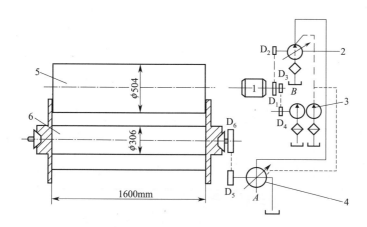

图 2-6 变量液压马达直接传动的经轴卷绕

1—主电动机；2—变量液压泵；3—串联泵；4—油马达；5—压辊；6—经轴

轻、操作方便等优点。其工作原理如图 2-6 所示。主电动机 1 通过皮带盘 D_1、D_2 驱动变量液压泵 2，将电动机的机械能转化为液压能，然后驱动油马达 4 转动，再经皮带轮 D_5、D_6 带动经轴回转。由变量泵输出的压力油经油马达的 A 处输向制动系统，完成经轴、压辊、导纱辊的同步制动。

为了保证经轴紧密卷绕且表面平整，由主电动机通过皮带轮 D_3、D_4 驱动串联泵 3，经 B 处为压辊加压装置提供压力油液。该机由油马达实现无极调速。

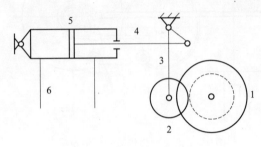

图 2-7 液压式压辊加压工作原理

1—经轴；2—压辊；3—杠杆；

4—活塞杆；5—油缸；6—油路

直接传动的整经机一般采用液压式加压，经轴的加压由压辊完成，液压系统可以调节压辊的压力。其工作原理如图 2-7 所示，经轴 1 和压辊 2 之间的水平压力是通过活塞杆 4、杠杆 3 施加的。加压时，压力油经油路进入油缸的后腔，前腔的油液经油路排出。液压式加压装置加压均匀，便于调节，可自动控制，是较为理想的一种加压方式。

新型分批整经机速度很高，为使经纱断头时能及时停车，不使断头卷入经轴，整经机上都配置了高效的制动系统。新型整经机多采用液压式、气压式制动方式。为防止制动过程中测速辊（导纱辊）、压辊与经纱发生滑移，造成测长误差和经纱磨损，高速整经机上普遍采用经轴、压辊、导纱辊的三辊同步制动，其中压辊在制动开始时迅速脱离经轴并制动，待经轴和压辊均制停后，压辊再压靠在经轴表面。

由于这种直接传动卷绕方式取消了大滚筒，减少了经轴的跳动，消除了刹车制动时对纱线的磨损，经轴运转平稳，成形好；其调速范围广，制动灵敏、迅速，能适应高速（速度达 1000m/min 以上），提高了产品及经轴卷绕质量。

（二）分条整经卷绕机构

分条整经机的卷绕由大滚筒卷绕和倒轴两部分组成。

1. 大滚筒卷绕部分

新型分条整经机的大滚筒卷绕有直流电动机可控硅调速和变频调速两种传动方式，它们都可达到整经卷绕恒线速的目的。

分条整经机的大滚筒如图 2-8 所示，它由呈一体的一长圆柱体和一圆台体构成。首条经纱 a 紧贴在圆台体表面卷绕。对于纱线表面光滑的品种，圆台体的锥角应小些，这有利于经纱条带在大滚筒上的稳定性。

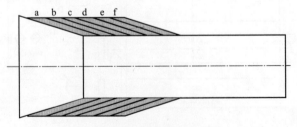

图 2-8 分条整经机的大滚筒

在条带导条速度分档变化的整经机上，圆台体部分为框式多边形结构，圆台体的锥角可调，这可达到导条速度与锥角之间的匹配，使条带精确成形，但框式多边形结构的圆台部分会导致首条经纱卷绕时因多边形与圆形周长之间的差异出现卷绕长度的误差，所以在新型分条整经机上普遍采用固定锥角的圆台体结构。

在卷绕过程中，条带依靠导条机构横移引导，相对圆锥方向均匀横移，纱线以螺旋线状卷绕在滚筒上。以后逐条卷绕的条带都以前一条带的圆锥形头端为依托，全部条带卷完之后，卷装呈良好的圆柱形状，纱线排列整齐有序。每一个条带截面呈规则的平行四边形。

截面成形取决于滚筒圆台体斜面锥角 α 和条带横移速度 h（图 2-9）。α 一定，h 大，条带易产生凸边，h 小，则易产生嵌边。大滚筒转一转，条带的横移量为：

$$h = b / \tan\alpha$$

式中　b——每层纱的厚度。

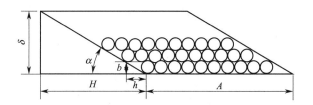

图 2-9　条带截面

每层纱的厚度 b 与经纱线密度成正比，与纱线排列密度成正比，与经纱卷绕密度成反比。

由于导条运动是定幅筘和大滚筒之间在横向所做的相对运动，因此其相对运动方式有两种：一种是大滚筒不动，条带依靠定幅筘的横移引导到大滚筒上；另一种是条带不动，在卷绕过程中由大滚筒做横向移动，使纱线沿着大滚筒上的圆台稳定地卷绕。由于第一种方式是定幅筘引导条带移动，为保持筒子架经纱与定幅筘对准，筒子架及分绞筘均需做横移，使得移动部件较多，机构复杂，因此新型分条整经机大都采用大滚筒做横向移动的导条移动方式。

大滚筒的卷绕机构如图 2-10 所示。整经机由直流电动机 1 传动，电动机转速在 0～1500r/min 范围内无级可调。

直流电动机 1 通过皮带盘 D_1、D_2 及 D_3 传动整经滚筒 2，电动机可以倒转，以便找断头。开车时，用脚踩下开车踏板 3，即可使滚筒转动。需要滚筒倒转肘，只要将主电动机的电极位置颠倒后，踩下踏板 3 就可以使整经滚筒以爬行速度倒转，以找出卷入滚筒上的纱头。

整经滚筒的制动通过装在滚筒两端的制动带 4 完成。制动带由电子装置控制，只要纱线断头或达到预定整经长度，整经滚筒便会立即停止转动。倒轴时，用手轮 5 通过一对伞轮、链轮、链条可以集中调节制动带的张力，并可通过仪表显示出制动力大小的数据，以保证织轴卷绕密度均匀。

整经滚筒横向移动是因为该机筒子架固定不动，为了在整经过程中，使每个条带都能与筒子架、分绞筘保持直线关系，因而整经滚筒必须作横向移动。滚筒的横向移动由装在滚筒轴左端的链轮 10 通过一系列轮系传动链轮 11，从而带动齿轮 12 沿镶嵌在地面上的齿条 13 横向移动。

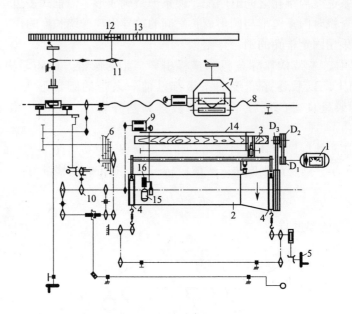

图 2-10　大滚筒的卷绕机构

1—直流电动机；2—滚筒；3—踏板；4—制动带；5—手轮；6—塔轮；7—整经台；
8—丝杠；9—速度、转速显示器；10、11—链轮；12—齿轮；13—齿条；
14—刹车踏板；15—小电动机；16—蜗轮蜗杆

　　在整经滚筒内还装有一套远距离控制的传动机构，它由小电动机 15 及蜗轮蜗杆 16 组成。控制按钮装在筒子架上，这样可以缩短由于接头和换筒的停车时间。

　　滚筒的制动由安装在滚筒两端的两组气动制动带 4 完成，其制动力强，制动灵敏，但制动时声音太大。倒轴时该制动装置，可保证倒轴张力始终不变。

　　整经控制台是电子控制分条整经机的主要机构之一。控制台上，除装有滚筒开、停按钮外，还装有两个探测辊、定幅筘和电磁机构等装置，如图 2-11 所示。两个探测辊分上下两层布置，并由支架 6 连接在一起，支架 6 可沿一直齿轨道前伸或后退。导纱辊 3 的作用是增加纱线在测长辊上的包围角，以减少相对滑移。

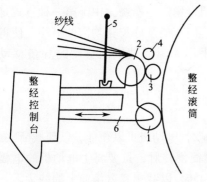

图 2-11　整经控制台示意图

1—测厚辊；2—测长辊；3—导纱辊；
4—静电消除器；5—定幅筘；6—支架

　　测长辊 2 的右端装有一个测速发电机（图中未显示），可将纱速和长度信号送到主电动机调节器和长度控制装置。测厚辊 1 的右端装有一个经纱厚度信号检测器，每个条带开始卷绕时，测厚辊前伸紧贴于滚筒纱线表层，随着滚筒上纱层厚度的增加，迫使其后退，通过支架 6 后部的直齿轨道驱动精密位移编码器，从而发出一组数字信号并输入计算机内。计算机经过运算后控制整经台相对于滚筒作精密位移。测厚辊还具有压辊的功能，可将滚筒上的纱层压平，保证卷装圆整。

由于分条整经机分条、导条、断头处理等工作的影响，其卷绕速度较低，生产效率与分批整经机相比也是很低的。据统计，分条整经机整经速度（滚筒线速度）提高25%，生产效率仅提高5%，因此它的速度提高就显得不如分批整经那么重要。老式分条整经机的整经速度为87～250m/min，新型分条整经机设计的最高速度可达800m/min，实际使用时一般达不到这一水平。纱线强力低，筒子质量差时，应选用较低的整经速度。

2. 倒轴部分

滚筒上各条带卷绕完成之后，要进行倒轴，把各条带的纱线同时以适当的张力再卷到织轴上。倒轴卷绕由专门的织轴传动装置完成。在新型分条整经机上，采用变频调速系统控制织轴恒线速卷绕。倒轴过程中，倒轴部分固定不动，大滚筒反向移动，保持退绕的片纱始终与织轴对准。倒轴卷绕张力的产生借助于对大滚筒施加的制动力，可以采用大张力卷绕，保证织轴卷绕紧密。

倒轴时，为了防止外层纱线嵌入织轴的纱层内，有些新型整经机还配有织轴横向移动的机构，其横动量在0～30mm内任选。

二、整经筒子架

筒子架的作用是按一定规律放置筒子纱，并安装张力装置和断头自停装置等机构。筒子在筒子架上按上下分层、前后分排的规律放置。筒子架容量一般在500～700只。

筒子架形式多种多样，有不同的分类方法。

1. 按更换筒子的方式分

连续整经式：又称复式筒子架，两只筒子（工作、预备）交替供给纱线，连续整经，减少了停台，但片纱张力差异大。新型整经机已不采用此形式。

间歇整经式：又称单式筒子架，一只筒子供给纱线，用完后，停车换筒，间歇整经。

（1）间歇整经的分类。按换筒方式分为循环链式换筒筒子架、回转立柱换筒筒子架和矩形组合筒子车换筒筒子架等形式。

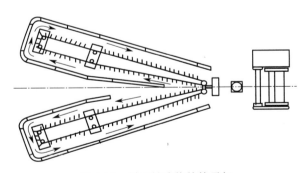

图 2-12　循环链式换筒筒子架

① 循环链式换筒筒子架。图2-12所示为本宁格ZC—GE/GCF型整经机筒子架。该筒子架为由链式输送装置换筒的大V形筒子架，筒子插座立柱安装在由电动机驱动的链条传送带上。里侧装预备筒子，外侧装工作筒子。工作筒子用完后，启动电动机驱动链条传送带，把预备筒子传送到工作位置，同时把用完的工作筒子送到预备位置。然后从新的工作筒子上引出纱线，重新排纱、开车。

该筒子架的特点是纱线从筒子引出后直接进入两直立张力导杆、夹纱器和断头自停钩，

又引到机头上。纱路上导纱件少，张力波动小。换筒在筒子架之间进行，筒子按菱形排列，占用空间小，筒子架短。

② 回转立柱换筒筒子架。其结构简图如图 2-13 所示，该筒子架使用的机型较多，德国哈科巴整经机、瑞士本宁格整经机、国产沈阳—金丸整经机等均有采用。一个筒子架由若干个单元组成，每个单元有 3～5 个立柱，可绕一中心轴转动。左右各 8～10 个单元组成一个筒子架。换筒时，每个单元回转 180°。

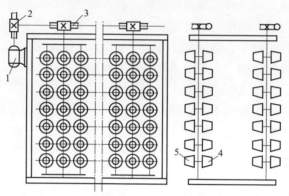

图 2-13　回转立柱换筒筒子架
1—电动机；2、3—蜗轮蜗杆；4、5—筒子

换筒方式有两种形式：一是从工作筒子和张力架的内侧引纱，在筒子架外侧换筒，这种形式纱线平行度好，换筒活动场地大；二是从工作筒子和张力架的外侧引纱，换筒在筒子架中间进行，这种形式纱线引入伸缩筘时的转折角差异大，且换筒活动场地较小。

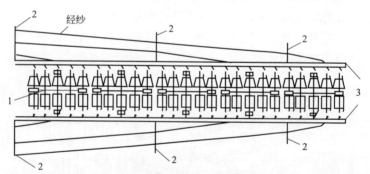

图 2-14　矩形组合筒子车换筒筒子架
1—活动筒子车；2—导纱瓷板；3—导纱架

③ 矩形组合筒子车换筒筒子架。其结构简图如图 2-14 所示。筒子架的两侧是导纱架 3，导纱架 3 上装有导纱瓷板 2 和断头自停装置、张力装置、夹纱器等。筒子架中间的地面上埋设运筒小铁轨。活动筒子车 1 上装满筒子纱，每九辆小车组成一个标准筒子架。一台整经机配备两组小车，一组工作，另一组预备。换筒时，揿动运空筒按钮，把九辆空筒工作小车从机后推出，再揿动运满筒按钮，将挂在铁链上的预备筒子小车推入工作位置，生头开车。

(2) 间歇整经的机械化集体换筒的活动筒子架的优点。

① 有利于高速整经。复式筒子架在纱线从工作筒子跳到预备筒子时，纱线张力发生突变，造成张力不匀，甚至引起纱线断头。

② 减少翻改品种产生的筒脚纱。结合筒子定长，回丝和筒脚纱均很少，而复式筒子架

在翻改品种时产生大量筒脚纱。

③ 有利于减少筒子架的占地面积。筒子架上的容筒量和整经根数基本一致，而复式筒子架上的筒子数是整经根数的两倍，筒子架长度成倍增加。

④ 有利于均匀片纱张力。筒子架较短，筒子架上前后排筒子之间的纱线张力差异小；且在筒子定长条件下，各筒子退绕直径相同，有利于均匀片纱张力。

⑤ 有利于提高整经机效率。筒子架短，缩短了个人处理断头所走的路程和处理断头的停台时间，也降低了工人的劳动强度，并可提高生产效率。

2. 按筒子架外形分

(1) V 形筒子架。纱线从筒子架引出至穿入伸缩筘只有一次转折，转折角小，且不同位置引出的纱线的转折角差异小，片纱张力较均匀；但占地面积较宽，长度方向比矩形筒子架缩短 20%，但宽度方向却增加一倍以上。

(2) 矩形筒子架。优点是占地面积小，但纱线在筒子架前经两次转折，转折角大，对纱线摩擦大，且产生倍积张力，片纱张力差异大。

(3) 矩—V 形筒子架。工作特点介于矩形和 V 形筒子架之间。

三、整经张力装置

(一) 单张力盘式张力装置

图 2-15 所示为单张力盘式张力装置，经纱从筒子上引出并穿过导纱瓷眼后绕过瓷柱 1。纱线退绕时，张力盘 2 紧压纱线，绒毡 3 和张力圈 4 放在张力盘上，绒毡起缓冲和减震作用。张力圈的重量可根据纱线线密度、整经速度、筒子在筒子架上的位置等因素选定。

(二) 双张力盘式张力装置

双张力盘式张力装置如图 2-16 所示，第一组张力盘起减震作用，第二组张力盘控制纱线张力。第二张力盘弹簧加压，可集体调节弹簧压力，弹簧的压力可根据络筒速度进行调节。两只下张力盘可集体传动而低速回转，以减少对张力盘的定点磨损，防止杂物聚集，保证张力装置正常工作。装置中没有瓷柱，这就消除了此处产生倍积张力，不会扩大经纱张力的波动幅度。

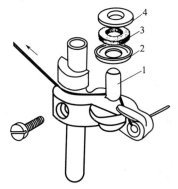

图 2-15　单张力盘式张力装置

1—瓷柱；2—张力盘；

3—绒毡；4—张力圈

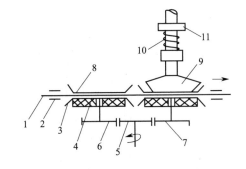

图 2-16　无瓷柱积极回转双张力盘式张力装置

1—经纱；2—导纱眼；3—底盘；4—吸震垫圈；5~7—驱动齿轮；

8—上张力盘；9—加压元件；10—加压弹簧；11—定位件

(三) 双柱压力盘式张力装置

图 2-17 所示为双柱压力盘式张力装置，纱线 1 穿过挡纱板（气圈破裂器）2 的氧化铝

眼，绕过双张力盘 3 的两个立柱，经导纱钩 5 引出。整经纱线张力是通过改变双柱之间氧化铝张力柱 4 的位置，改变纱线对张力盘立柱包围角的大小而实现的。

(四) 电磁式绞盘张力装置

电磁式绞盘张力装置如图 2-18 所示，该装置主要由主座 1、气圈罩 2 和旋转绞盘 3 组成，纱线穿过气圈罩 2，绕过旋转绞盘 3 时，为拖动绞盘旋转而获得张力。该装置不是利用传统的机械摩擦产生张力，而是利用主座内一个可调电磁场来阻止绞盘旋转，从而将精确的、可再现的张力施加于每根经纱上。磁场的强度决定了使绞盘旋转所需力的大小，也就决定了经纱张力的大小。电磁场强度的调控是由以可编程装置为基础的中央控制系统所操纵的。

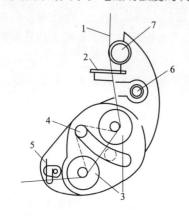

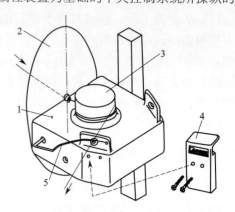

图 2-17　双柱压力盘式张力装置

1—纱线；2—挡纱板；3—张力盘；4—张力柱；

5—导纱钩；6—调节轴；7—立柱

图 2-18　电磁式绞盘张力装置

1—主座；2—气圈罩；3—旋转绞盘；

4—光电式断头自停装置；5—电气式断头自停装置

这种装置对纱线磨损小，不会扩大张力波动幅度，而且张力增加值与纱线结构、纱线的表面状态无关。

(五) 导纱棒式张力装置

设置这种导纱棒式张力装置主要是为了调节片纱的张力均匀程度。如图 2-19 所示，筒子架每排设有一套导纱棒式张力装置，纱线自筒子引出后，经过导纱棒 1、2，绕过纱架立柱 3，再穿过断头自停钩 4 而引向前方。通过调节导纱棒 2 的位置来调节导纱棒 1、2 间的距离，从而调节纱线对导纱棒的包围角来改变单根纱线的张力。

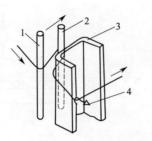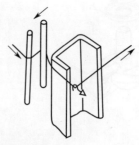

图 2-19　导纱棒式张力装置

1、2—导纱棒；3—纱架立柱；4—断头自停钩

四、断头自停装置

一般筒子架上每个筒子都配有断头自停装置，其作用是当经纱断头时，立即向控制部分

发出信号，驱动整经机立即停车，保证在高速运行条件下整经断头不卷入经轴。经纱断头自停装置应该结构简单、工作灵敏，经纱一旦断头，能迅速发出停车信号，并工作稳定可靠，维修方便。

保证断头时纱头不卷入轴内，从经纱断头开始到经轴完全制动为止这段时间的经纱续卷长度叫断头停车距离。

断头停车距离＝断头自停装置的反应距离＋驱动停止的反应距离＋经轴制动距离≤4m，才能保证断头不被卷入经轴。

常用的断头自停装置有电气接触式和静电感应式两种。

（一）电气接触式断头自停装置

电气接触式断头自停装置有经停片式和自停钩式两种常见形式。

1. 经停片式

经停片式断头自停装置十分简单，如图2-20(a)所示，纱线穿过经停片5的孔眼中，靠经纱张力把经停片悬起，经纱断头后，经停片因自重下落，接通电极棒1、2，使控制回路导通而发动关车。这种断头自停装置容易堆积纤维尘埃，引起自停动作失灵。

2. 自停钩式

自停钩式断头自停装置的断头信号传感元件是自停钩6，纱线断头时自停钩下落，铜片7上升，使铜棒8接通发动关车，如图2-20(b)所示。这种装置有防尘盒，有一定防飞花尘埃作用，但结构比较复杂。

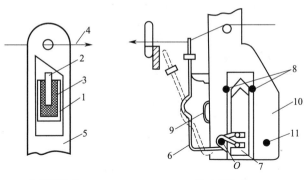

(a) 经停片式   (b) 自停钩式

图 2-20 电气接触式断头自停装置

1、2—电极棒；3—绝缘体；4—经纱；5—经停片；6—自停钩；

7—铜片；8—铜棒；9—指示灯；10—架座；11—分离棒

（二）静电感应式断头自停装置

静电感应式是一种新型的断头自停装置，它动作灵敏，在整经速度高达800m/min时，可在0.3s内制动停车，制动期间经纱续卷长度在4m以内。

该装置安装在每个筒子的引纱口处，结构如图2-21所示。V形导纱槽1镶在银层2和铜箔3之间，银层和铜箔以V形导纱槽为绝缘介质形成一个电容器。正常运行时，纱线以一定张力通过瓷质V形导纱槽，摩擦产生的静电使电容器产生感应电荷，形成一个电压，称之为"噪声电压"，该电压信号通过电路放大、滤波、再放大后经控制电路，

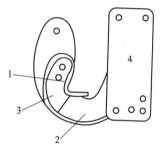

图 2-21 静电感应式断头自停装置

1—V形导纱槽；2—银层；

3—铜箔；4—电路盒

使机器正常运转。当经纱松弛或断头时，噪声电压信号消失或减弱，控制电路便发出停车指令。

第二节　整经工艺

一、整经张力

在整经机上，纱线从筒子上引出至卷绕到经轴或大滚筒上所产生的张力由以下几方面构成。

纱线从筒子上退解所形成的退绕张力；导纱器对纱线摩擦作用所产生的张力；张力装置对纱线产生的张力；由空气阻力引起的纱线张力增量；长距离引纱时纱线重力引起的张力等。

（一）整经张力分析

1. 纱线退绕张力分析

影响退绕张力的因素有以下几点。

（1）纱线线密度。线密度越大，摩擦纱段越长，纱线退绕张力就越大。

（2）整经速度。整经速度越快，纱线退绕离心力越大、摩擦纱段越长，纱线退绕张力就越大。

（3）筒子退绕往复。在纱线退绕一个往复循环中，纱线在筒子大端（底部）退绕时不能完全抛离筒子表面，摩擦纱段比较长，退绕张力较大；纱线在筒子小端退绕时摩擦纱段比较短小，退绕张力就较小。

纱线从筒子上表面引出时，因重力的原因，摩擦纱段比较长，使退绕张力大于下表面退绕张力。

（4）整只筒子纱退绕时的张力变化。

① 满筒时：气圈回转速度较慢，气圈不能抛起，摩擦纱段较长，退绕张力较大。

② 中筒时：气圈回转速度加快，气圈能较多地抛离筒子纱表面，摩擦纱段变短，退绕张力也减小。

③ 小筒时：气圈回转速度更快，但因筒子直径减小，摩擦包围角增大，导致纱线退绕张力增大。

（5）导纱距离的影响。整经速度一定时，存在一张力最小的导纱距离，此时气圈能被完全抛起，摩擦包围角最小，退绕张力最小。最小张力的导纱距离一般取 140～250mm（与筒子直径、退绕速度有关）。

要选择适当的导纱距离，并保持固定不变。对于涤/棉纱，为了减少纱条扭结，以采用偏短的导纱距离为宜。高速整经机在换筒之后，应按规定标准调节导纱距离。

2. 空气阻力和导纱器引起的纱线张力

（1）纱线在空气中沿轴线方向运动时，受到空气阻力作用，产生张力增量。空气阻力为：

$$F = C\rho v^2 DL$$

式中　C——空气阻力系数；

　　　ρ——空气密度；

v——纱线速度；

D——纱线直径；

L——纱线牵引长度。

由此可见，空气阻力所形成的张力增量与纱线直径及纱线牵引长度（即纱线长度）成正比，与整经速度的平方成正比。因此速度变化对整经张力的影响是非常突出的。

（2）导纱器引起的摩擦张力。纱线从筒子上引出，经过筒子架和整经机各导纱器时，与其表面摩擦，引起纱线张力增量，摩擦部件越多，纱线转折角越大，纱线张力增量越大。张力增量符合欧拉公式。

3. 纱线重量引起的张力变化

由于纱线重力的存在，纱线以自重压在导纱器工作表面，产生摩擦阻力。摩擦阻力引起的纱线张力增量为 ΔT_1。

$$\Delta T_1 = fqL$$

式中　f——纱线对导纱器工作表面的摩擦因数；

q——单位长度的纱线重量；

L——纱线长度。

当纱线线密度较高，相邻两个导纱点之间距离较大时，相邻两个导纱点之间的纱段会产生下悬现象，纱线与导纱器之间会产生较大的包围角，由包围角引起的纱线张力增量为 ΔT_2。

$$\Delta T_2 = T_0 [e^{(f_1\theta_1 + f_2\theta_2 + \cdots + f_n\theta_n)} - 1]$$

ΔT_2 与纱线离开张力器时的初始张力 T_0 有关，同时明显受纱线通道上因纱线多次下悬产生的与导纱部件之间的包围角 θ_1、θ_2、$\cdots\theta_n$ 及摩擦因数 f_1、f_2、$\cdots f_n$ 的影响。

（二）整经片纱张力分析

根据以上分析，造成整经片纱张力不匀的因素有以下三点。

1. 筒子直径

由于筒子在不同直径时的退绕张力不同，所以筒子架上的筒子直径不同时，引出的纱线张力会有差异，从而造成片纱张力不匀。

2. 筒子在筒子架上的位置

整经时构成单纱张力的主要因素是摩擦张力、空气阻力和悬索张力。筒子在筒子架上、中、下和前、中、后等不同位置时，纱线所经过的导纱器不同，对导纱瓷板的摩擦包围角不同，会产生不同的摩擦张力；同时纱线引纱距离不同，所受到的空气阻力和自身重力产生的悬索张力不同，都会造成片纱张力不匀。具体表现为前排筒子引出的纱线张力小于中排又小于后排筒子引出的纱线张力；中层筒子引出的纱线张力小于上、下层筒子引出的纱线张力。

3. 纱线穿入伸缩筘（或后筘）的位置

纱线穿入伸缩筘（或后筘）的位置不同，使纱线对筘片的摩擦包围角不同，造成片纱张力不匀。

（三）整经张力控制

整经张力控制主要是控制片纱张力。全片经纱张力应均匀，并且在整经过程中保持张力恒定，从而减少后道加工中经纱断头和织疵。均匀片纱张力的措施主要有以下几方面。

1. 采用间歇整经方式和定长筒子

筒子卷绕尺寸影响纱线退绕张力，在高速整经或粗特纱加工时尤为明显。所以，在高、

中速整经和粗特纱加工时应当尽量采用间歇整经方式，使筒子架上筒子退绕直径保持一致。采用间歇整经方式即集体换筒，对络筒工序提出定长要求，以保证所有筒子在换到筒子架上时具有相同的初始卷装尺寸，减少筒脚纱。

2. 合理设定张力装置的工艺参数

张力装置的工艺参数指张力圈重量、纱线的包围角、气动或弹簧加压压力等。

由于筒子在筒子架上的位置不同，造成各筒子上引出纱线的张力差异很大。为弥补这些差异，实现片纱张力均匀，应适当调整筒子架上不同区域张力装置的工艺参数。

在筒子架上，通常采用分段分层配置张力圈重量的措施。分段分层配置张力圈重量的原则是，前排重于后排，中层重于上、下层。分段分层配置张力圈重量的方法应根据筒子架的长度和生产品种而定，一般有筒子架前后方向分三段或四段的配置，也有前后方向分段结合上下方向分三层而成六个区或九个区的配置，为使片纱张力更加均匀，还可采用弧形分段配置张力圈重量。分段分层数越多，片纱张力越趋于均匀一致，但生产管理也越不方便。因此，生产中经常使用前后方向分三段配置张力圈重量的方法。

GA—121 型整经机筒子架上不同线密度棉纱前后分三段结合上下分三层而成九个区的张力圈重量配置见表 2-1。其整经速度为 400～450m/min。整经速度提高后，应适当减轻张力圈重量。

表 2-1　分九区配置张力圈重量

区段和边纱	张力圈重量/g		
	14.5tex	29tex	14×2tex
前区上层和下层	4.5	5.0	10.5
前区中层	5.0	5.5	11.0
中区上层和下层	4.0	4.5	10.0
中区中层	4.5	5.0	10.5
后区上层和下层	3.5	4.0	9.5
后区中层	4.0	4.5	10.0

本宁格 ZCL—180 型整经机加工 15.6tex 的竹浆纤维/细特涤纶 70/30 混纺竹节纱时，整经张力垫圈重量（g）的配置情况见表 2-2。由于纱线伸长及弹性回复性较差，强力不匀率大，整经采用较低速度和较小的张力配置，车速选择 600m/min，并分段进行张力控制。

表 2-2　整经筒子架张力垫圈的重量　　　　　　　　　　　　单位：g

层 \ 排	1～10 排	11～20 排	21～30 排	31～41 排	42～43 排
上层	3	2.5	2	3	4
中层	3.5	3	2.5	3	4
下层	3	2.5	2	3	4

图 2-22 所示为整经机筒子架上弧形分四段的张力圈重量配置图。

3. 纱线合理穿入伸缩筘

按纱线穿过伸缩筘或后筘的方法，穿纱方式分为分排穿筘法和分层穿筘法（图 2-23）。

（1）分排穿筘法（又称花穿）。从第一排开始，由上而下（或由下而上）将纱线从伸缩筘中点往外侧逐根逐筘穿入，如图 2-23（a）所示。

此法操作较不方便，但因引出距离较短的前排纱线穿入纱路包围角较大的伸缩筘中部，

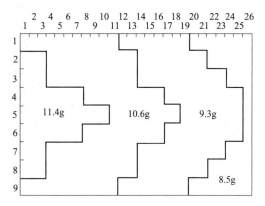

图 2-22　涤/棉细特高密织物张力圈重量配置图

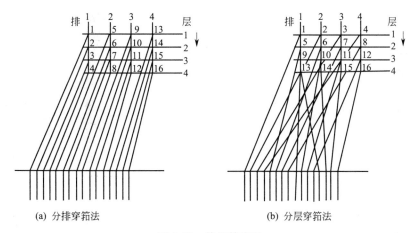

(a) 分排穿筘法　　　　　　　　(b) 分层穿筘法

图 2-23　伸缩筘穿法

而后排穿入包围角较小的边部，能起到均匀纱线张力的作用，并且纱线断头时也不易缠绕邻纱。

（2）分层穿筘法（又称顺穿）。从上层（或下层）开始，把纱线先穿入伸缩筘中部，然后逐层向伸缩筘外侧穿入，如图 2-23（b）所示。

此法纱线层次清楚，找头、引纱十分方便，但是张力较大的上层（或下层）纱线穿入了纱路包围角较大的伸缩筘中部，扩大了纱线的张力差异，影响整经质量。

目前整经机上较多采用分排穿筘法。

4. 加强生产管理，保持良好的机械状况

为减少片纱横向张力差异，整经机各轴辊安装应平直、平行、水平。整经轴要定期保养维修，轴芯应平直，木管应圆整，盘片应垂直轴芯，以减少整经轴跳动引起的张力波动。张力装置应经常清洗、检查，保持张力盘回转轻快灵活，保证张力装置的工艺参数符合工艺设计规定。伸缩筘筘齿应排列均匀。

分批整经的工艺设计应尽可能做到多头少轴，既可以减小并轴时各轴之间产生的张力差异，又可减少整经轴上纱线间的间距，避免纱线间距过大造成的左右移动，使经轴卷绕圆整。伸缩筘排纱要匀，并左右一致，使整经轴形状正确、表面平整、片纱张力均匀。半成品管理中应做到筒子先到先用，减少筒子回潮率不同所造成的张力差异。加强络筒质量控制，

减少整经过程中纱线断头关车次数，避免频繁启动、制动引起的张力波动。

二、整经工艺设计

（一）分批整经工艺设计

分批整经工艺参数包括整经张力、整经速度、整经轴数和整经根数、整经卷绕密度等内容，其中以整经张力的设计为主。

1. 整经张力

整经张力大小应适当，以保持纱线的强力和弹性，避免恶化纱线的物理机械性能，同时尽量减少对纱身的摩擦损伤。一般粗特纱应比细特纱的张力大，化纤纱应比同特纯棉纱的张力小。

应严格按照工艺设计的分段分层方法配置张力装置参数。

2. 整经速度

影响整经速度的因素有两方面。机械方面主要考虑经轴传动机构、制动机构及断头自停机构的类型。工艺方面主要考虑原纱质量、筒子卷绕质量和经轴幅宽。

高速整经机最大设计速度在 1000m/min 左右。随着整经速度的提高，纱线断头将增加，影响整经效率，达不到高产的目的。只有在纱线品质优良和筒子卷绕质量好时，才能充分发挥高速整经的效率。

目前由于纱线质量和筒子卷绕质量还不够理想，整经以 500m/min 左右的中速为宜。新型高速整经机使用自动络筒机生产筒子时，整经速度可选用 600m/min 以上；整经轴幅宽大、纱线质量差、纱线强力低、筒子成形差时，速度应低一些。涤/棉纱的整经速度应比同线密度的棉纱低一些。

3. 整经轴数和整经根数

整经轴上纱线排列过稀会使卷装表面不平整，从而造成片纱退绕张力不匀，而且浆纱并轴轴数增加，会产生新的张力不匀。因此，整经根数以尽可能多头少轴为原则。

整经根数还影响整经机的产量和整经机械效率。整经根数增加，整经机理论产量提高，而且一次并轴的整经轴个数减少，整经上轴、落轴和筒子架换筒的操作次数相应减少，整经机械效率有所提高。但是，随着整经根数的增加，每个整经轴加工过程中经纱断头数量也相应增加，并且筒子架工作区长度增加，使处理断头的停台时间延长，从而阻碍了整经机械效率的提高。因此，整经根数增加，整经机实际产量不一定增加。

整经根数还受筒子架最大容筒数的限制。为管理方便，一次并轴的各轴整经根数应尽量相等或接近相等，并小于筒子架最大容筒数。

下面以白坯织物或素色织物为例介绍整经根数的计算过程。

（1）先确定一批经轴的个数 n。

$$并轴轴数\ n = \frac{织物总经根数\ M_Z}{筒子架最大容量\ K}$$

n 有小数时，小数进位取整，使筒子架筒子插锭利用率达 80%～95%，以便留出预备筒子和接头纱筒子的位置，并尽量不使用筒子架四个角上的筒子插座，以减小经纱张力差异。

（2）确定整经根数。

$$整经根数\ m = \frac{织物总经根数}{并轴轴数\ n}$$

计算 m 时，如遇除不尽，则保留余数，然后将余数做合理分配。分配时，各经轴间允许有 ± 4 根以内的差异，且这种经轴应控制在 2 只以内。生产中需将整经根数不同的经轴做出标记，以便并轴时不致搞错。

如 GA121—180 型整经机筒子架的最大容量为 672，织物总经根数为 7468 根，则：

$$n = \frac{M_Z}{K} = \frac{7468}{672} = 11.1，这里 n 取 12$$

于是，整经根数为：

$$m = \frac{M_Z}{n} = \frac{7468}{12} = 622 \text{ 余 } 4$$

依照整经根数的分配原则，各经轴间允许有 ± 4 根以内的差异，且这种经轴应控制在 2 只以内。所以该例中，每个轴上的经纱根数为 622 根，剩余 4 根，可分加在两个经轴上。最后，整经根数确定为：

m_1、m_2······$m_{10} = 622$ 根，m_{11}、$m_{12} = 624$ 根。

4. 整经卷绕密度

整经卷绕密度与纱线线密度、整经速度、整经张力、整经加压及车间空气相对湿度有关。整经速度高、整经张力大、加压压力大、相对湿度高时，卷绕密度就大；低特纱比高特纱卷绕密度大。卷绕密度的大小影响原纱的弹性、经轴的卷绕长度及后工序的退绕，应合理选择。

整经卷绕密度要比筒子卷绕密度大 $20\% \sim 30\%$，股线的卷绕密度比同线密度的单纱增加 $10\% \sim 15\%$。

（二）分条整经工艺设计

分条整经工艺设计包括整经张力、整经速度、整经长度、整经条数、定幅筘计算和斜度板锥角计算等内容。

1. 整经张力

分条整经卷绕有大滚筒卷绕和织轴卷绕（又称再卷或倒轴）两个阶段。

滚筒卷绕时，张力装置工艺参数及伸缩筘穿法可参照分批整经。

织轴卷绕时，片纱张力取决于制动皮带对滚筒的摩擦制动程度，片纱张力应均匀、适当，以保证织轴卷绕达到合理的卷绕密度。织轴的卷绕密度参见表 2-3。织轴卷绕时，摩擦制动力矩应随滚筒退绕半径的减小而减小，为此要调节制动的松紧程度，以保持片纱张力均匀一致。

表 2-3 织轴的卷绕密度

纱线种类	卷绕密度/(g/cm³)
棉股线	$0.50 \sim 0.55$
涤棉股线	$0.50 \sim 0.60$
粗纺毛纱	0.40
精纺毛纱	$0.50 \sim 0.55$
毛/涤混纺纱	$0.55 \sim 0.60$

2. 整经速度

由于分条整经机换条、分绞、倒轴、生头、接头等停车操作时间多，其生产效率比分批整经低得多。据统计，分条整经机整经速度（滚筒线速度）提高 25%，生产效率仅增加 5%，因此提高分条整经速度就显得不如分批整经那么重要。

分条整经的经纱卷绕截面是平行四边形，滚筒每转动一圈，条带就相对滚筒有一定的横向位移。

老式分条整经机采用大滚筒不动，条带移动。条带移动又需要定幅筘、导条器和筒子架的移动，运动复杂，所以不适应高速，整经速度仅为 87～250m/min。同样，倒轴时滚筒不动，织轴横动，卷绕速度仅为 20～110m/min。

新型分条整经机采用大滚筒横动，条带不动，即倒轴装置和筒子架均固定不动。具有无级变化的斜度板锥角和定幅筘移动速度，滚筒与织轴均采用无级变速传动，能保证条带卷绕及倒轴时纱线线速度不变，使纱线张力均匀，卷绕成型良好，适应高速。还有很多新型分条整经机的滚筒采用整体固定锥角设计，高强钢质材料精良制作，能满足各种纱线卷绕的工艺要求。所以整经速度大幅提高，设计最高整经速度可达 800m/min，不过实际使用时一般低于这一水平。纱线强力低、筒子质量差时，应选较低的整经速度。

3. 整经条数

（1）条格及隐条织物。生产条格及隐条织物时，整经条数应考虑花经排列情况，计算公式为：

$$n = \frac{M - M_b}{M_t}$$

式中　n——整经条数；

　　　M——织轴总经根数；

　　　M_b——两侧边纱根数之和；

　　　M_t——每条经纱根数。

每条经纱根数为每条花数与每花经纱配色循环数之积，即 $M_t =$ 每条花数×每花经纱配色循环数。每条经纱根数应小于筒子架最大容筒数，并且是经纱配色循环的整数倍。第一和最后条带的经纱根数还需修正。应加上各自一侧的边纱根数，并对 n 取整后多余或不足的根数做加、减调整。

（2）素经织物。在素经织物生产中，整经条数的确定比条格及隐条织物简单，计算公式为：

$$n = \frac{M}{M_t}$$

确定每条经纱根数时只考虑筒子架最大容筒数，当 M/M_t 无法除尽时，应尽量使最后一条（或几条）的经纱根数少于前面几条，但相差不宜过多。

在筒子架容量许可的条件下，整经条数应尽量少些。

4. 条带宽度

整经条带宽度即定幅筘中所穿经纱的排列幅宽，计算公式为：

$$B = \frac{B_0 M_t}{M(1 + q\%)}$$

式中　B——整经条宽；

　　　B_0——织轴幅宽；

　　　$q\%$——条带扩散系数。

整经条带经定幅筘后发生扩散。高经密品种整经时条带的扩散现象较严重，造成滚筒上纱层呈瓦楞状，为减少扩散现象，应尽量使定幅筘靠近整经滚筒表面。

5. 定幅筘计算

定幅筘的筘齿密度以筘号表示。公制筘号是指10cm内的筘齿数（筘/10cm）；英制筘号是指2英寸内的筘齿数（筘/2英寸）。筘号可按下式计算。

$$N = \frac{M_t}{BC}$$

式中　C——每筘齿穿入经纱根数。

若每筘齿穿入经纱根数过多，则整经滚筒上纱线排列错乱；若每筘齿穿入经纱根数过少，则筘号大，虽有利于经纱均匀排列，但增加了筘片与经纱间的摩擦。每筘齿穿入经纱的根数，以滚筒上纱线排列整齐、筘齿不磨损纱线为原则。一般品种每筘齿穿入4～6根或4～10根经纱，经密大的织物，每筘穿入数取大些。

6. 条带长度

分条整经条带长度即整经长度，等于织轴的卷绕长度，可按下式计算。

$$L = \frac{l m_p}{1 - a_j} + h_s + h_1$$

式中　l——成布规定匹长，即公称匹长与加放长度之和；

　　　m_p——织轴卷绕匹数；

　　　a_j——经纱缩率；

h_s、h_1——织机的上机、了机回丝长度。

7. 斜度板锥角及定幅筘移动速度

正确的整经条带截面为规则的平行四边形，这样才能保证滚筒和织轴表面卷绕平整，退绕张力均匀。影响条带卷绕成形的基本参数是斜度板锥角 α 及定幅筘移动距离 h，正确选择斜度板锥角 α 和定幅筘移动距离 h，是提高整经质量的重要措施。定幅筘移动所形成的纱层锥角与斜度板锥角 α 相等时，条带截面才能呈现正确的平行四边形，如图 2-24 所示。

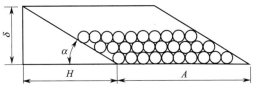

图 2-24　条带截面

由图可知：

$$\tan\alpha = \frac{\delta}{H} = \frac{\delta}{nh} = \frac{\delta}{n} \times \frac{1}{h}$$

式中　α——滚筒斜度板锥角，（°）；

　　　H——卷绕一个条带过程中定幅筘的总动程，cm；

　　　δ——条带卷绕厚度，cm；

　　　n——卷绕一个条带的滚筒转数，即绕纱圈数；

　　　h——滚筒转一转定幅筘移动的距离，cm。

$\frac{\delta}{n}$ 即为平均每层纱线的卷绕厚度，$\frac{\delta}{n}$ 与纱线线密度成正比，与纱线卷绕密度 γ 成反比，与条带中纱线排列密度 $\frac{m}{b}$ 成正比，进而得出斜度板锥角 α 和定幅筘移动距离 h 的关系式为：

$$\tan\alpha = \frac{\text{Tt}m}{\gamma bh \times 10^5}$$

$$h = \frac{\text{Tt}m}{\gamma b \tan\alpha \times 10^5}$$

使用固定斜度板时，倾斜角 α 不变，要按公式计算滚筒转一转定幅筘移动距离 h，但 h 为有级变化，只能选接近计算 h 值的一档，往往选配精度不够。新型分条整经机的滚筒采用整体固定锥角设计，滚筒可实现无级位移，级差小于 0.01mm，可保证 α 与 h 的正确配合。

使用活动斜度板时，可以同时选择 α 和 h，并且 α 为无级变化，能使上述等式严格成立。α 数值尽量取得小些，以斜度板露出纱条外 30~50mm 为度，使纱圈稳定性最佳。

三、整经产量和质量控制

(一) 整经产量

整经产量是指单位时间内每台整经机卷绕纱线的质量，通常用台时产量表示，它分为理论产量（G'）和实际产量（G）。

$$G = G' \times 时间效率$$

1. 分批整经的理论产量

对于分批整经机，其理论产量可用下式计算。

$$G' = \frac{60vm\text{Tt}}{1000 \times 1000}(\text{kg/台·h})$$

式中　v——整经线速度，m/min；

　　　m——整经根数；

　　　Tt——纱线线密度，tex。

2. 分条整经的理论产量

对于分条整经机，其理论产量可用下式计算。

$$G' = \frac{60v_1 v_2 M\text{Tt}}{1000 \times 1000 \times (v_1 + nv_2)}(\text{kg/台·h})$$

式中　v_1——整经滚筒线速度，m/min；

　　　v_2——织轴卷绕线速度，m/min；

　　　M——织轴总经根数；

　　　n——整经条带数。

分条整经的产量也可用每小时生产的织轴数表示。

$$G' = \frac{60v_1 v_2}{L(v_1 + nv_2)}(\text{只/台·h})$$

式中　L——每个整经条带的卷绕长度，m。

(二) 整经质量控制

1. 分批整经质量控制

分批整经质量包括卷装中纱线质量和纱线卷绕质量两方面。

整经质量是保证浆纱正常生产、保证浆纱质量和织物质量的基础。

整经断头卷入轴内或经轴退绕断头，将造成浆槽内缠辊停车，浆轴疵点增加，严重影响织机效率和织物质量；整经片纱张力不匀，会造成浆纱片纱张力差异、浆纱断头和浆纱绞头，且整经片纱张力在后道工序无法得到改善，会严重影响织物布面的匀整；整经问题造成浆纱机打慢车或停车增多，会影响浆纱上浆率、回潮率、伸长率的均匀，增加织造断头和疵点。因此抓好整经质量是提高织物质量和织造生产率的关键。

（1）整经对纱线质量的影响。纱线经过整经加工，在张力的作用下会发生伸长，其细度、强力和断裂伸长均有减小。为保持纱线原有的物理机械性能，整经时纱线所受张力要适度。通道会对纱线产生磨损，所以纱线通道要光洁。纱线从固定的筒子上退绕下来，其捻度会有些改变。筒子退绕一圈，纱线就会增加（Z捻纱）或减少（S捻纱）一个捻回。随着筒子退绕直径的减小，纱线的捻度变化速度加快。

研究表明，在正常生产情况下，整经后纱线的物理机械性能无明显改变。

（2）整经卷绕质量指标及其检验。

① 整经断头率检验。整经断头率检验指标为整经万米百根断头次数。通过检验整经断头率，可及时发现整经时引起断头的原因，以便采取措施降低断头，提高效率，进而提高浆纱质量和织造质量。

断头原因有细纱质量不好（弱捻纱、竹节纱、细节纱、杂质等）、有络筒质量不好（小辫子、脱圈、襻头、回丝附入、生头不良等）、机械原因（引纱通道有毛刺或起槽、锭子位置与张力座的导纱眼未对准造成退绕气圈过大而引起断头等）、工艺参数不合理（张力、车速过高等）。

② 经轴卷绕密度。通过测试卷绕密度来衡量经轴卷绕的松紧程度，进而判断整经张力大小是否合适。经轴卷绕密度过大，则纱线所受张力过大，纱线弹性损失会过大，布面上的单纱细节会很明显；卷绕密度过小，会造成经轴卷绕松紧不匀，经轴表面不平整，造成织造退绕张力不匀，织物不平整。

还可通过卷绕密度计算出经轴最大卷装容量。

同一种纱线，张力越大，卷绕密度越大。同一种机型，车速越大。卷绕密度越大；经轴加压越大，卷绕密度越大。同一种原料，纱线越细，卷绕密度越大。不同线密度的经轴卷绕密度见表2-4。

表 2-4　不同线密度的经轴卷绕密度的参考值

纱线线密度/tex	32～96	20～31	12～19	6～11.5
卷绕密度/(g/cm³)	0.45～0.50	0.50～0.65	0.50～0.65	0.55～0.60

纤维原料不同，卷绕密度也不同，涤/棉混纺纱的卷绕密度一般比同线密度的纯棉纱高10%左右。

③ 经纱排列均匀性测试。纱线排列均匀是经轴卷绕平整、退绕张力均匀、布面匀整光洁的基础。所以，通过检验，及时发现问题并采取相应措施，均匀纱线排列，能提高浆纱质量和织造质量。

影响经纱排列不匀的因素有伸缩筘宽度和经轴盘片间距不协调，不符合要求；伸缩筘中心和经轴两盘片间的中心不对应；纱线在伸缩筘中穿的不匀。

④ 刹车制动测试。检测整经机制动系统的工作性能，及时发现问题并采取相应措施，提高制动系统灵敏性，或采用新型高效能的制动系统，如制动有力迅速的液压式、气动式制动等。

刹车制动距离一般要求在 4m 以内，若超过 4m，则断经纱头极易卷入轴内。

⑤ 好轴率。对整经卷绕质量的要求是经轴（或织轴）表面圆整，形状正确，纱线排列平行有序，片纱张力均匀适当，接头良好，无油污及飞花夹入。

经轴质量对后道工序、对织物质量均有重大影响，其计算公式如下。

$$好轴率 = \frac{检查经轴总轴数 - 查出疵轴数}{检查经轴总轴数} \times 100\%$$

好轴率是反映经轴卷绕质量的重要指标，经轴卷绕质量直接影响浆纱质量、织造效率、布面质量和浆纱回丝的多少。所以通过测试好轴率，可以全面了解经轴卷绕质量，对症下药，进而提高整经质量，提高后道工序的生产效率和产品质量。整经疵轴的类型及其成因有以下几方面。

a. 长短码：测长装置失灵，或操作失误造成的各整经轴绕纱长度不一致。

b. 张力不匀：张力装置作用不正常，或机械部件调节不当等原因引起的整经疵点。

c. 绞头、倒断头：断头自停装置失灵，整经轴不及时刹车，使断头卷入及操作工断头处理不善所造成的整经疵点。

d. 嵌边、凸边：片纱或经轴边盘与轴管不垂直、伸缩筘左右位置不当等原因造成的整经疵点。

操作不善、清洁工作不良，还会引起错特、并绞、油污、排色错、头份数错、经轴数错等整经疵点。

（3）提高整经质量的几项技术措施。

① 采用经轴直接传动的新型整经机。直接传动的经轴卷绕方式取消了大滚筒，减少了经轴的跳动，经轴转动平稳，成形良好；消除了刹车制动时滚筒对经纱的磨损，提高了产品质量；采用高效能的制动方式直接制动经轴，制动迅速有力。采用电气断头自停装置并安装在筒子架上，使断头感应点与纱线卷绕点之间有较大的距离，能避免纱头卷进经轴，而且利于提高车速，所以整经机速度可高达 1000～1200m/min。

② 集体换筒。选用集体换筒的筒子架，可消除由于筒子直径不同而造成的片纱张力差异，同时配合筒子定长，可减少筒脚纱和回丝。

③ 减小并均匀筒子退绕张力。络筒工序适当增大筒子锥度或采用不等厚度卷绕，减小了筒子退绕阻力，减小了筒子退绕张力的变化。

④ 选择间接法或累加法张力装置。间接法张力装置在高速条件下工作时，纱线的磨损很小；通过张力装置后张力平均值增加，张力波动幅度不变，张力不匀率下降；张力增加值与纱线的摩擦因数、纱线的纤维材料性质、纱线表面形态结构、纱线颜色等因素无关，这些特点对色织生产十分有利，其缺点是装置结构比较复杂。

采用圆盘式张力装置产生的张力为累加张力，此种方法增加的纱线张力、张力波动幅度不变，张力平均值增大，因此降低了张力不匀率。

纱线经过张力器或导纱器的弧形工作面时受摩擦产生的张力为倍积张力。采用此种方法增加纱线张力，张力波动幅度增大，张力平均值同比增大，因此张力不匀率得不到改善。

所以，应选择间接法或累加法张力装置，尽量减小经纱的转折次数和曲折程度，减少倍积张力的产生。

2. 分条整经质量控制

分条整经的主要质量指标及其检验方法、主要疵点等内容与分批整经相似。提高分条整经质量的几项技术措施如下。

（1）新型分条整经机上，定幅筘到滚筒卷绕点之间距离很短，有利于纱线条带被准确引导到滚筒表面，同时也减少了条带扩散，使条带卷绕成型良好。

采用定幅筘自动抬起装置。随滚筒卷绕直径增加，定幅筘逐渐抬起，自由纱段长度保持不变，于是条带的扩散程度、卷绕情况不变，条带各层纱圈卷绕正确一致。

（2）具有无级变化的斜度板锥角和定幅筘移动速度，这不仅使斜度板锥角与定幅筘移动速度正确配合，保证纱线条带截面形状正确，而且斜度板锥面能被充分利用，使条带获得最佳稳定性。

很多新型分条整经机的滚筒采用整体固定锥角设计，高强钢质材料精良制作，能满足各种纱线卷绕的工艺要求。采用 CAD 设计，滚筒及主机移动时，倒轴装置和筒子架固定不动，由机械式全齿轮传动，实现无级位移，级差小于 0.01mm，既可靠，又易维修。

（3）采用先进的电脑技术，机电一体化设计，对全机执行动作实行程序控制，并对位移、对绞、记数、张力、故障等进行监控，实现精确地计长、计匹、计条、对绞及断头记忆，并具有满数停车的功能。

（4）在较先进的分条整经机上，滚筒与织轴均采用无级变速传动，以保证整经及倒轴时纱线线速度不变，使纱线张力均匀，卷绕成型良好。采用气液增压技术和钳制式制动器，实现高效制动。

（5）设有先进的上乳化液装置和可靠的防静电系统。毛织生产中，倒轴时对毛纱上乳化液（包括乳化油、乳化蜡或合成浆料），可在纱线表面形成油膜，降低纱线摩擦因数，减少织造断头和织疵。加工化纤纱及高比例的化纤混纺纱时，防静电系统可消除静电，提高产品质量和生产效率。

实验一　整经机机构认识

一、实验目的

（1）了解纱线在整经机上的工艺过程及各部件的作用。
（2）了解分批整经机的主要机构及其工作原理。

二、实验设备

（1）实验设备：分批整经机。
（2）实验材料：纱线。

三、实验内容

1. 纱线在整经机上的工艺过程及各部件的作用

在整经机上有筒子纱、张力装置、导纱部件、夹纱装置、断头自停装置、导纱杆、伸缩筘、测长辊、经轴、压辊等部件，了解其安装位置、外观形态、作用原理、工作特点等内容。

2. 整经机的主要机构及其工作原理

整经机的主要机构有筒子架、张力装置、断头自停装置、经轴传动机构、经轴加压装

置、上落轴装置、松夹轴装置、启动与制动机构、测长和满轴自停装置、伸缩筘及其左右横动及上下运动机构等，新型整经机上还备有由先进的电脑系统与触摸彩屏智能终端组成的操作界面，了解这些主要机构的工作原理、工作性能及特点等内容。

四、实验报告内容

(1) 记录实验设备型号、纱线原料和细度。

(2) 画出整经机的纱线工艺过程图，并标出各主要部件的名称及其作用。

(3) 分析总结整经主要机构的工作原理、工作性能特点等内容。

实验二　整经单纱及片纱张力测试分析

一、实验目的

(1) 对影响整经张力的主要因素建立感性认识。

(2) 了解整经时纱线张力的变化规律。

(3) 了解整经张力的测定装置、测定方法，掌握测定操作技能。

二、实验设备与器材

(1) 实验设备：整经机。

(2) 实验仪器：机械式单纱张力仪或便携式电子单纱张力仪。

(3) 实验材料：经纱。

三、实验内容和实验步骤

1. 实验内容

(1) 测定筒子位于筒子架上同一层的前、中、后排位置时纱线张力的变化。

(2) 测定筒子位于筒子架上同一排的上、中、下层位置时纱线张力的变化。

(3) 测定筒子架同一位置上安装大、中、小直径筒子时纱线张力的变化。

2. 实验步骤

(1) 记录整经机型号、筒子架型号及形式、车头伸缩筘的穿筘方式、整经速度、经纱线密度和整经张力垫圈质量（或张力装置的张力参数）等内容。

(2) 安置单纱张力仪，一般在车头伸缩筘的前方。

(3) 方案1：将各被测筒子的张力装置调成同一规格，按照实验内容依次测定纱线张力。

(4) 方案2：按工艺要求分层分段调节各张力装置的张力参数，按照实验内容依次测定纱线张力。

(5) 比较两种方案对经纱张力的影响。

四、实验报告内容

(1) 记录整经机型号、筒子架型号及形式、车头伸缩筘的穿筘方式、整经速度、经纱线密度和整经张力垫圈质量（或张力装置的张力参数）等内容。

（2）根据各项实验内容设计表格并将实验数据记录在表格中。

（3）分析实验结果并得出结论。

思考题 ▶▶

1. 整经工序的目的及工艺要求是什么？

2. 常用的整经方法有哪几种？试述其特点和应用场合。

3. 分批整经机整经轴的传动方式有哪两大类？它们的优缺点分别是什么？

4. 整经加压的目的是什么？分析加压方式，说明其特点是什么？

5. 整经机上伸缩筘、分绞筘、定幅筘的作用分别是什么？

6. 分条整经条带截面形状是什么？如何实现条带卷绕成形？

7. 整经张力装置的作用是什么？分析各类张力装置的工作特点。

8. 整经断头自停装置、经轴传动机构、经轴加压装置、上落轴装置、松夹轴装置、启动与制动机构、测长和满轴自停装置、伸缩筘及其左右横动及上下运动机构的作用及形式是什么？

9. 筒子架的作用是什么？筒子架有哪些类型？各有什么特点？

10. 机械化集体换筒的单式筒子架有何优点？

11. 筒子纱退绕张力与哪些因素有关？其变化特征如何？

12. 造成整经片纱张力不匀的因素有哪些？简述均匀片纱张力的措施。

13. 分批整经和分条整经有哪些主要工艺参数，这些工艺参数如何确定及计算？

14. 分批整经和分条整经的产量如何计算？

15. 整经常见疵点及成因是什么？

第三章

浆 纱

经纱在织机上织造时，要经受由于各种机构运动而产生的反复多次的拉伸、弯曲和冲击，以及经停片、综丝和钢筘等机件的反复多次的摩擦等作用。为了降低经纱断头率，提高经纱的可织性及产品质量，必须赋予经纱以更高的耐磨性，黏附突出在纱条表面的毛羽，适当增加经纱强度，并尽可能地保持经纱原有的弹性。因此，必须对经纱进行上浆。生产中，除了一些股线、强捻丝及其某些类型的变形丝（如网络丝）外，大多数经纱都需要上浆。上浆的主要目的如下。

（1）增加纱线的断裂强度。由于纤维之间抱合力增强所产生的积极作用，使经纱断裂强度得到提高，特别是在织机上容易断裂的纱线薄弱点（细节、弱捻等）得到了增强，这无疑对降低织机经向断头有较大意义。在合纤长丝上浆中，纤维集束性的改善，还有利于减少毛丝的产生。

（2）改善纱线附磨性。经纱表面坚韧的浆膜能提高纱线的耐磨性能。浆膜的被覆应力求连续完整，以起到良好的保护作用。坚韧的浆膜要以良好的浆液浸透作为其基础。同时，浆膜的拉伸性能（曲线）应与纱线的拉伸性能（曲线）相似。

（3）保持纱线断裂伸长率。经纱上浆后，弹性、可弯性及断裂伸长有所下降。由于上浆过程中可对纱线的张力和伸长进行严格控制，还可选用与纱线弹性相匹配的浆膜材料；另外，控制适度的上浆率和浆液对纱线的浸透程度，能使纱线内部部分区域的纤维仍保持相对滑移的能力。因此，上浆后浆纱良好的弹性、可弯性和断裂伸长率能得到保证。

（4）贴伏毛羽。通常长度大于等于 3mm 的毛羽为有害毛羽，由于浆膜的黏结作用，使纱线表面的纤维游离端紧贴纱身，纱线表面光滑。织制高密织物时，可以减少邻纱之间的纠缠和经纱断头。对于毛纱、麻纱、化纤纱及混纺纱、无捻长丝而言，毛羽贴伏和纱身光滑尤为重要。

浆纱工程应满足以下工艺要求。

（1）浆液对经纱的被覆和浸透要有适当的比例。一部分浆液被覆在经纱表面，使毛羽贴附在纱干上，形成一层薄的浆膜，以提高经纱在织造时的耐磨性；另一部分浆液浸入经纱内部，增加了纤维之间的抱合力，减少了纤维之间的相对位移，增大了浆膜与纱条之间的附着力。

（2）浆液的成膜性要好。在经纱表面形成的浆膜要薄、柔软、坚韧、光滑，这样才能减小浆经纱的摩擦因数，增加强力，使耐屈曲性大并能保持较好的弹性和断裂伸长率。

（3）浆液的物理和化学稳定性要好。在使用过程中，浆液要不发泡，不沉淀；温度和湿度较高时，不易发霉。

（4）浆料配方要合理、简单，调浆操作简便，退浆容易，遇废浆液不污染环境。

（5）上浆应保证工艺质量指标，应有适当的上浆率、回潮率及一定的伸长率。

（6）在保证浆纱质量的前提下，自动化程度高，以提高浆纱的生产效率，节约能源，不断降低生产成本，提高浆纱的经济效益。

第一节　浆纱机机构

一、浆纱机传动机构

随着织机技术的进步和新型化纤品种的产生，对经纱上浆提出了很高的质量要求。与此同时，浆纱技术本身也在向高速化、大卷装方向迅速发展。为适应这些高要求、新发展的需要，浆纱机传动方式也在不断改进。新型浆纱机各部分的工作机构分别以多个变速电动机拖动，在计算机控制系统的程序控制下，保持浆纱机各区域中纱线稳定，并有适度的张力和伸长。目前浆纱机的传动方式很多，比较先进的传动方式都具备浆纱速度变化范围宽广、过渡平滑，经纱伸长控制准确，卷绕张力恒定，具有自动控制能力的特点。

新型浆纱机传动系统中用于浆纱速度控制的装置主要有以可控硅作无级调速控制的直流电动机、通过直流发电机输出电压作无级调速控制的直流电动机、可平滑变速的交流整流子电动机、交流感应电动机配合液压式无级变速器、交流感应电动机配合 PX 调速范围扩大型无级变速器、交流变频调速。用于伸长控制的装置主要有差微调速器、P 型链式无级变速器、铁炮式无级变速器配合差动行星轮系。用于织轴恒张力卷绕的装置主要有重锤式或液压式无级变速器 P 型链式无级变速器、电磁滑差离合器、电磁粉末离合器配合 P 型链式无级变速器直流电动机、液压马达。

图 3-1 所示为祖克 S432 型浆纱机的传动系统，全机由直流电动机 1 或测速电动机 2 传动。正常开车时，直流电动机 1 通过齿轮箱 4 变速分三路传出：第一路经一对铁炮 5、一对皮带轮 6、减速齿轮 7 传动拖引辊；第二路经 PIV 无级变速器 8、齿轮箱 9、一对减速齿轮 10 传动织轴；第三路就是通过传动边轴拖动烘筒、上浆辊和引纱辊运行。速度范围为 2～100m/min。微速运行时，由测速电动机 2 通过蜗轮蜗杆（带超越离合器）传动至链轮 3，通过齿轮箱 4 传动全机低速运行。

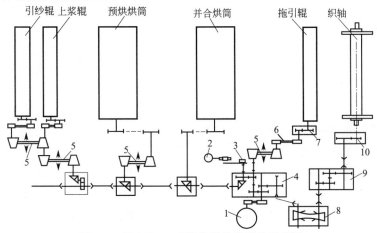

图 3-1　祖克 S432 型浆纱机传动系统示意图

祖克 S432 型浆纱机主传动采用直流电动机可控硅双闭环调速系统，主电路采用三相全桥式整流电路，由 380V 三相电源经进线电抗器供电，可控硅整流输出，改变可控硅控制角的大小，就能改变电驱电压的数值，从而改变电动机的转速。

图 3-2 所示为祖克新型浆纱机传动控制图，它采用七单元（七只变频）控制全机传动，其变频器属于高动态性并带有速度反馈的矢量控制通用变频器。其中车头一只变频器控制织轴卷绕，车头另一只变频器控制拖引辊传动；烘房有一只变频器控制十二只烘筒传动；一只浆槽有两只变频器，一只变频器控制上浆辊传动，另一只变频器控制引纱辊传动，双浆槽共有四只变频器，因此全机共七只变频器，也称七单元传动。与传统的边轴传动相比，这种传动方式传动的可靠性和张力控制精度得以大幅提高。

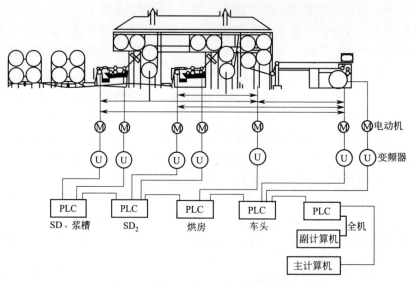

图 3-2　祖克新型浆纱机传动控制图

除浆纱机主传动系统外，还有一些独立的传动系统、如循环风机传动、排气风机传动、上落轴传动、湿分绞棒传动等传动系统。这些独立的辅助传动系统与主传动系统之间存在着电气上的联动关系。

二、经轴退绕机构

（一）经轴架形式

经轴架是放置经轴的，经纱从若干个经轴上引出、合并，并达到工艺要求的总经根数，为经纱上浆做好准备。经轴架上最多可放置 12～16 只经轴，具体数量根据整经根数和总经根数确定。

经轴架分为固定式和移动式、单层与双层（包括山形式）、水平式与倾斜式。

（1）移动式经轴架的部分换轴工作在浆纱机运转过程中进行，因此停机完成换轴操作所需的时间短，有利于提高浆纱机的效率。

（2）双层经轴架的换轴和引纱操作不如单层经轴架方便。但是，双层经轴架节省机器占地面积，而且因上下层经纱容易分开，故十分适于经纱的分层上浆。目前常用的双层经轴架为四轴一组，如图 3-3 所示，四只整经轴由一个框架支撑，又称箱式轴架。轴架之间留有操作弄，站在操作弄的站台上能方便地对整经轴进行检查及做各项处理。

（3）倾斜式经轴架能满足各轴纱片相互独立、分层清晰的要求，适用于在进入浆槽之前，以钩筘作分绞操作的经纱上浆（色经纱上浆等）。部分浆纱机为减小浆槽与相邻的第一只整经轴之间的高度差，也采用一列倾斜式经轴架。

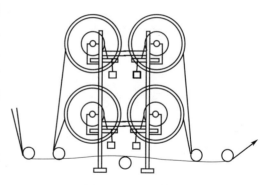

图 3-3　双层经轴架

（二）整经轴上经纱的送出方式

整经轴上经纱的送出方式有积极式和消极式两种。消极式送出装置，经轴依靠经纱张力拖动回转。积极式送出装置以较小的预设定退绕张力主动送出经纱，纱线的退绕张力受到精确控制，对弱纱或不宜较大张力的经纱退绕十分有利，其优点是可以减小经纱的牵引张力，可用于弱纱或特种纱上浆。其缺点是传动机构复杂，送纱均匀性较差，易产生白回丝。长丝浆纱机的轴对轴上浆（浆纱机上只有一只整经轴退绕，上浆后的经轴在并轴机上并轴）都采用积极式送出装置。消极式送出和整经轴摩擦制动相结合的经纱退绕方式中，引纱辊通过经纱带动整经轴回转，进行纱线退绕。

（三）整经轴制动与退绕张力控制

整经轴制动采用弹簧夹制动，以改变弹簧夹紧程度来控制摩擦制动力，制动力较小，在紧急刹车时容易引起纱线扭结。随着整经轴直径逐渐减小，要经常根据整经时放入的千米纸条信号改变弹簧夹紧力，以保证纱线退绕张力恒定，各整经轴之间张力一致。这种控制方法很难满足张力均匀、适度的要求，并且给浆纱操作带来诸多不便。

现代浆纱机上常用气动带式制动。各整经轴的制动气压、制动力一致，于是各轴退绕张力基本接近。退绕张力可以预先设定，并由张力自动调节系统控制。当整经轴直径变化或受某些干扰因素影响引起退绕张力改变时，自动调节系统迅速地改变汽缸压力，调整制动带对整经轴的制动力，将其恢复到设定数值。

（四）退绕方式与退绕张力控制

经轴架经纱退绕方式有互退绕法和平行退绕法两种。平行退绕法又分为上退绕法、下退绕法和垂直退绕法。

1. 退绕方式

（1）互退绕法。互退绕法也称波浪法，如图 3-4（a）和（b）所示。互退绕法引纱时，经轴间被纱片牵制，因而回转平稳，浆纱机降速时，经轴不易产生惯性回转，操作比较简单，纱线排列比较均匀整齐。缺点是各经轴上纱片张力不匀，易增加白回丝。其原因：一是上绕纱片张力和下绕纱片张力对经轴的作用方向相反，因而使各经轴的回转阻力不同；二是最后面经轴的纱片除牵引自身经轴回转外，还要牵引它前面所有经轴的回转。这样，位于前方经轴上的纱片所承担的牵引负荷会逐渐减少。

（2）平行退绕法。

① 下退绕法又称下行法，如图 3-4(c) 所示。下退绕法引纱，各经轴纱片张力均匀，为防止纱片松弛落地，轴架下方设有托纱辊。其缺点是上轴引纱时操作较为不便。

② 上退绕法又称上行法，如图 3-4(d) 所示。上退绕法引纱张力均匀，无纱片落地和上轴操作不便的问题，但经纱断头不易发现和处理。

选用引纱时，要以减少白回丝和操作方便为原则。在实际生产中，常将两种或三种典型

(a) 互退绕法(单层整经轴)

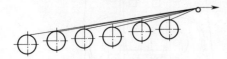

(b) 互退绕法(双层整经轴)

(c) 平行退绕法(下退、单层整经轴)

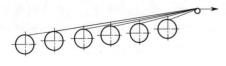

(d) 平行退绕法(上退)

图 3-4　经轴架经纱退绕方式

方式结合在一起使用。

2. 均匀退绕张力的措施

（1）为达到纱线张力均匀，采用下行法或上行法要比波浪法好，因为下行法或上行法的每个经轴经纱只承担本身经轴的牵引负荷。如果各轴的制动作用一致，片纱张力是基本均匀的。

（2）以各轴卷纱长度相等（即整经测长准确）为前提，用定码长加小纸条方法标出各轴在引纱中的张力差异，可通过调节制动力大小来缩小各轴的张力差异。但若各轴卷纱长度不相等，用定码长加小纸条方法来调节，就会出现"生拉硬牵"现象。使短码长的经轴受到额外伸长，影响张力均匀。

（3）少加或不加制动力，用轴承处加油的方法来调节轴与轴间的差异，可减少和防止经纱的强拉伸长。采用波浪法引纱时，应在最后两只经轴加装简易式张力补偿装置。

（4）采用机械式或液压式张力自动控制装置，使经纱张力波动在一定范围。现代新型浆纱机装有此类装置，但机构较复杂。

三、浆槽

（一）上浆工艺流程

上浆装置主要包括引纱辊、浆槽、浸没辊、上浆辊和压浆辊等机件。

经纱在浆槽内上浆的工艺流程如图 3-5 所示。纱线由引纱辊 1 引入浆槽，第一浸没辊 2 将纱线浸入浆液，然后经第一对上浆辊 3 和压浆辊 4 压浆，将纱线中空气压出，部分浆液压入纱线内部，并挤掉多余浆液。此后，又经第二浸没辊 5 和第二对上浆辊 6、压浆辊 7 再次浸浆与压浆。通过两次逐步浸、压的纱线出浆槽后，由湿分绞棒将其分成几层（图中未画出），再进入烘房烘燥。蒸汽从蒸汽管 8 通入浆槽，对浆液加热，使其维持一定温度。循环浆泵 9 不断地把浆箱 10 中的浆液输入浆槽。浆槽中过多的浆液从溢流口 11 通过溢流管 12 流回浆箱，保持一定的浆槽液面高度。

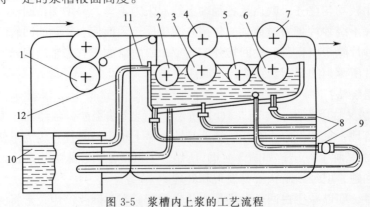

图 3-5　浆槽内上浆的工艺流程

（二）上浆机理

1. 浸浆与压浆

纱线在浆槽中经受反复的浸浆和压浆作用。纱线在浆液中浸浆时，主要是纱线表面的纤维进行润湿并黏附浆液，自由状态下浆液向纱线内部的浸透量很小，带有浆液的纱线进入上浆辊和压浆辊之间的挤压区经受压浆作用，上浆辊表面带有的浆液、压浆辊表面微孔中压出的浆液、连同纱线本身沾有的浆液在挤压区入口处混合并参与压浆。经过挤压之后，纱线表面的毛羽倒伏、黏贴在纱身上，高压上浆尤为明显地表现出毛羽减少的效果。纱线离开挤压区时，发生了第二次浆液的分配。压浆力迅速下降为零，压浆辊表面微孔变形恢复，伴随着吸收浆液，由于这时经纱与压浆辊尚未脱离接触，故微孔同时吸收挤压区压浆后残剩的浆液和经纱表面多余的浆液。

纱线在浆槽中经受浸压的次数根据不同纤维、不同的后加工要求而有所不同。纱线上浆一般采用单浸单压、单浸双压、双浸双压、双浸四压（利用两次浸没辊的侧压）。各种浸压方式如图 3-6 所示。

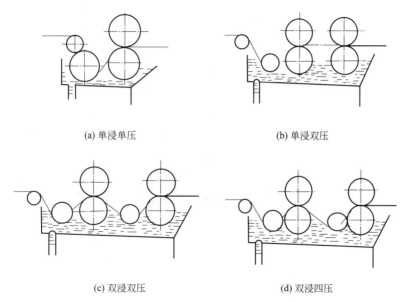

(a) 单浸单压   (b) 单浸双压

(c) 双浸双压   (d) 双浸四压

图 3-6 浸压方式

2. 纱线覆盖系数

纱线覆盖系数是影响浸浆及压浆均匀程度的重要指标。排列过密的经纱压浆后纱线侧面出现"漏浆"现象。为改善高密条件下的浸浆效果，可以采用分层浸浆的方法，以减少"漏浆"现象。解决问题的根本方法是降低纱线覆盖系数，可采用双浆槽或多浆槽上浆，也可采取轴对轴上浆后并轴的上浆工艺路线。降低纱线覆盖系数不仅有利于浸浆、压浆，而且对下一步的烘燥及保持浆膜完整也十分有效。不同纱线的合理覆盖系数存在一定差异，一般认为覆盖系数小于 50%（即纱线之间的间隙与直径相等）时可以获得良好的上浆效果。

（三）湿分绞

湿分绞棒安装在浆槽与烘房之间。经纱出浆槽后被湿分纹棒分成几层，并以分离状态平行进入烘房，这样可避免烘燥后浆纱之间相互粘连，减少出烘房进行分绞时的困难，对保护浆膜完整及提高浆纱质量极为有利。分绞过程中湿分绞棒本身作主动慢速回转，以防止表面

生成浆垢。长丝浆纱机的湿分绞棒中还通入循环冷却水，可防止分绞棒表面形成浆皮以及短暂停车时纱线黏结分绞棒。在热风式浆纱机或热风烘筒式浆纱机上，湿分绞的效果比较明显。一般湿分绞棒为 3～5 根。

四、烘房烘燥

烘燥的任务是去除湿浆纱上的多余水分，达到工艺要求的回潮率。湿浆纱在烘燥后，纱线上的液态浆变成固态浆，使其形成黏结内部纤维、贴伏表面毛羽的浆膜。湿浆纱的压出回潮率一般为 120%～150%，烘燥后要求纯棉浆纱的回潮率为 6%～8%，而涤/棉纱的回潮率仅为 2%～3%。

通常浆纱的烘燥方式有热传导烘燥法、对流烘燥法、辐射烘燥法和高频电流烘燥法四种。目前常用的热风式、烘筒式和热风烘筒相结合的烘燥装置主要采用对流和热传导烘燥法。

（一）烘燥方法对烘燥速度及能量消耗的影响

1. 对流烘燥法

热风式烘燥装置主要采用对流烘燥法。热空气是载热体，向纱线传递热量，同时又是载湿体，带走纱线蒸发的水分。这种载热体与载湿体合二为一的烘燥形式显然不够合理，热湿空气的不断排除不仅带走水分，同时也带走了热量，引起能量损失。在恒速烘燥阶段中，增大烘燥势可以加快烘燥速度，其途径是提高热风温度或增加湿空气排出量，但增加湿空气排出量造成热能损失严重，并且排出量过多还会导致热风温度下降，因此湿空气的排出量受到限制，烘燥速度难以提高。这是对流烘燥法能量消耗大、烘燥速度低的主要原因。

2. 热传导烘燥法

烘筒式烘燥装置主要采用热传导烘燥法。烘筒作为载热体，通过接触向纱线传递热量，而周围的空气是载湿体，带走浆纱蒸发的水分，载热体和载湿体分离。与对流方式相比，导热系数高。在烘燥过程中，烘筒向纱线传递热量快，其烘燥速度比热风式明显提高。在降速烘燥阶段中，纱线靠近烘筒的一侧湿度大、温度高，于是湿度梯度和温度梯度方向一致，促进纱线内的水分逆湿度梯度方向移动，有利于提高烘燥速度，缩短降速烘燥阶段。热传导烘燥法在烘燥速度上明显优于对流烘燥法。

（二）烘燥方法对浆纱质量的影响

1. 对流烘燥法

对流烘燥法的烘燥速度较低，因此烘燥装置中绕纱长度长，用以增加纱线的烘燥时间。由于长片段纱线行进时缺乏有力的握持控制，于是纱线伸长较大。片纱伸长也不够均匀。当纱线排列密度较大时，因热风吹动纱线会粘贴成柳条状，以致干分绞困难，分绞后浆膜撕裂，影响浆纱质量。鉴于对流烘燥法的诸多缺点，目前该方法已不单独用于浆纱烘燥。

但对流烘燥法纱线与烘房导纱件表面接触很少，特别是湿浆纱经分绞、分层后烘燥时，纱线相互分离，浆液很少粘贴到纱表面，对于保护浆膜，减少毛羽十分有利。为此，对流烘燥法常被用做湿浆纱的预烘（特别是长丝和变形纱上浆），预烘到浆膜初步形成即止。

2. 热传导烘燥法

热传导烘燥法中，纱线紧贴主动回转的烘筒前进，使纱线受到良好的握持控制，并且纱线行进中排列整齐有序。因此，热传导烘燥法对纱线伸长控制十分有利，纱线的伸长率小，仅为对流烘燥法的 60% 左右，并且片纱伸长均匀，伸长率易于调整。

热传导烘燥法亦存在一些不足，比如浆膜容易黏贴烘筒，破坏浆膜的完整性，为此要对最先接触湿浆纱的几只烘筒进行防黏处理。防黏方法通常为喷涂聚四氟乙烯。另外，烘筒上相邻纱之间有黏连现象，纱线排列密度较大时，黏连严重，引起浆纱毛羽增加。由于热传导烘燥法对湿浆纱进行烘燥时会产生上述弊端，目前部分纱线上浆时采用对流和热传导相结合的烘燥装置，即热风烘筒联合式烘燥装置。该装置先以对流方式使纱线初步形成良好的浆膜，然后再用热传导方法强化烘干，并使纱线经过熨烫，使毛羽贴伏。

（三）烘房内纱线穿纱方式对浆纱质量的影响

目前，浆纱机一般采用双浆槽，片纱出浆槽后，由一层分成两层后上预烘烘筒，这样两只浆槽的纱线就分成四层由预烘烘筒烘燥，达到一定干燥度后，在并合烘筒上并合。这种穿纱方式的特点是，湿区纱路较短，有利于控制湿区伸长；烘筒排列较低，操作方便；烘房排汽罩靠近浆槽，利于排湿；烘房穿纱路线灵活，可分层，也可不分层；可减少烘燥时纱线黏连机会，使纱线出烘房后方便分纱，提高了浆膜的完整率，减少了毛羽。

（四）烘燥装置

随着对浆纱质量要求不断提高，浆纱速度向高速化发展，传统的热风喷射式和热风循环式烘燥装置已被逐步淘汰。目前常用的是烘筒式和热风烘筒联合式烘燥装置。

1. 烘筒式烘燥装置

在烘筒式烘燥装置中，纱线从多个烘筒表面绕过，其两面轮流受热，蒸发水分，故烘干比较均匀。烘筒温度一般分组控制，通常为两三组。湿纱与第一组烘筒接触时，水分大量汽化，要求烘筒温度较高，提供较多热量，适当地提高烘筒温度还有助于防止浆皮黏结烘筒。后续烘筒的温度可以低一些，因为浆纱水分蒸发速度下降，散热量较小，过高的烘筒温度会烫伤纤维和浆膜。

纱线先分层经烘筒预烘，然后再汇合成一片继续烘燥。浆纱分层预烘不仅降低了纱线在烘筒表面的覆盖系数，有利于纱线中水分蒸发，提高烘燥速度，而且使纱线之间的间隙增大，避免了邻纱的相互黏连现象。

2. 热风烘筒联合式烘燥装置

在热风烘筒联合式烘燥装置中，纱线先经热风烘房预烘，然后由烘筒烘干到预定的浆纱回潮率。热风烘房的长度和个数可根据上浆的具体要求选择。合纤长丝上浆时，为加强预烘效果，一般采用两个串联着的热风烘房，烘房长度约10m。湿浆纱经热风烘燥后，含水率下降约75%，浆纱表面浆膜初步形成，纱线出热风烘房后被烘筒进一步烘干。

（五）干分绞

干分绞棒的根数为整经轴数减一。比较简单的单层经轴架有如图3-7所示的三种典型分纱路线，图中"1，2，3…"表示整经轴的序数，1号为最后一只整经轴。质量要求较高的细特高密织物经纱上浆时，每只整经轴的纱线还要分绞，形成两层，如图3-7(a)所示，这通常称为小分绞或复分绞，其对减少并头、绞头疵点十分有利。

五、车头卷绕

上浆后的纱线被卷绕成浆轴，织造工序对浆轴卷绕的要求是，纱线卷绕张力和卷绕速度恒定，浆轴卷绕密度均匀、适当，纱线排列均匀、整齐，浆轴外形正确、圆整。浆纱机上通过浆轴恒张力卷绕、压纱辊的浆轴加压和伸缩箱周期性空间运动来满足上述要求。同时为了与各类无梭织机配套，织轴卷绕应具有正反卷绕功能。

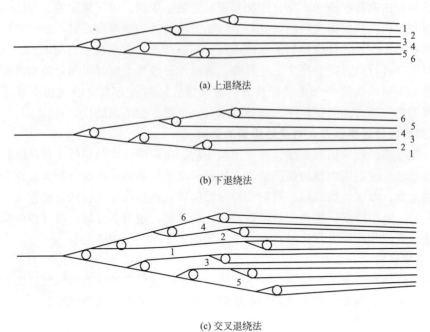

(a) 上退绕法

(b) 下退绕法

(c) 交叉退绕法

图 3-7　干分绞分纱路线

（一）浆轴恒张力卷绕

从拖引辊到浆轴区的纱线经上浆和烘干，能经受较大的外力拉伸作用。为适应浆轴卷绕密度均匀、适当的要求，该区纱线卷绕张力应当恒定，且张力数值稍大。实现恒张力卷绕有以下几种方法。

1. 重锤式无级变速器

重锤式无级变速器能根据卷绕力矩的变化自动调整卷绕速度，保证纱线恒张力、恒速度地卷绕。该机构适应高速，并具有传递力矩大、能最损耗少等特点。

2. 液压式无级变速器

液压式无级变速器恒张力卷绕原理与重锤式无级变速器相同，它以可调的汽缸作用力代替重锤重力作卷绕张力调节，张力数值以汽缸压力显示，操作十分方便。

（二）压纱辊的浆轴加压

为获得适当而又均匀的浆轴卷绕密度，浆纱机和并轴机都采用浆轴卷绕压纱辊加压装置。部分长丝浆纱机轴对轴上浆后还需并轴加工，这种浆纱机上一般不装加压装置。

新型浆纱机都采用液压方式进行浆轴卷绕加压，部分加压机构还兼有自动上轴和落轴功能。液压式浆轴卷绕加压给操作带来很大方便，并且加压压力的调节比较准确，浆轴卷绕过程中加压力不变。将液压系统与浆轴直径传感、控制系统连接，使油缸工作压力随浆轴直径增大而渐减，可以避免大卷装浆轴外层纱线向心压力所引起的内层纱线过度压缩变形、纱层起皱现象。

（三）伸缩筘周期性空间运动

传统的浆纱机上装有轴向移动的布纱辊和两根偏心平纱辊，布纱辊做轴向移动布纱，有利于浆轴上纱线均匀排列，互不嵌入，使浆轴表面平整。新型浆纱机的伸缩筘做轴向往复移动，部分伸缩筘在往复运动的同时还做筘面的前后摆动，组成周期性的空间运动，兼有布纱辊和平纱辊两者的功能。

第二节 浆料及浆液调制

浆液的各种材料，简称浆料，浆料通常由黏着剂和助剂组成。黏着剂是浆料的主体组成部分，称为主浆料，用于提高经纱（丝）织造性能。助剂是为改善或弥补黏着剂某些方面性能的不足所用的辅助材料。把浆料和水调制成浆液，是上浆工艺的基础。经纱上浆用的浆液是由性质不同的若干种材料调制而成的。配制成的浆液，既要分散、混合均匀，又要性质稳定。

一、黏着剂

黏着剂是一种具有黏着力的材料，它是构成浆液的主体材料（除溶剂水外），浆液的上浆性能主要由它决定。黏着剂的用量很大，因此选用时除从工艺方面考虑外，还需兼顾经济、资源丰富、节约用粮、减少污染等因素。

黏着剂分为天然黏着剂、变性黏着剂、合成黏着剂三大类，见表3-1。

表3-1 浆纱黏着剂的分类

天然黏着剂	各种淀粉	小麦淀粉、玉米淀粉、马铃薯淀粉、米淀粉、甘薯淀粉、橡子淀粉、木薯淀粉
	褐藻类	褐藻酸钠、红藻胶
	植物性胶	阿拉伯树胶、刺槐树胶、白芨粉、田仁粉、槐豆粉
	动物性胶	龟胶、明胶、骨胶、皮胶
	其他	甲壳质、虾胶
变性黏着剂	变性淀粉	可溶性淀粉、氧化淀粉、酸解淀粉、糊精
	淀粉衍生物	羧甲基淀粉、羟乙基淀粉、淀粉醋酸酯、磷酸酯淀粉、阳离子淀粉、交联淀粉、接枝淀粉
	纤维素衍生物	甲基纤维素、乙基纤维素、羧甲基纤维素、羟乙基纤维素
合成黏着剂	聚乙烯醇	聚乙烯醇、变性聚乙烯醇
	丙烯酸类	聚丙烯酸、聚丙烯酰胺、丙烯酸酯
	共聚类	醋酸乙烯-丙烯酰胺共聚物、苯乙烯-顺丁烯酸酐共聚物
	特种浆料	聚乙烯吡咯烷酮、聚氯乙烯、聚乙烯甲基醚

（一）淀粉

淀粉作为主黏着剂在浆纱工程中应用已有悠久历史。它对亲水性的天然纤维具有较好的黏附性，也有一定的成膜性能，可基本满足这类纤维的上浆要求。淀粉资源丰富，价格低廉，退浆废液易处理，也不易造成环境污染。目前，浆纱生产中广泛使用的淀粉黏着剂一般为天然淀粉和变性淀粉。

1. 天然淀粉

天然淀粉（以下简称淀粉）有很多种，纺织生产中常用小麦淀粉、玉米淀粉、马铃薯淀粉、米淀粉、木薯淀粉等品种。

（1）一般性质。淀粉因种类、品种、产地及制法不同而性质各异。各种淀粉都由纯淀粉（占65%~85%）、粗脂肪、蛋白质、灰分、纤维素、水分等组成。纯净淀粉是白色或带微黄色、富有光泽的细腻粉末。

淀粉是由许多个 α 葡萄糖分子通过 α 型苷键连接而成的缩聚高分子化合物，它的分子式为 $(C_6H_{10}O_5)_n$。淀粉分为直链淀粉和支链淀粉。直链淀粉能溶于热水，水溶液不很黏稠，不成糊状，形成的浆膜具有良好的机械性能，坚韧，弹性较好。支链淀粉不溶于水，在热水

中膨胀，使浆液变得极其黏稠，所成薄膜比较脆弱。淀粉浆的黏度主要由支链淀粉形成，使纱线能吸附足够的浆液，保证浆膜有一定的厚度。在上浆工艺中，直链淀粉和支链淀粉在上浆工艺中相辅相成，起到各自的作用，二者在淀粉中的比例随植物品种而异。

（2）上浆性质

① 糊化。一般淀粉中含有支链淀粉，不溶于水，在常温下能吸收少量水分子，使颗粒略有膨胀；但当温度逐渐升高时，吸收水分的数量增大，体积迅速膨胀。温度升高到一定数值时，颗粒可膨胀至原体积的百余倍。若继续加温，粒子开始破裂，直链淀粉从颗粒中流出，并溶于水中，这时的温度称糊化开始温度。当温度继续升高至颗粒充分破裂，支链淀粉分散在水中，淀粉液变成具有黏性的黏稠溶胶体，黏度也大致稳定下来，这时的温度称完全糊化温度。淀粉的糊化温度是淀粉上浆特性的一项指标，是制订上浆工艺的依据之一。淀粉的糊化温度与品种、产地、成熟度和淀粉液浓度等因素有关。几种淀粉的糊化温度见表 3-2。

表 3-2　几种淀粉的糊化温度

淀粉种类	糊化开始温度/℃	完全糊化温度/℃
甘薯淀粉	60	87
小麦淀粉	80	85
木薯淀粉	85	95
马铃薯淀粉	58	67
玉蜀黍淀粉	70	90
米淀粉	66	70

② 黏度。黏度是描述浆液流动时内摩擦力的物理量。黏度是浆液重要的性质指标之一，它直接影响浆液对经纱的被覆和浸透能力。黏度大时，液体流动的内摩擦力大，即液体不易流动，这时，浆液被覆能力加强，浸透能力减弱。淀粉浆液的黏度随温度高低和加温时间而变化。淀粉浆液黏度变化的一般规律是，开始加温时，黏度迅速上升，当黏度上升到最高值后，温度继续上升，黏度却开始下降，并逐渐趋于稳定。为稳定上浆质量，控制浆液对经纱的被覆和浸透程度，经纱上浆时，浆液宜处于黏度稳定阶段。调制淀粉浆液时，浆液煮沸之后必须闷煮 30min，待达到完全糊化之后，再放浆使用。一次调制的浆使用时间不宜过长，玉米淀粉一般为 3～4h。否则，在调浆和上浆装置中，长时间高温和搅拌剪切作用，会使浆液黏度会下降，从而影响上浆质量。

试验室中，浆液的黏度一般以乌式黏度计和旋转式黏度计测定。前者测得的是相对黏度，后者测得的是绝对黏度。在调浆和上浆生产现场，一般使用黄铜或不锈钢制成的漏斗式黏度计，试验时，漏斗下端离浆液液面高约 10cm，以浆液从漏斗式黏度计中漏完所需时间的秒数来衡量浆液黏度。

③ 浸透性。淀粉浆液黏度很高，浸透性极差，不适宜经纱上浆使用。经分解剂分解作用后，部分支链淀粉分子链裂解，浆液黏度下降，浸透性能得以改善。在温度较低时，淀粉浆液会形成凝胶状，黏度很高，浆液流动性很差，浸透性恶化。因此，一般淀粉不适于低温上浆，上浆温度通常在 98℃左右。

④ 黏附性。黏附性是指浆液黏附纤维的性能，黏附性的强弱以黏附力的大小表示。黏附力又称黏着力或亲合力。淀粉大分子中含有羟基，因此具有较强的极性。根据相似相溶原理，它对含有相同基团或极性较强的纤维材料有较强的黏附力，如棉、麻、黏胶纤维等亲水性纤维，相反，对疏水性纤维的黏附力就很差，不能用于纯合纤的经纱上浆。

⑤ 成膜性。成膜性是指浆液烘燥后所形成薄膜的物理机械性能。如薄膜的吸湿性、耐

磨性、耐屈曲性、断裂强度和断裂伸长等性能。淀粉浆的浆膜一般比较脆硬，浆膜强度大，但弹性较差，断裂伸长小。玉米淀粉的浆膜机械性能优于小麦淀粉，其强度较大，弹性也稍好，因此玉米淀粉上浆效果比小麦淀粉好。但是，玉米淀粉浆膜手感粗糙，上浆率不宜过高。

作为主黏着剂时，浆液中要加入适量柔软剂，以增加浆膜弹性。加入柔软剂可增加浆膜的弹性、柔韧性，但浆膜机械强度有所下降。为此，柔软剂加入量应适度。车间相对湿度偏低时，浆液中要适当添加吸湿剂，以改善浆膜弹性。

2. 变性淀粉

天然淀粉作为黏着剂存在黏度大、对合成纤维黏附性差等缺陷，于是人们对天然淀粉进行变性（改性）处理。以天然淀粉为母体，通过化学、物理或其他方式使天然淀粉的性能发生显著变化而形成的产品称为变性淀粉。

淀粉大分子结构中的苷键及羟基是化学活泼性较高的官能团及键型，也是各种变性可能的内在因素。淀粉的变性技术不断发展，变性淀粉的品种也层出不穷。淀粉的变性方式及变性目的见表3-3。

表3-3 淀粉的变性方式及变性目的

变性技术发展阶段	第一代变性淀粉——转化淀粉	第二代变性淀粉——淀粉衍生物	第三代变性淀粉——接枝淀粉
品种	酸解淀粉、糊精、氧化淀粉	交联淀粉、淀粉酶、醚化淀粉、阳离子淀粉	各种接枝淀粉
变性方式	解聚反应，氧化反应	引入化学基团或低分子化合物	接入具有一定聚合度的合成物
变性目的	降低聚合度及黏度，提高水分散性，增加使用浓度（高浓低黏浆）	提高对合成纤维的黏附性，增加浆膜柔韧性，提高水分散性，稳定浆液浓度	兼有淀粉及接入合成物的优点，代替全部或大部分合成浆料

（1）酸解淀粉

① 变性原理。在淀粉悬浊液中加入无机酸溶液，利用酸可以降低淀粉分子苷键活化能的原理，使淀粉大分子断裂，聚合度降低，形成酸解淀粉。酸解反应过程中及时地用碱中和，终止分解反应，控制淀粉的降解程度，是提高酸解淀粉质量的关键。

② 上浆性能。酸解淀粉的外观和原淀粉基本相同。在水中经加热后，酸解淀粉粒子容易分散，也容易达到完全糊化状态。由于淀粉粒子膨胀较小，相对分子质量明显降低，故成浆后浆液黏度低，流动性好，但黏度稳定性比原淀粉略有下降。酸解淀粉浆膜较脆硬，与原淀粉相似。浆液对亲水性纤维具有很好的黏附性，在混合浆中可代替10%～30%的合成浆料，是一种适于一般混纺纱上浆的变性淀粉浆料。酸解淀粉制取成本低，制取方法较简便，在纺织厂应用较广。

（2）氧化淀粉

① 变性原理。氧化淀粉是用强氧化剂将淀粉大分子中的苷键氧化断裂，并使其羟基氧化成醛基，最后氧化成羧基，使分子变短，聚合度下降，从而形成氧化淀粉。存在羧基是氧化淀粉的结构特点。

② 上浆性能。氧化淀粉为色泽洁白的粉末。氧化淀粉在水中加热时，没有明显的膨胀阶段，糊化温度也下降。浆液黏度低，流动性好，浸透性强，不易凝胶，与原淀粉相比，它对亲水性纤维的黏附性有所提高，但浆膜比较坚韧。氧化淀粉可作细特（高支）高密纯棉纱、苎麻纱等的主浆料，也可与PVA、聚丙烯酸酯类合成浆料混合，用于涤/棉、涤/毛等

混纺纱上浆。

（3）酯化淀粉

① 变性原理。淀粉大分子中的羟基被有机酸或无机酸酯化后形成的产物叫酯化淀粉。酯化淀粉的酯化程度以取代度（DS）表示，取代度是指淀粉大分子中每个葡萄糖基环上羟基的氢被取代的平均数，取代度的数值在 0～3 之间。用于经纱上浆的主要有醋酸酯淀粉、磷酸酯淀粉、氨基甲酸酯淀粉（尿素淀粉）等品种。

② 上浆性能。酯化淀粉大分子中含有疏水性酯基，对疏水性纤维的黏附性强。因此对聚酯纤维混纺或纯纺纱有较好的上浆效果。与磷酸酯淀粉相比，醋酸酯淀粉和聚酯纤维的溶度参数比较接近，因此上浆效果比磷酸酯淀粉好。酯化淀粉的浆液黏度稳定，流动性好，不易凝胶，浆膜也较柔韧。

（4）醚化淀粉

① 变性原理。淀粉大分子中的羟基被化学试剂（卤代烃、环氧乙烷等）醚化，生成的醚键化合物称为醚化淀粉。醚化淀粉除保留了原有淀粉化学结构外，还引入了醚化基团。醚化基团的数量反映了淀粉的醚化程度，对醚化淀粉性质有很大影响。醚化淀粉的醚化程度亦以取代度表示。用于经纱上浆的醚化淀粉有羧甲基淀粉、羟乙基淀粉等品种。

② 上浆性能。醚化淀粉的亲水性和水溶性改善程度与取代基性能及取代度有关。取代度过低，水溶性改善不明显；相反，则水溶性良好，溶解速度快，但成本提高。醚化淀粉浆液黏度稳定，浆膜较柔韧，对纤维素纤维有良好的黏附性。低温下浆液无凝胶倾向，故适宜于羊毛、黏胶纤维纱的低温上浆（55～65℃）。醚化淀粉具有良好的混溶性，加入一定量的醚化淀粉，能使混合浆调制均匀。由于醚化淀粉对纱线的黏附性等性能并不比酸解淀粉、氧化淀粉高，但其价格要高得多，因此使用时要综合分析。

（5）接枝淀粉

① 变性原理。接枝淀粉是以淀粉为主体通过化学或物理（高能射线辐照）的方式，使某些烯烃类的单体以一定的聚合度接枝到淀粉大分子，或以某些低聚合度的合成物用一定方法嵌接到淀粉大分子的侧链上。接枝共聚的方法，根据其原理分为三类，即游离基引发接枝共聚法、离子相互作用法和缩合加成法。在纺织浆料应用中，主要采用游离基引发接枝共聚法。

② 上浆性能。接枝淀粉兼有淀粉和高分子单体构成的侧链两者的长处，表现出优良的综合上浆性能。譬如，以淀粉作为骨架大分子，把丙烯酸酯类的化合物作为支链接到淀粉上所形成的接枝淀粉共聚物兼有淀粉和丙烯酸酯类浆料的特性。以丙烯酸酯或醋酸乙烯酯接枝的淀粉，可以对涤/棉纱和合成纤维上浆，并使淀粉浆膜的柔软性和弹性得到改善。与其他变性淀粉相比，接枝淀粉能提高对疏水性纤维的黏着性、浆膜弹性、成膜性、伸度及浆液黏度的稳定性。因此，接枝淀粉从原理上说是最有前途的一种变性淀粉，它可用于疏水性纤维上浆，代替部分或全部合成浆料。

变性淀粉还有许多种类。与天然淀粉相比，变性淀粉在水溶性、黏度稳定性、对合成纤维的黏附性、成膜性、低温上浆适应性等方面都有不同程度的改善。应当指出，在经纱上浆中，变性淀粉的使用品种将越来越多，使用比例、使用量也会越来越大，以至完全替代聚乙烯醇浆料，是一种绿色浆料。

（二）纤维素衍生物

利用纤维素葡萄糖基环上羟基的特性，使纤维素发生醚化，生成纤维素衍生物——纤维素醚，从而转化为水溶性物质，用于经纱上浆。

浆纱常用的纤维素醚有羧甲基纤维素（CMC）、羟乙基纤维素（HEC）、甲基纤维素（MC）等，实际使用中CMC应用较多。

1. 一般性质

CMC由碱纤维素与一氯醋酸经醚化反应制得，工业中常用的是其钠盐，称羧甲基纤维素钠盐。CMC为无臭、无味、无毒的白色粉末，或未经粉碎处理呈纤维束状。

2. 上浆性质

（1）水溶性。CMC为一种高分子阴离子型电解质，其水溶性由取代度决定。取代度大于0.4时，CMC才具有水溶性。用于浆纱的CMC的取代度一般为0.7～0.8。

（2）黏度。CMC的聚合度决定了其水溶液的黏度，经纱上浆中常用的是中黏度CMC，在2%浓度、25℃时，它的黏度为400～600mPa·s。随着CMC浆液浓度的增加，其黏度急剧上升。因此CMC使用的浆液浓度不宜高，否则会影响流动性能。CMC浆液的黏度随温度升高而下降，温度下降，黏度又重新回升。浆液在80℃以上长时间加热，黏度会下降。浆液pH值偏离中性时，其黏度逐渐下降。当pH值<5时，会产生沉淀析出。因此，上浆时浆液应呈中性或微碱性。

（3）黏附性。CMC分子中极性基团的引入使它对纤维素纤维具有良好的黏附性和亲和力。它一般在纯棉细特纱和涤/棉纱上浆中使用。

（4）成膜性。CMC浆液成膜后光滑、柔韧，强度也较高，但浆膜手感过软，浆纱刚性较差。CMC浆膜吸湿性能好，车间湿度大时，浆膜容易吸湿发软、发黏。因此，CMC浆料一般不作为主黏着剂使用。

（5）混溶性。CMC浆液有着良好的乳化性能，能与各种淀粉、合成浆料及助剂进行均匀混合，长时间放置不会分层。在混合浆料中加入少量CMC作为辅助黏着剂，就是利用它混溶性能好的优点，使混合浆调制均匀。

（三）聚乙烯醇

聚乙烯醇（PVA）是聚醋酸乙烯在甲醇中进行醇解而制得的产物。

醇解产物有完全醇解型和部分醇解型等几种类型。前者称完全醇解PVA，后者称部分醇解PVA。完全醇解PVA的大分子侧基中只有羟基（—OH），部分醇解PVA的大分子侧基中既有羟基（—OH），又有醋酸根（—CH$_3$COO）。

醇解度是指聚乙烯醇大分子中，乙烯醇单元占整个单元的摩尔分数比（mol/mol）。完全醇解PVA和部分醇解PVA的醇解度不同。完全醇解PVA的醇解度为（98±1）%；部分醇解PVA的醇解度为（88±1）%。

浆料级聚乙烯醇的醇解度为87%～99%，聚合度为500～2000。醇解度和聚合度是决定PVA主要性能的指标。因此，产品规格以醇解度和聚合度来表示产品编号、分类。国产PVA牌号数字起首两位乘以100为聚合度，末尾两位表示醇解度的摩尔百分数。如完全醇解PVA1799的聚合度为1700，醇解度为99%。

1. 一般性质

PVA为无味、无臭、白色或淡黄色颗粒。成品有粉末状、片状或絮状，密度在1.19～1.27g/cm^3。

2. 上浆性质

（1）水溶性。PVA的水溶性主要取决于其醇解度和聚合度，其中醇解度的影响最大。

完全醇解 PVA 分子中尽管含有较多羟基，但大分子之间通过羟基已形成较强的氢键缔合，以致对水分子的结合能力很弱，水溶性很差。在 65～75℃热水中不溶解，仅能吸湿及少量膨胀。在沸水中和高速搅拌（1000r/min）的作用下，部分氢键被拆散，"游离"羟基数增加，水溶性提高，经长时间（1～2h）后充分溶解。部分醇解 PVA 的分子中有适量的醋酸根基团存在，醋酸根基团占有较大的空间体积，使羟基之间的氢键缔合力削弱，在热水中能被拆散，表现为有良好的水溶性。部分醇解 PVA 在 40～50℃的水中经保温搅拌能完全溶解。

（2）黏度。PVA 浆液的黏度和浓度在定温条件下接近成正比；在定浓条件下，黏度和温度接近于反比。浆液黏度还与 PVA 的醇解度有着密切联系，当醇解度为 87％时，PVA 溶液的黏度最小。

完全醇解 PVA 的溶液黏度随时间延长逐渐上升，最终可成凝胶状。部分醇解 PVA 的溶液黏度则比较稳定，时间延续对黏度影响很小。PVA 的黏度还与聚合度有关，聚合度越高，黏度越大。PVA 浆液在弱酸、弱碱中黏度比较稳定，在强酸中则被水解，黏度下降。

（3）黏附性。不同醇解度的 PVA 浆液对不同纤维的黏附性存在差异。完全醇解 PVA 对亲水性纤维具有良好的黏附性及亲和力，部分醇解 PVA 对亲水性纤维的黏附性则不及完全醇解 PVA。由于大分子中疏水性醋酸根的作用，部分醇解 PVA 对疏水性纤维具有较好的黏附性。

（4）成膜性。PVA 浆膜弹性好，断裂强度高，断裂伸长大，耐磨性好。PVA 聚合度越高，浆膜强度越高。由于大分子中羟基的作用，PVA 浆膜具有一定的吸湿性能，吸湿性随醇解度、聚合度的增大而减小，在相对湿度 65％以上的空气中能吸收水分，使浆膜柔韧，充分发挥其优良的力学机械性能。静止时，由于水分的蒸发，PVA 浆液液面有结皮现象，浆纱时易产生浆斑，织造时使经纱断头增加。由于 PVA 浆膜的内聚力大于浆膜与经纱之间的黏附力，分纱时易破坏经纱表面浆膜的完整性，使毛羽增加。

CMC、PVA 和淀粉的浆膜性能见表 3-4。

表 3-4　CMC、PVA 和淀粉的浆膜性能

黏着剂	断裂强度/（N/mm²）	断裂伸长率/%	耐磨次数/次	耐屈曲次数/次
CMC	32.05	11.8	100	680
PVA(1799)	42.24	165.1	937	10000
玉米淀粉	47.82	4.0	63	341
小麦淀粉	34.50	3.2	61	185

（5）混溶性。聚乙烯醇浆料具有良好的混溶性，与其他浆料（如合成浆料等）混用时，能良好均匀地混合，混合液比较稳定，不易发生分层脱混现象。但与等量的天然淀粉混合时很易分层，使用时应十分注意。

（6）其他性能。由于聚乙烯醇具有良好的黏附性和力学机械性能，因此是理想的被覆材料。但是，PVA 浆膜弹性好，断裂强度高，断裂伸长大，因此浆纱分纱性较差，干浆纱分绞时分纱阻力大，浆膜容易撕裂，毛羽增加。为此，在 PVA 浆液中往往混入部分浆膜强度较低的黏着剂（如玉米淀粉、变性淀粉等），以改善干浆纱的分纱性能。需要指出的是，由于 PVA 的生物降解性能差，会污染环境，正越来越引起人们的注意及限用。

3. 变性聚乙烯醇

聚乙烯醇调浆时浆液易起泡、浆液易结皮、浆膜分纱性差是其主要缺点。为克服这些缺

点，可以对聚乙烯醇进行变性处理。变性聚乙烯醇变性是利用醋酸乙烯的双键酯及醇解后羟基的活泼性，改变侧链基团或结构，或引入其他单体成为以 PVA 为主体的共聚物，或引入其他官能团以改变 PVA 大分子的化学结构。比较成熟的变性方法有 PVA 丙烯酸酰胺共聚变性、PVA 内酯化变性、PVA 磺化变性及 PVA 接枝变性。变性聚乙烯醇浆料在 40～50℃温水中保温搅拌 1h 可溶，溶液均匀，与其他黏着剂混溶性强，浆液不会结皮，在调制和上浆过程中不易起泡。变性聚乙烯醇浆料适于低温（85℃）上浆，并且黏度稳定，其浆膜机械强度减小，分纱性良好，浆膜完整、光滑，而且退浆方便。

（四）丙烯酸类浆料

丙烯酸类浆料是丙烯酸类单体的均聚物、共聚物或共混物的总称，对疏水性纤维具有优异的黏附性能，水溶性好、易于退浆、不易结皮、对环境污染小。但其吸湿性和再黏性强，所以只能作辅助浆料使用。丙烯酸类浆料的性能主要取决于组成单体本身的性能及其配比，聚合工艺对其性能也有较大影响。常用的丙烯酸类浆料有丙烯酸及其盐类、丙烯酸酯类、酰胺类等品种。

1. 聚丙烯酸甲酯浆料

聚丙烯酸甲酯浆料（PMA），习惯上称为甲酯浆，它以丙烯酸甲酯（85%）、丙烯酸（8%）和丙烯腈（7%）三种单体共聚而成。

聚丙烯酸甲酯浆料的外观为乳白色半透明凝胶体，有大蒜味，具有较好的水溶性，可与任何比例的水互溶，黏度较为稳定。由于它的侧链中主要是非极性的酯基，分子链间的作用力较小，因此具有浆膜强力低、伸度大、急弹性变形小、弹性差的特性，对疏水性纤维的黏附性好，但其热再黏性高，车间温度较高时，纱线易产生粘连现象。聚丙烯酸甲酯浆料主要用于涤/棉混纺经纱上浆的辅助黏着剂，以改善纱线的柔软性及浆料的黏附性。

2. 聚丙烯酰胺浆料

聚丙烯酰胺浆料（PAM），习惯上称为酰胺浆，是一种水溶性高分子化合物，它以丙烯酰胺为原料，以水为溶剂，采用溶剂聚合法聚合而成。

聚丙烯酰胺浆料是一种无色透明黏稠体，具有良好的水溶性，能与任何比例的水混溶，但在水中遇到无机离子（如 Ca^{2+}、Mg^{2+} 等）会产生絮凝沉降作用，且黏度下降。聚丙烯酰胺浆料成膜性好，侧基为较活泼的能互相形成氢键的极性酰胺基，因而浆膜强度高、伸度低，是一种高强低伸、坚而不柔的浆料，对棉纤维有良好的黏附性，用于苎麻、棉、黏胶纤维、涤/棉织物经纱上浆有良好的效果。

3. 聚丙烯酸盐多元共聚浆料

近年来，对聚丙烯酸盐多元共聚浆料的研究、开发获得了较大的发展，其目的在于利用两种或两种以上不同性能的单体，并以不同配比，在一定温度条件下进行共聚，以获得不同性能的浆料，如良好的黏着性、水溶性、耐磨性以及较低的吸湿性。例如丙烯酸和丙烯酰胺的共聚物（钠盐或氨盐），丙烯酸、丙烯腈和丙烯酸胺的共聚物，或丙烯酸、丙烯酰胺、醋酸乙烯酯和丙烯腈的四元单体共聚物等，共聚后再用氢氧化钠或氨水中和得到其钠盐或氨盐。这类浆料含固量可以达到 25%～30%，黏度可根据需要调节，对亲水性纤维的黏附性较好，广泛用于棉、黏胶纤维、苎麻、涤/棉等织物的经纱上浆。

4. 固体聚丙烯酸类浆料

固体聚丙烯酸类浆料含固量高（>95%），相对于低含固率的液体聚丙烯酸类浆料，运输、使用都比较方便。固体聚丙烯酸（酯）浆料一般采用喷雾烘干法或沉淀聚合法生产，分

为聚丙烯酸酯和聚丙烯酸盐两类，前者对疏水性纤维的黏附性较好，后者对亲水性纤维的黏附性较好，但吸湿性较大。

5. 喷水织机疏水性合纤长丝用浆料

这类浆料包括聚丙烯酸盐类和水分散型聚丙烯酸酯两类。聚丙烯酸盐类浆料是丙烯酸及其酯在引发剂的引发下聚合，用氨水增稠生成铵盐，浆料中含有极性基（—COONH$_4$），使浆料具有水溶性，满足调浆的需要。烘燥时铵盐分解释放氨气，成为含有—COOH 基团的吸湿性低的浆料，使浆膜在织造时具有耐水性，符合喷水织造的要求。织物退浆时用碱液煮练，浆料变成具有水溶性基团的聚丙烯酸钠盐，达到了退浆目的。近年来开发的水分散型聚丙烯酸酯乳液以丙烯酸、丙烯酸丁酯、甲基丙烯酸甲酯、醋酸乙烯酯单体为原料，用乳液聚合法共聚而成。该浆料对疏水性纤维有良好的黏附力，烘燥时随水分子的逸出，乳胶粒子相互融合，形成具有耐水性的连续浆膜，它的耐水性优于聚丙烯酸盐类浆料，织物退浆亦用碱液煮练。

（五）聚酯浆料

由于聚酯浆料具有与聚酯大分子相似的化学结构，根据相似相溶理论，它对聚酯纤维有较高的黏附力，同时在分子结构中引入了水溶性基团，使其具备了较好的水溶性，便于退浆。

采用二元酸（如对苯二甲酸）和二元醇（如乙二醇）通过缩聚反应合成大分子结构中含有酯基（—COO—）和水溶性基团的新型纺织浆料——水溶性或水分散性聚酯浆料（以下简称聚酯浆料）。在大分子结构中，分子链以刚性的苯环和柔性的脂肪烃基为主，并通过—COO—相连接。聚酯浆料对涤纶具有优异的黏附性能，退浆性能优良，黏度、表面张力都较低，对纱线的润湿性、渗透性较好，而且浆膜柔软光滑、韧性大、抗拉强度高，还具有易被微生物分解、环保性能好等特点。

（六）特种浆料

特种浆料是用于特种纤维材料的上浆以及在特种要求或特种加工方式上应用的浆料，当前较成熟的特种浆料有以下几种。

1. 聚乙二醇与聚氧乙烯

聚乙二醇和聚氧乙烯为两大类水溶性高分子材料。从化学结构和制取的原料上，聚乙二醇和聚氧乙烯都是由环氧乙烷与水或乙二醇逐步加成而制得的。聚乙二醇和聚氧乙烯的区别是，相对分子质量低于 2 万的叫聚乙二醇；高于 2 万的叫聚氧乙烯。聚乙二醇呈液态到蜡状固态，聚氧乙烯一般是粉末状或粒状固体。

在纺织工业中主要将聚乙二醇用于经纱处理剂，目的是免去经纱上浆工序。当前在开发低特羊毛单纱上浆的浆料时，聚乙二醇是首选浆料，因为它可低温上浆。相对分子质量较高的聚乙二醇可作纱线黏着剂，其有良好的黏附性和成膜性，例如给用于轮胎的人造纤维上浆，可改善与橡胶的黏结性，能给疏水性纤维，如锦纶、涤纶纱线以耐磨、润滑和抗静电的复合性能。利用它有低温水溶解的特点，可用于必须低温上浆的纤维（例如黏胶纤维和羊毛）。鉴于它的熔点处于 50～60℃（称为合成蜡），可用它的本体上浆，只需吹冷风，室温时凝固，不必再烘燥。

聚氧乙烯对许多纤维具有优异的黏附性，如醋酯丝、涤/棉混纺纱、精梳毛纱等，尤其是对玻璃纤维与碳纤维具有良好的黏附性，它可作为这些纤维的黏着剂。聚氧乙烯的浆膜坚韧，弹性好，成膜后仍有高的水溶性，易于退浆。作为水溶性原料，聚氧乙烯的吸湿性非常低，相对湿度低于 85％时，其吸湿量很小，即使相对湿度在 90％～95％，尽管吸湿量有增加，但薄膜表面几乎不发黏。因此，在通常织造条件下（相对湿度 65％～80％，20～

30℃），浆膜不会变黏，能保持良好的机械性能。

2. 聚乙烯吡咯烷酮

聚乙烯吡咯烷酮是一种非离子型的水溶性高分子化合物，具有水溶性高分子化合物的一般性质。聚乙烯吡咯烷酮对许多物质的表面有优异的黏附能力，如对玻璃、金属及塑料，是玻璃纤维、金属纤维等特种纤维的优良浆料，也可用于三醋酸酯丝及特种纤维上浆。

（七）组合浆料

组合浆料（也称现成浆料）是浆料生产厂按通常品种织物的上浆要求，为纺织厂配制好的混合浆料。使用时，只要按所需浓度调成浆液即可。组合（即用）浆料的形成基于两方面技术的发展：第一，水溶性变性淀粉和变性PVA的应用；第二，固态丙烯酸系浆料的制造和应用。组合浆料的发展由此而形成两条技术路线：一条以变性PVA为主辅以变性淀粉；另一条则以丙烯类共聚树脂为主辅以变性淀粉。组合（即用）浆料作为今后浆料的发展方向之一，应以少组分、高性能、品种适应广为前提。

二、助剂

助剂是用于改善黏着剂某些性能不足，使浆液获得优良综合性能的辅助材料。助剂种类很多，但用量一般较少，选用时要考虑其相溶性和调浆操作方便。

（一）分解剂

淀粉作为黏着剂，可以满足上浆要求的基本性能，但淀粉浆的均匀性、浸透性和浆膜柔软性方面还存在不足。将淀粉适当分解，则可改善其上浆性能。淀粉分解剂有碱性、酸性、氧化分解剂及酶分解剂等品种。

碱在高温及氧存在的条件下能使淀粉大分子裂解，黏度降低，起到分解作用。碱分解剂有操作比较方便，分解作用缓和，有利于黏度稳定的特点。常用的碱性分解剂有硅酸钠和氢氧化钠。

酸性分解剂和氧化分解剂一般用于天然淀粉的变性加工，产品为酸解淀粉和氧化淀粉。酸对淀粉有强分解作用，酸在分解过程中仅起催化作用，故需严格控制酸分解的进程。适当程度的酸分解，可使大分子氧桥断裂，聚合度降低，淀粉浆的浸透性、均匀性、流动性增大，有利于提高上浆质量。盐酸、硫酸和有机酸均可作淀粉的分解剂。

氧化分解剂可使淀粉中的羟基氧化成醛基和羧基，使部分氧桥断裂，提高了淀粉的亲合性、浸透性和均匀性。氧化分解剂有多种，氯胺T、次氯酸钠漂白粉是常用的氧化分解剂。

生物酶分解剂是应用酶在一定温度范围内与淀粉发生反应，使淀粉大分子1，4苷键断裂，淀粉降解，黏度降低，常在淀粉调浆时加入生物酶分解剂，目前应用较多的生物酶分解剂为DDF，其用量为淀粉的5%。

（二）浸透剂

浸透剂即润湿剂，是一种以润湿浸透为主的表面活性剂。浆液表面张力越小，浸透扩散能力越强，在浆液中加入少量浸透剂的作用是降低浆液表面张力，增加浆液与经纱界面的活性，改善浆液的浸透润湿能力。

棉纤维表面的蜡质、合成纤维在纺丝时加的油剂，都会阻碍浆液对纤维的润湿，并影响浆液对纱线的浸透。上浆时在浆液中加入适当的浸透剂，可加快浆液的浸透过程，提高浆纱的质量。当经纱的吸浆能力差，浆液的浓度和黏度大时，必须加入浸透剂。

表面活性剂分为阴离子型、阳离子型和非离子型三种。浆纱用活性剂通常为阴离子型或非离子型。阳离子型遇阴离子会生成不溶物，对后继加工不利，故一般不用。

浸透剂一般用于疏水性合成纤维上浆。棉纤维的细捻、高捻或精梳纱上浆时亦可使用，以加强浸透上浆的效果。

（三）柔软润滑剂

浆液中加柔软剂的目的是使浆膜柔软而富有弹性。由于多数柔软剂具有润滑性，所以，柔软剂同时也给浆膜以滑润。在以淀粉为主的浆液中加入适量的柔软剂，可以克服浆膜粗糙、脆硬的缺点，提高浆纱质量，减少织造断头率。化学合成浆料浆膜的弹性伸长和耐屈性都已很好，就可不加或少加柔软剂。

浆纱用柔软剂多数是油脂。动物的或植物的天然油脂都是混合物，具有一般酯和烯烃的化学性质。

（四）抗静电剂

合成纤维导电性、吸湿性较差，在浆纱和织造过程中因摩擦易形成静电聚积，纤维相互排斥，使纱线结构松散，开口运动时与相邻经纱互相缠连，影响织造顺利进行。生产中在浆液中加入少量以消除静电为主的表面活性剂，不仅能起到良好的抗静电效果，而且能使浆膜平滑。作为抗静电剂的表面活性剂有离子型和吸湿型两种，离子型的抗静电性能比吸湿型抗静电剂好，如抗静电剂 SFNY、静电消除剂 SN 等。

（五）防腐剂

浆料中的淀粉、油脂、蛋白质等都是微生物的营养剂。坯布长期储存过程中，在一定的温度、湿度条件下容易长霉。在浆料配方中加入一定量的防腐剂，可以抑制霉菌的生长，防止坯布储存过程中的霉变。

由于化学浆料的广泛使用，变性淀粉的用量增加，半制品周转时间的加快，实际生产中防腐剂的用量逐步下降，有的甚至取消。需要关注的是防腐剂普遍都存在气味大、刺激皮肤、不利环保等问题，要注意选择低毒、环保、广谱抗菌的新型防腐剂。

（六）吸湿剂

吸湿剂的作用是提高浆膜的吸湿能力，使浆膜的弹性、柔软性得到改善。淀粉浆膜相对脆硬，过于干燥时会发脆、脱落。在冬季干燥的气候条件下，当淀粉上浆率较高时，可以考虑在浆液中加入适量的吸湿剂，以减少织造过程中经纱的脆断现象。合成浆料的浆膜一般具有良好的弹性和柔软性，因此浆料配方中不必使用吸湿剂。

浆纱常用的吸湿剂是甘油，即丙三醇，它是无色透明略带甜味的黏稠液体。

（七）消泡剂

上浆时，浆槽中浆液起泡过多会给浆纱操作带来困难，且液面的实际高度下降，经纱在泡沫中通过，引起上浆量不足和上浆不匀。浆液内形成泡沫的原因较多，如浆液中含蛋白质过多，使泡膜强韧；PVA 浆本身起泡性大，泡膜牢固而不易破裂；浆液中加入过量活性剂，使浆液表面张力过低，搅拌起泡后，泡膜不能迅速破裂，液体内生成气态物质，浆液黏度大，泡膜寿命长。一般碱性大的浆更易起泡。浆液有泡沫时，会破坏浆膜的完整性，造成上浆不匀、落浆增加等弊病。产生浆液起泡的原因很多，如机械搅拌、表面活性剂用量不当、淀粉浆料的质量等。泡沫一旦产生，就难以自然消除。

当浆液中泡沫生成之后，分批加入少量油脂类柔软剂，可以作为消泡剂降低泡膜的强度和韧度，使气泡破裂。常用的消泡剂有硬脂酸、硅油、可溶性蜡等产品。

（八）溶剂

调浆通常以水作为溶剂，按照水中含铁、钙、镁等盐类的多少，有硬水和软水之分，并以水的硬度来衡量。调浆用水以中等硬度的水为宜。用软水调浆时，浆液易起泡沫，特别是当有表面活性剂类辅助浆料存在时，起泡现象更为严重。而硬水中的盐类会与浆料配方中某些成分生成不溶性盐，这些盐类物质会在浆纱上形成"锈斑"，退浆工序中难以消除，导致印染疵点。调浆用水一般为洁净的地下水、地表水和自来水。

三、浆液组分的确定

随着上浆要求的不断提高，单一黏着剂往往难以满足经纱上浆的各项要求，一般都由两种或两种以上黏着剂混合。因此，在纺织厂浆液调制中，都需要对浆液（包括浆料）组分进行确定。浆液组分确定即正确选择浆料组分、合理制订浆料配比。

（一）浆料组分的选择

浆料组分选择时应当遵循以下原则。

1. 根据纤维材料选择浆料

选用的黏着剂大分子应与纤维具有良好的黏附性和亲和力。从黏附双方的相容性来看，双方应具有相同的基团或相似的极性。根据这一原则确定黏着剂之后，再确定助剂。几种纤维和黏着剂的化学结构特点见表 3-5。

表 3-5 几种纤维和黏着剂的化学结构特点

浆料名称	结构特点	纤维名称	结构特点
淀粉	羟基	棉纤维	羟基
氧化淀粉	羟基、羧基	黏胶纤维	羟基
褐藻酸钠	羟基、羧基	醋酯纤维	羟基、酯基
CMC	羟基、羧甲基	涤纶	酯基
完全醇解 PVA	羟基	锦纶	酰胺基
部分醇解 PVA	羟基、酯基	维纶	羟基
聚丙烯酸酯	酯基、羧基	腈纶	腈基、酯基
聚丙烯酰胺	酰胺基	羊毛	酰胺基
动物胶	酰胺基	蚕丝	酰胺基

对棉、麻、黏胶纤维纱上浆时，可以采用淀粉、完全醇解 PVA、CMC 等黏着剂，因为它们的大分子中都有羟基，从而相互之间具有良好的相容性和亲和力。以淀粉作为主黏着剂使用时，浆液中要加入适量的分解剂（对天然淀粉）、柔软剂和防腐剂，当气候干燥和上浆率高时，还可以加入少量吸湿剂。

麻纱的表面毛羽耸立，使用以被覆上浆为特点的交联淀粉或 CMC、PVA、淀粉组成的混合浆料，可以获得较好的上浆效果。

对涤/棉纱上浆时，因涤、棉两种纤维化学成分相差较大，上浆浆料一般为混合浆料。混合浆料中包含了分别对亲水性纤维（棉）和疏水性纤维（涤纶）具有良好亲和力的完全醇解 PVA、CMC 和聚丙烯酸甲酯。采用单一黏着剂——部分醇解 PVA 理论上同样可行，因为部分醇解 PVA 中既有亲水性的羟基，又有疏水性的酯基，对涤/棉纱具有较强的黏附性能，但是在实际使用中考虑到价格因素，很少单一使用。以天然淀粉或变性淀粉代替混合浆中部分 PVA 浆料，用于涤/棉纱上浆，不仅能降低上浆成本，而且还可改善浆膜的分纱性能。为提高混合浆中各黏着剂的均匀混合程度，可以在配方中适当增加具有良好混溶性能的 CMC 含量，但用量不宜过多。对烘燥后的浆纱进行后上蜡，应在蜡液中加入润滑剂和抗静电剂，以提高浆膜的平滑性和抗静电性能，使涤/棉纱纱身光滑，毛羽贴伏。

羊毛、蚕丝、锦纶分子中都含有酰胺基，因此以含有酰胺基的动物胶和聚丙烯酰胺作为黏着剂比较适宜。使用动物胶时，应在浆料配方中加入柔软剂和防腐剂。聚丙烯酰胺的吸湿性大，不宜单独使用，可作为黏着剂中一个组分使用。用聚丙烯酰胺对羊毛上浆，为防止羊毛长期放置霉变，配方中应加入防腐剂。

醋酯长丝和涤纶长丝分子中都有酯基，使用含有酯基的部分醇解 PVA、聚丙烯酸酯浆料，能满足长丝上浆所提出的浸透良好、抱合力强、浆膜坚韧的要求，浆料配方中可以酌情加入润滑剂、浸透剂和抗静电剂。

上浆的目的是提高纱线的可织性，在后道印染整理时，一般要求容易除去纱线中的浆料。为此，各种黏着剂和纤维之间是结合相对较弱的氢键、分子间键等连接，而不应当存在稳定的化学键结合，以免影响退浆。

2. 根据纱线的结构参数选择浆料

细特纱具有表面光洁、强力偏低的特点，上浆的重点是浸透增强并兼顾被覆。因此，纱线上浆率比较高，黏着剂可以选用上浆性能较好的合成浆料和变性淀粉，浆料配方中应加入适量浸透剂。粗特纱的强力高，表面毛羽多，上浆是以被覆为主，兼顾浸透，上浆率一般设计得较低。浆料的选择应尽量使纱线毛羽贴伏，表面平滑，纯棉纱一般以淀粉为主。

捻度较大的纱线，其吸浆能力较差，浆料配方中亦可加入适量的浸透剂，以增加浆液的流动能力，改善经纱的浆液浸透程度。

股线一般不需要上浆。有时因工艺流程需要，股线在浆纱机上进行并轴加工。为稳定捻度，使纱线表面毛羽贴伏，可以在并轴的同时让股线上些轻浆或过水。

3. 根据织物结构选择浆料

织物结构因素主要有经、纬纱密度及织物组织。经纱密度高，则经纱之间摩擦及与机件的摩擦作用剧烈；纬纱密度高，则同样长度上的经纱承受织机开口、打纬、引纬等运动的次数增多，即经纱与机件的摩擦及受冲击次数增多。因此，经、纬密度高的织物，其经纱上浆要求高。例如，同为 13tex 涤/棉（65/35）平纹织物，其经、纬紧度属细布类的，一般用 PVA 与变性淀粉混合浆上浆就能满足要求；经、纬紧度属府绸类的，则需要使用 PVA、变性淀粉及聚丙烯酸酯混合浆，才能达到满意的织造效率。

平纹织物的经纬纱交织点最多，经纱运动及受摩擦次数最多，因此对上浆的要求就比斜纹、缎纹组织为高。

4. 根据加工条件选择浆料

织造车间的温湿度条件会直接影响浆料的实际使用。当车间相对湿度较低时，在使用淀粉或动物胶作为主黏着剂的浆料配方中，应加入适量吸湿剂，以免浆膜因脆硬而失去弹性。聚丙烯酸盐是一种较好的化学浆料，在相对湿度较低的环境中，它与淀粉的混合浆是涤/棉纱的良好浆料。但在相对湿度大于70％时，由于这种浆料的吸湿性太强，浆纱将发生严重黏并，甚至无法使用。浆液配方应随气候条件以及车间相对湿度做相应的变动。

5. 根据织物用途选择浆料

浆料的选择还应考虑织物的后处理与用途。若织物以坯布供应市场，则浆料的选择主要考虑坯布的色泽与手感。若织物用于印染加工，则浆料选择不仅要考虑退浆方便，而且要了解织物的整理工序。先烧毛、后退浆的整理工艺，不宜使用氯化锌（防腐剂）、氯化镁（吸湿剂）等辅助材料及 PVA 浆料。因为氯化物遇高温会分解，造成纤维损伤；而 PVA 经烧毛高温处理后，局部过热，易发生脱水固化，溶解性下降，造成退浆困难。

长时间贮存或运输的坯布，浆液中应添加防腐剂。立即供应染整厂进行后整理的坯布，可不用或少用防腐剂。防腐剂的使用量也应根据空气温湿度条件而异。

（二）浆料配比的确定

浆料组分选择之后，就需进一步确定各种组分在浆料中所占有的比例。确定浆料配比主要是优选各种黏着剂成分相对溶剂（通常是水）用量的比例。溶剂外的其他助剂使用量很少，可以在黏着剂用量确定之后，按一定的经验比例，直接根据黏着剂用量计算决定。

目前，受纺织工艺研究水平的限制，还不可能以理论分析的方法精确计算各种黏着剂相对溶剂的最优用量比例，一般都要依靠工艺设计人员丰富的生产经验和反复的工艺试验，才能较好地完成浆料配比的优化工作。常用的试验方法有旋转试验设计法、正交试验设计法等。

四、浆液的调制、质量指标及质量控制

（一）浆液调制

浆液调制是浆纱工程中一项关键性的工作。调浆方法与操作规程主要取决于浆料种类、各成分的配合以及调浆设备等因素。如化学浆料配方简单，各成分都是水溶性或水分散性物质，调浆方法也较简单。淀粉浆、胶类浆以及各种多糖类浆，配方复杂，组分多，有部分材料是非水溶性的，对调浆作业技术要求较高。在调浆过程中，应以一定的浆液调制方法，把浆料调制成适于经纱上浆使用的浆液。

浆液调制需配备专用的调浆设备。调浆设备主要有调浆、输浆、计量、测试的设备和用具。浆液的调和在调浆桶内完成。

浆液的调制方法有定浓法和定积法两种。定浓法一般用于淀粉浆的调制，它通过调整淀粉浆液的浓度来控制浆液中无水淀粉的含量。定积法通常用于合成浆料和变性淀粉浆料的调浆，它以一定体积水中投入规定重量浆料来控制浆料的含量。目前，对淀粉浆也有采取既定浓又定积的调浆方法。

（二）质量指标

浆液质量直接影响上浆效果，因此，必须严格控制浆液质量，配制的浆液应符合下列要求。

(1) 浆液应是均匀的，没有结块、沉淀或上浮物。

(2) 浆液应具有良好的黏附性能，对经纱有好的润湿能力。

(3) 应具有适宜的黏度值，上浆过程中黏度变化应尽可能小。

(4) 浆液对纱线有较好的浸透性。

(5) 浆液浓度、pH 值及上浆温度应符合纱线特性及上浆要求。

(6) 浆液不起泡。

各种浆料的调制方法不同，它们的质量指标也有所差异。浆液的质量指标主要有浆液总固体率、浆液黏度、浆液酸碱度、浆液温度、浆液黏附力几项。

1. 浆液总固体率（又称含固率）

浆液质量检验中，一般以总固体率来衡量各种黏着剂和助剂的干燥重量相对浆液重量的百分比。浆液的总固体率直接决定了浆液的黏度，影响经纱的上浆率。

测定浆液总固体率的方法有烘干法和糖度计（折光仪）检测法。

烘干法是将已知质量的浆液先置于水浴锅中，待蒸去大部分水分之后，再在 105～

110℃的烘箱中烘至恒重，然后放入干燥器内冷却并称重，最后以定义公式计算浆液的总固体率。

糖度计（或折光仪）检测法是基于溶液的折射率与总固体率成一定比例的原理，在糖度计（或折光仪）上测定浆液的折射率，然后换算成浆液的总固体率。

糖度计上读得的数值与浆液的实际总固体率有一定差异。使用它可以在调浆现场做十分简单而又快速的相对测定，但是它只适用于溶液状的浆液（如合成黏着剂、变性黏着剂的水溶液），不适用于淀粉浆液。

2. 浆液黏度

浆液黏度是浆液质量指标中一项十分重要的指标，黏度大小影响上浆率和浆液对纱线的浸透与被覆程度。在整个上浆过程中，浆液的黏度要稳定，它对稳定上浆质量起着关键作用。比如淀粉上浆时，要求在95℃以上高温条件下，2～4h内浆液黏度保持稳定。

影响浆液黏度的主要因素有浆液的温度、浆液的酸碱度、黏着剂相对分子质量及黏着剂分子结构等因素。

3. 浆液酸碱度

浆液酸碱度对浆液黏度、黏附力以及上浆的经纱都有较大影响。棉纱的浆液一般为中性或微碱性，毛纱则适于微酸性或中性浆液，再生丝宜用中性浆，合成纤维不应使用碱性较强的浆液。

浆液酸碱度可以用精密pH试纸及pH计测定。pH计测定结果较为精确，但操作较繁琐，纺织工厂一般不用。

4. 浆液温度

浆液温度也是浆液用于上浆时很重要的一个参数。浆液温度（上浆时的温度）应根据纱线特性、浆料及上浆工艺特点等因素确定。例如黏胶纤维受湿热处理，强力及弹性都会有所损失，浆液温度宜低一些；棉纱及麻纱的表面存在棉蜡及胶质，浆液温度宜高一些，为使淀粉浆充分糊化及不凝胶，浆液温度在上升的历程中，必须超过糊化温度，并在凝胶温度以上使用；为使动物胶不发生热水解及凝胶，使用温度不宜太高或太低，一般在50～80℃。合成浆料的使用温度也不宜太高。就上浆工艺而言，上浆温度升高，分子热运动加剧，可使浆液黏度下降，浸透性增加，表面浆膜较薄；温度降低，则易出现表面上浆。

5. 浆液黏附力

黏附力作为浆液的一项质量指标，综合了浆液对纱线或织物的黏附力和浆膜本身强度两方面的性能，直接反映到上浆后经纱的可织性上。

测定浆液黏附力的方法有粗纱试验法和织物条试验法。

（1）粗纱试验法是将300mm长、一定品种的均匀粗纱条在1%浓度浆液中浸透5min，然后以夹吊方式晾干，在织物强力机上测定其断裂强力，以断裂强力间接地反映浆液黏附力。

（2）织物条试验法是将两块标准规格的织物条试样，在一端以一定面积 A 涂上一定量的浆液后，以一定压力相互加压黏贴，然后烘干冷却并进行织物强力试验，两块织物相互黏贴的部位位于夹钳中央，测黏结处完全拉开时的强力 P。浆液黏附力为强力 P 与面积 A 的比值。

影响浆液黏附力的因素有黏着剂大分子的柔顺性、黏着剂的相对分子质量、被黏物表面状态、黏附层厚度、黏着剂的极性基团等。

（三）质量控制

为控制浆液质量，调浆操作要做到定体积、定浓度、定浆料投放量，以保证浆液中各种浆料的含量符合工艺规定。调浆时还应定投料顺序、定投料温度、定加热调和时间，使各种浆料在最合适的时刻参与混合或参与反应，达到恰当的混合反应效果，并可避免浆料之间不应发生的相互影响。调制过程中要及时进行各项规定的浆液质量指标检验，调制成的浆液应具有一定黏度、温度、酸碱度。

关车时，要合理调度浆液，控制调浆量，尽量减少回浆。回浆中应放入防腐剂并迅速冷却保存。回浆可在调节酸碱度后与新浆混合调制使用，或加热后作为降低浓度的浆直接使用。

第三节　浆纱工艺及质量控制

一、浆纱工艺设定

浆纱工艺设定的任务是根据织物品种、浆料性质、设备条件的不同确定正确的上浆工艺路线。主要内容包括选用浆料，确定浆液配方和调浆方法、浆液浓度、浆液黏度和 pH 值、供浆温度、浆槽浆液温度、浸浆方式、压浆辊加压方式和重量、湿分绞棒根数、烘燥温度、浆纱速度、上浆率、回潮率、总伸长率、墨印长度等工艺参数。

二、浆纱质量控制及检验

浆纱质量直接影响织机的产量与织物的质量，因此对浆纱质量进行控制与及时检验是非常重要的。浆纱质量指标有上浆率、伸长率、回潮率、增强率和减伸率、浆纱耐磨次数和浆纱增磨率、浆纱毛羽指数和毛羽降低率。这些指标中部分为常规检验指标，如上浆率、伸长率、回潮率等。生产中应根据纤维品种、纱线质量、后加工要求等内容，合理选择部分指标，对上浆质量进行检验。

（一）上浆率的控制与检验

上浆率是反映经纱上浆量的指标，经纱上浆率为浆料干重与原纱干重之比，以百分数表示。

1. 上浆率对生产的影响

上浆率偏高，会增加浆料使用成本，虽然浆纱的强力和耐磨性提高了，但浆纱的弹性和伸长率减小了，在织造中断头增多，而且布面粗糙，影响外观效果。上浆率偏低，纱线强力和耐磨性都不足，织造时纱线容易起毛，增加断头，影响生产。

2. 影响上浆率的因素及其控制

（1）浆液的工艺参数。浆液浓度是决定上浆率的最主要因素。在浆液温度不变的条件下，浆液浓度越大，黏度也越大，浆液不易浸入纱线内部，形成以被覆为主的上浆效果，纱线耐磨性增加，但增强率小，落浆率高，织造时容易断头。浆液浓度小时，黏度也小，浆液浸透性好而被覆性差，浆纱耐磨性差，织造时易被刮毛而断头。因此，浆液浓度和黏度与上浆率的高低、浸透与被覆及上浆均匀程度均有密切关系。在浆液浓度相同的情况下，浆液温度低，浆液黏稠，浸透性差，会造成表面上浆。

（2）压浆辊加压强度。压浆辊的加压强度是挤压区内单位面积的平均压力。加压强度对

上浆率有明显影响，在浆液浓度及黏度一定时，加压强度增大，浆液浸透好，被挤压出的浆液也多，因而被覆性差，上浆率偏低；压浆力减小，浸透少而被覆多，表面上浆多，纱线弹性差，上浆率增大，浆纱粗糙，落浆也多，其浆料消耗量大，上浆成本高。

在单浸双压低浓浆液常压（压浆力小于6kN）上浆时，压浆辊加压强度的工艺设计原则为前重后轻。在第一压浆辊重压情况下，纱线获得良好的浸透效果；在第二压浆辊的挤压区内，轻压使液膜较厚，能保证压浆后纱线的合理上浆率及表面浆液的被覆程度。

用于双浸双压中压（压浆力20～40kN）上浆的浆液浓度和黏度较高，相应的压浆辊加压强度工艺设计原则为前轻后重，逐步加压。高浓度条件下，第二压浆辊加压强度较大，使液膜不致过厚，以免上浆过重。

（3）浸没辊直径与位置。浸没辊的直径和位置高低决定了经纱的浸浆长度。浸没辊直径大、位置低，浸浆长度大。反之，浸浆长度小。在其他条件相同的情况下，浸浆长度直接影响上浆率的大小和浆纱质量。如浸浆长度大，浆液浸透条件好，上浆率相对增高。反之，则减小。生产中，一般不采用通过升降浸没辊的方法来调节上浆率。

（4）浸压次数。浸压次数增加，浸浆长度增大，浆液对纱线的浸透程度和纱线上浆率也相应提高。长丝上浆率低，一般采用单浸单压或沾浆方式；短纤纱通常以单浸双压方式上浆，压浆力符合前重后轻的原则，上浆率和浆液对纱线的浸透与被覆比较适当；在中压、高压上浆或对上浆率大、浆液浸透程度要求较高的纱线上浆时，可以采用双浸双压，甚至双浸四压方式，以加强浸压效果。压浆力设计应遵守前轻后重的原则。

（5）浆槽中纱线张力。经纱进入浆液中，张力较大，则浆液不易浸入纱线内部，上浆偏轻，吸浆也不均匀。为了改善这种情况，设置引纱辊积极拖动经纱输入浆槽，以减小纱线进入浆槽的张力，从而稳定经纱在浆槽中的张力。浆槽区的纱线通常为负伸长，使上浆纱线的张力下降，纤维之间的间隙扩大，有利于纱线浸浆和压浆。

（6）压浆辊表面状态。传统的压浆辊表面包覆绒毯（或毛毯）和细布。由于包卷操作不便，易造成包卷质量不稳定，因此逐步被橡胶压浆辊所替代。橡胶压浆辊外层为具有一定硬度的橡胶层，一般第一压浆辊为光面橡胶压浆辊，第二压浆辊为微孔表面橡胶压浆辊。

压浆辊在挤压区入口吐出浆液，而在挤压区出口吸收浆液。光面橡胶压浆辊的吞吐能力相对较弱。压浆辊表面细布的新旧和橡胶压浆辊表面的微孔状况，决定了挤压区进出口处压浆辊的浆液吞吐能力，特别是出口处第二次浆液分配的吸浆能力。因此，压浆辊表面状态对上浆率和浆液被覆与浸透程度起着重要作用。

（7）浆纱机速度。浆纱机速度的快慢直接影响浸浆时间和压浆时间。浆纱速度快，一方面浸浆时间缩短，上浆率降低；另一方面压浆时间缩短，压去的浆液少，被覆性好，上浆率增大。通常后者起主导作用，因此浆纱速度提高时，若其他条件不变，则上浆率提高，浸透差而被覆好。速度慢时，则相反。过快的浆纱速度会引起上浆率过高，形成表面上浆；过慢的速度则引起上浆率过低，纱线轻浆起毛。现代化浆纱机都具有高、低速的压浆辊加压设定功能，高速时压浆辊加压力大，低速时压浆辊加压力小。在速度和压力的综合作用下，液膜厚度和浸透浆量维持不变，上浆率、浆液的浸透和被覆程度基本稳定。

3. 上浆率的检验

生产中，经纱上浆率的测定方法有计算法和退浆法。

（1）计算法求上浆率。将织轴称重，扣除空织轴本身重量后，得到浆纱重量，再按回潮率测试仪测得的浆纱回潮率，计算出浆纱干重G。原纱干重G_0为：

$$G_0 = \frac{m(nL_m + L_s + L_1)Tt}{1000 \times 1000 \times (1 + W_g) \times (1 + C)}$$

式中　W_g——纱线公定回潮率，%；

　　　L_m——浆纱墨印长度，m；

　　　L_s——织轴上机纱长度，m；

　　　L_1——织轴了机纱长度，m；

　　　Tt——纱线线密度，tex；

　　　m——总经根数，根；

　　　n——每轴匹数，匹；

　　　C——浆纱伸长率，%。

则上浆率 J 为：

$$J = \frac{G - G_0}{G_0} \times 100\%$$

（2）退浆法求上浆率。将浆纱纱样烘干后冷却称重，测得浆纱干重 G，然后进行退浆，把纱线上的浆液退净。退浆后的纱样放入烘箱烘干，冷却后称其干重 G_0，最后计算退浆率。退浆率即上浆率。

$$T = \frac{G - \dfrac{G_0}{1-B}}{\dfrac{G_0}{1-B}} \times 100\%$$

式中　T——退浆率；

　　　B——浆纱毛羽损失率。

$$B = \frac{Z_0 - Z}{Z_0} \times 100\%$$

式中　Z_0——试样煮练前干重；

　　　Z——试样煮练后干重。

（二）回潮率的控制与检验

浆纱回潮率是浆纱含水量的质量指标，它反映了浆纱的烘干程度。烘干程度不仅关系到浆纱的能量消耗，而且影响浆膜性质（弹性、柔软性、强度、再黏性等）。浆纱回潮率为浆纱中水分重量与浆纱干重之比，用百分数表示。

试验室里浆纱回潮率和退浆率一起测定。浆纱机烘房前装有回潮率测湿仪，能及时、连续地反映纱片的回潮率。

1. 回潮率对生产的影响

浆纱回潮率过大，会引起浆膜发黏，浆纱易粘连在一起，织造时经纱开口不清，断头增加；浆纱回潮率过小，浆膜粗糙、脆硬，落浆率较大，耐磨性差，浆纱易起毛，增加断头。因此，应保证浆纱回潮率适当，生产中要与织布车间的相对湿度配合好，还应根据季节加以调整。

回潮率的大小取决于纤维种类、经纬密度、上浆率高低和浆料性能等因素，回潮率参考范围见表3-6。回潮率波动范围一般掌握在工艺设定值的 0.5% 为宜。

表 3-6　各种浆纱的回潮率参考数据

纱线品种	棉纱	涤/棉(65/35)	黏纤纱	聚酯纤维(100%)	聚丙烯腈纤维(100%)
回潮率/%	7±0.5	2~3	10±0.5	1.0	2.0

2. 影响回潮率的因素及其控制

(1) 烘燥装置温度。烘燥装置温度高，回潮率就小，应通过调节烘燥装置温度来控制浆纱回潮率。

(2) 浆纱速度。在烘房温度不变的情况下，浆纱速度调快，会造成烘燥时间短而使回潮率变大，反之则小。用改变浆纱速度的办法来调整浆纱回潮率，会影响浆纱的上浆率及浆液的浸透和被覆。新式浆纱机上配备了压浆辊压力随车速变化而自动调节的装置，但没有调压装置的浆纱机，一般不宜用改变车速的办法来调整浆纱回潮率。

(3) 上浆率。上浆率大时，形成的浆膜阻碍水分蒸发，回潮率易偏高，反之则偏低。上浆率不匀，则会造成回潮率不匀。

3. 回潮率的检验

实验室里浆纱回潮率和退浆率一起测定。浆纱机一般采用回潮率测湿仪来测试浆纱回潮率，基本原理是将浆纱湿度变化的物理量转换成可以直接读数的新变量，通常有电阻法、电容法、微波法。

(三) 伸长率的控制与检验

浆纱伸长率反映了浆纱过程中纱线的拉伸情况。拉伸过大时，纱线弹性损失，断裂伸长下降，因此伸长率是一项十分重要的浆纱质量指标。伸长率为浆纱的伸长与原纱长度之比，用百分数表示。

1. 伸长率对生产的影响

经纱在上浆过程中必然会产生一定量的伸长，但伸长率过大会造成经纱弹性损失严重，增加织造断头，伸长率以越小越好。经纱在上浆过程中受到的张力和伸长应控制在适当的范围内，通常纯棉纱和涤/棉纱的上浆伸长率分别控制在1%和0.5%以内，黏纤纱允许有较大的伸长率，但应控制在3.5%以内，这样可避免纱线在织机上松弛，并能使纱线保持足够的弹性。

2. 影响伸长率的因素及其控制

(1) 经轴退绕张力。与其他各区相比，经纱退绕时所受的张力较小，一般通过对经轴的制动来控制，在保证突然停车不松纱的情况下，制动力越小越好。整经时，每千米纱线加放1纸条，经轴退绕时通过调节各轴的制动力，使各轴上相应的纸条同时出现。这样可看出各轴的伸长率是否一致。新式浆纱机在引纱辊到轴架间设有张力自动调节器，使纱片以较恒定的张力进行退绕。

(2) 浸浆张力。经纱在高温高湿的情况下受到张力，会产生较大的塑性伸长，通过加装引纱辊，使经纱在浆槽中呈微小负伸长。两只上浆辊之间，最好具有极微小的负伸长。

(3) 烘燥张力。在保证烘燥的情况下，缩短浆纱在烘房内的长度，减少浆纱的迂回曲折，各导辊灵活并相互平行，烘筒采取积极传动，以尽可能减少浆纱伸长，否则会明显损伤浆纱弹性。

(4) 分纱张力。分纱阶段纱线应具有一定的张力，以利于分纱并减少浆纱断头。

(5) 卷绕张力。为了使织轴紧密、平整，应有一定的张力。其张力值在各区段中为最高，因而伸长也较大。新型浆纱机上设有张力控制器，自动调节卷绕张力。

3. 伸长率的检验

(1) 计算法。计算法根据整经轴纱线长度、织轴纱线长度、回丝长度以及织轴数等参数来计算浆纱伸长率 S。

$$S=\frac{M(nL_m+L_s+L_1)+L_j-(L-L_b)}{L-L_b}\times100\%$$

式中　M——每缸浆轴数；

n——每轴匹数；

L_m——浆纱墨印长度，m；

L_s——织轴上机纱长度，m；

L_1——织轴了机纱长度，m；

L_j——浆回丝长度，m；

L_b——白回丝长度，m；

L——整经轴绕纱长度，m。

(2) 仪器测定法。在浆纱机运转时用伸长率测定仪实际测量。仪器测定法是一种在线测量方法，测量精度比计算法高，而且信息反馈及时，有利于浆纱质量控制。

(四) 增强率和减伸率

增强率和减伸率分别描述了经纱通过上浆后断裂强力增大和断裂伸长率减小的情况。

浆纱增强率（Z）指上浆后单根浆纱的断裂强力比原纱所增加的强度对原纱断裂强力之比的百分率。

$$Z=\frac{Q-Q_0}{Q_0}\times100\%$$

式中　Q——浆纱断裂强力；

Q_0——原纱断裂强力。

增强率和浆液浸透率有密切关系，浸透率增大，增强率就增大。浆纱增强率通常为 $15\%\sim30\%$。

减伸率（S）指上浆后纱线断裂伸长率的减少值对原纱断裂伸长率之比的百分率。

$$S=\frac{\varepsilon_0-\varepsilon_1}{\varepsilon_0}\times100\%$$

式中　ε_1——浆纱断裂伸长率；

ε_0——原纱断裂伸长率。

(五) 耐磨次数和增磨率

耐磨性是纱线质量的综合指标，通过浆纱耐磨试验可以分析和掌握浆液和纱线的黏附能力及浆纱的内在情况，分析断经等原因，为提高浆纱的综合质量提供依据。浆纱耐磨次数直接反映了浆纱的可织性，是一项很受重视的浆纱质量指标。

浆纱耐磨次数在纱线耐磨试验仪上测定，把浆纱固定在浆纱耐磨试验机上或在纱线耐磨仪、纱线抱合力仪等类似设备上测定，根据浆纱的不同粗细施加一定的预张力，记录浆纱磨断时的摩擦次数，并计算50根浆纱耐磨次数的平均值及不匀率，作为浆纱耐磨性能指标。

浆纱后纱线耐磨性能的提高程度，可用浆纱增磨率 Z 表示，按下式计算。

$$Z=\frac{N_1-N_0}{N_0}\times100\%$$

式中　N_1——50 根浆纱平均耐磨次数；

　　　N_0——50 根原纱平均耐磨次数。

（六）毛羽指数及毛羽降低率

浆纱表面毛羽贴伏程度以浆纱毛羽指数和毛羽降低率表示。浆纱表面毛羽贴伏有利于织机开清梭口，特别是梭口高度较小的无梭织机。

毛羽指数指在单位长度纱线的单边上，超过某一投影长度的毛羽累计根数，通常在纱线毛羽测试仪上测定。浆纱毛羽降低率指浆纱后浆纱对原纱毛羽指数的降低值对原纱毛羽指数之比的百分率。对棉纱来说，毛羽长度一般设定为 3mm 以上，10cm 长纱线内单侧长达 3mm 毛羽的根数称为毛羽指数。毛羽降低率 J 按下式计算。

$$J = \frac{M_0 - M_1}{M_0} \times 100\%$$

式中　M_0——原纱单位长度上毛羽长度达 3mm 的毛羽指数平均值；

　　　M_1——浆纱单位长度上毛羽长度达 3mm 的毛羽指数平均值。

毛羽降低率反映了浆纱贴伏毛羽的效果。良好的上浆工艺，可使毛羽降低率在 70% 以上，有的高达 90% 以上。

（七）浆纱关键质量指标的确定

对浆纱的质量指标（也可认为可织性指标）研究随着无梭织机的广泛使用变得日益重要。无梭织机织造工艺普遍采用大张力、小梭口、强打纬、高速度。因此，对原纱和半制品质量有着与有梭织机不同的要求，尤其是浆纱质量，因此浆纱的可织性对无梭织造十分重要。浆纱可织性提高一般从纱线强力增加、伸长保持、毛羽减少和耐磨性提高四方面加以衡量。

增强率和减伸率是目前国内评定可织性的主要指标，也是工厂常规试验项目。但由于经纱在织机上所受的最大张力和断裂伸长远低于经纱自身的断裂强度和断裂伸长。也就是说，织造过程中的断头率与强伸指标的相关性不大。

短纤纱上浆的主要目的是伏贴毛羽。如果毛羽多，会使邻纱之间相互纠缠，造成开口不清，不但增加断头，而且严重影响织物质量。对无梭织机而言，经纱是在高速度大张力下经受摩擦，提高耐磨性能尤为重要。只有减少毛羽，提高耐磨性，才能提高效率。

从织造断头原因与织机效率分析可发现，浆纱的增强、减伸等指标与浆纱的实际织造性能相关性较小。在浆料和配方合理确定后，增强、减伸指标的一般要求均能达到要求。相反，随原纱条件的改善，纱线本身具有较高的强力，而纱线的毛羽和耐磨性能必须加以考虑，增强和减伸指标在一定程度上可用耐磨指标替代。因此，应将浆纱的毛羽和耐磨指标列为评定浆纱质量的重要指标。

（八）织轴卷绕质量指标及检验

1. 墨印长度

浆纱墨印长度 L_m 可用公式计算。

$$L_m = \frac{L_p}{n(1 - a_j)}$$

式中　L_p——织物的公称联匹长度，m；

　　　n——联匹中的匹数；

　　　a_j——考虑了织物加放长度后的经纱缩率（比织物分析的实际缩率略大）。

墨印长度是衡量织轴卷绕长度正确程度的指标。墨印长度可以用手工测长法直接在浆纱机上摘取浆纱测定，也可利用伸长率测定仪的墨印长度测量功能进行测定。

2. 卷绕密度

卷绕密度是织轴卷绕紧密程度的质量指标。织轴的卷绕密度应适当，卷绕密度过大，纱线弹性损失严重；卷绕密度过小，卷绕成形不良，织轴卷装容量过小。生产中以称取纱线质量，测定纱线体积来检测织轴的卷绕密度。

3. 好轴率

好轴率是比较重要的织轴卷绕质量指标，它是指无疵点织轴数在所查织轴总数中占有的比例。

三、浆纱产量与浆纱疵点

(一) 浆纱产量

浆纱的产量以每小时每台机器加工原纱的质量（kg）计，分为理论产量 G_0 和实际产量 G。理论产量的计算公式为：

$$G_0 = \frac{6Mv\text{Tt}}{10^5}$$

式中　M——织轴总经纱根数；

　　　v——浆纱速度，m/min；

　　　Tt——纱线线密度，tex。

浆纱实际产量 G：

$$G = KG_0$$

式中　K——时间效率。

(二) 浆纱疵点

浆纱疵点有很多种类，加工不同纤维产生不同的浆纱疵点。下面仅就具有共同性的一些主要浆纱疵点进行介绍。

1. 上浆不匀

浆液黏度、温度、压浆力、浆纱速度的波动以及浆液起泡等原因，都可造成上浆不匀，严重者形成重浆和轻浆疵点。重浆会削弱经纱的弹性，引起织机上经纱脆断头，布面呈树皮皱状，并且落浆增加。轻浆对生产的危害更大，轻浆起毛使织机上经纱相互粘连断头，生产无法正常进行。

2. 回潮不匀

烘房温度和浆纱速度不稳定是浆纱回潮不匀的主要原因，此外压浆辊两端加压不均匀及压浆辊包卷不平或表面损坏等原因也可能造成浆纱回潮率不匀。浆纱回潮率过大，浆纱耐磨性差，浆膜发黏，纱线易粘连在一起，使织机开口不清，易产生跳花、蛛网等疵布，同时断头也增加，而且纱线易发霉；回潮率过小，则浆膜发脆，浆纱容易发生脆断头，并且浆膜易被刮落，使纱线起毛而断头。

3. 张力不匀

各整经轴退绕张力不匀，各导纱辊或轴不平行、不水平，浆轴卷绕中点不位于机台中心线上等原因都可能造成浆纱张力不匀。张力不匀对织机梭口清晰度、经停机构的工作等都会带来不利影响。反映在织物成品质量上，张力过小者形成经缩疵点，过大者产生吊经疵点。

4. 浆斑

浆液中的浆皮、浆块粘在纱线上经压轧之后会形成分散性块状浆斑。另外停车时间过长，形成周期性横条浆斑。浆液温度过高，沸腾的浆液溅到经压浆之后的纱片上，也会形成浆斑。织机上，浆斑处纱线相互黏结，通过经停片和绞棒时会断头。

5. 倒头、并头、绞头

整经不良，如整经轴倒断头、绞头等，浆纱断头后缠绕导纱部件会产生浆轴倒断头疵点。纱线卷绕过程中改变纱线在伸缩筘中的位置及断头后处理不当、落轴割纱及夹纱操作不当会造成绞头疵点。整经轴浪纱会增加纱线干分绞的困难，从而引起纱线分绞断头，形成并头疵点。穿绞线操作不当，以致纱线未被分开，也是产生并头疵点的主要原因。倒头、并头、绞头对织造的影响很大，给穿筘工作带来困难，在织机上会增加吊经、经缩、断经、边不良等织疵。

6. 松边或叠边

由于浆轴盘片歪斜或伸缩箱位置调节不当，引起一边经纱过多、重叠，另一边过少、稀松，又称软硬边。织造时有嵌边或松边，易断头，影响织物外观。

7. 墨印长度不正确、流印、漏印

测长打印装置工作不正常或调节不当引起的疵点，影响织机上落布工作，会造成长短乱码。

8. 油污

导纱辊轴承处润滑油熔化后粘在纱片上、浆液内油脂乳化不良上浮、清洁工作不当等都是油污疵点的成因。严重的油污疵点要造成织物降等。

四、浆纱工艺实例

现以在贝宁格泽尔浆纱机上，对 JC 9.8tex×9.8tex　598 根/10cm×551 根/10cm　162.5cm 平纹高密府绸的经纱上浆为例进行介绍。采用 PVA 上浆与无 PVA 上浆，浆料配方及工艺配置见表 3-7。

表 3-7　浆纱工艺参数

工艺参数		配方 1(含 PVA)	配方 2(无 PVA)
浆料配方	PVA1799/kg	25	—
	PR-Su/kg	25	37.5
	CPL/kg	25	25
	磷酸酯淀粉/kg	50	50
	CD-PT/kg	5	7
	CD-52/kg	3	4
浆液	浆液含固率/%	13	15.2
	浆槽黏度/s	10.5	8.5
	浆槽温度/℃	95	92
浆纱	压浆力 I/kN	5	5
	压浆力 II/kN	20	22
	浆纱车速/(m/min)	70	70
	上浆率/%	13.0	14.2
	浆纱回潮率/%	7	8.5
	增强率/%	23.5	20
	减伸率/%	16	12.5
	毛羽降低率/%	40	55

细特纱上浆需要较高的上浆率来增加耐磨和伏贴毛羽，而高浓度易导致浆液黏度偏高，浆液流动性变差，不易渗透，易出现并纱现象，致使干分绞困难，故必须选择高浓、低黏、柔韧、延伸性好，且与棉纤维黏着性好的浆料。为此选用了 PR-Su、CP-L 等高性能变性淀粉浆料。这些浆料黏度低、渗透性好，且 PR-Su 和 CP-L 对棉的黏附性及浆膜耐磨性与PVA 相当，但浆膜撕裂强度仅为 PVA 的 $5\% \sim 6\%$，所以浆纱分纱轻快，提高了浆纱的浆膜完整率，降低了再生毛羽，提高了开口清晰度，减少了浆纱并头和倒断头。无 PVA 上浆，浆纱柔韧、滑爽，再生毛羽少，浆膜完整率高，织机好轴率高。

第四节　浆纱综合讨论

一、浆纱过程的自动控制

现代浆纱机将先进的电子技术和结构新颖的各类自控装置结合在一起，将上浆工艺参数自动控制在规定范围内，有效地提高了浆纱质量及浆纱机生产率，减轻了工人的劳动强度。浆纱过程的自动控制主要包括浆纱机上经纱张力、压浆辊压力、浆液温度、浆液液面高度、烘筒及热风温度、浆纱回潮率、上浆率等工艺参数或质量指标的自动控制以及调浆系统的自动控制。

（一）压浆辊压力自动控制

浆纱速度变化时，为维持上浆率不变，压浆辊压力要作相应调整。实现这一功能的自动控制系统分气动和液动两类。

（二）浆液温度自动控制

上浆过程中浆液的温度要恒定，这由浆槽的蒸汽加热浆液温度自动控制系统来保证。

（三）浆液液面高度自动控制

浆槽设溢流孔或溢流板，并设有溢流孔或溢流板高低调节装置。浆槽附设循环浆箱，用浮筒式供浆阀门不断供给循环浆箱浆液，用循环输浆泵把已预热的浆液输至工作浆槽。工作浆槽设溢流孔或溢流板，使浆槽内多余的浆液经溢流孔或溢流板回流到循环浆箱内。

（四）烘筒及热风温度自动控制

烘筒及热风的温度自控原理与浆液温度自控原理基本相同。烘房的热风温度容易测量，控制系统根据当前热风温度和设定温度的差异，调节薄膜阀通往散热器的蒸汽量，控制散热量，使热风温度维持在一定的数值范围之内。

（五）浆纱回潮率自动控制

在浆纱回潮率自动控制系统中，检测回潮率有四种方法，即电阻法、电容法、微波法和红外线法。其中电阻法结构简单可靠，获得广泛应用。

（六）浆纱上浆率的自动控制

生产过程中，一般以浆液浓度、黏度、温度、浆纱机的速度、压浆辊压力、浸没辊位置等因素为检测和控制对象，通过固定或调整这些影响因素来实现浆纱上浆率稳定的目的。可采用 β 射线法、微波测湿法等测试浆纱上浆率。对浆纱上浆率的控制主要通过控制压浆辊压力来实现，亦有采用改变浆槽中浆液浓度和浆液温度的方法。考虑到浆液温度和浓度调整过程中的延时因素，为加快调整速度，可以使用小型浆槽，尽量减少浆槽中的浆液量。

（七）调浆系统的自动控制

调浆自动控制系统可完成自动配料和装料、煮浆时间和煮浆温度控制、搅拌器速度的控制、浆液温度和黏度的连续在线检测、操作流程的控制和显示。

二、长丝上浆

根据合纤长丝的特点，上浆工艺要掌握强集束、求被覆、匀张力、小伸长、保弹性、低回潮率和低上浆率。上浆率应视加工织物品种不同而有所差异，上浆通常采用丙烯酸类共聚浆料。为克服摩擦静电引起丝条松散、织造断头，经丝上浆时采取后上抗静电油或后上抗静电蜡的措施，以增加丝条的吸湿性、导电性和表面光滑程度。用于上浆加工的合纤长丝含油率应控制在 1.5% 以下，含油过高将导致上浆失败。

合纤长丝受热收缩的性能决定了上浆及烘燥的温度不宜过高，特别是异收缩丝，高温烘燥会破坏其异收缩性能。烘燥温度要自动控制，保证用于并轴的各批浆丝收缩程度均匀一致，防止织物产生条影疵点。

低捻长丝（如黏纤丝等）需通过上浆加工提高其织造性能。经丝先由分条整经机制成经轴，再在烘筒式浆丝机上加工成浆轴。经丝有两种上浆方式，如经丝不接触浆液液面，仅在上浆辊和压浆辊之间通过，称为沾浆；如经丝进入浆液液面以下，在上浆辊与压浆辊之间呈"S"形绕过，则称为浸浆。

无捻长丝（如锦纶、涤纶无捻长丝）的捻度极小（0.1～0.2 捻/m），纤维之间集束性很差，而且一般用于高经密织物的织造，为此上浆时要特别加强纤维的集束性，避免长丝相互黏连。通常，无捻长丝的上浆加工采取整浆联合的工艺路线。

三、染浆联合机

靛蓝劳动布（俗称靛蓝牛仔布）的经纱染浆加工工艺路线有以下几种。

分批整经、染浆联合加工；球状整经、绳状经条染色、分纱拉经、上浆；分批整经、经轴染色、上浆；绞纱染色、绞纱上浆、分条整经，即小经小浆工艺流程；松式筒子染色、倒筒、分批整经、上浆，即大经大浆工艺流程。目前，前两种加工流程应用较为广泛。第一种染浆联合机加工的流程短，生产效率高。从产品质量来看，第二种流程由于球经、绳状染色、轴经上浆法的靛蓝染色均匀且稳定，纱束经分纱、拉经、上浆加工后，兼有"混合"的特点。因此，成布横向色差小，外现均匀平整，手感柔软舒适，但此法工艺流程长，设备多，占地大，生产费用高。

靛蓝染浆联合机的工艺流程为在气动张力装置控制下，经纱从经轴上退绕下来，经 1～3 只水洗槽作润湿纱线，清洗棉杂、棉蜡或预染处理。由于靛蓝染液的上染率较低，不易被纤维吸收，因此经预处理后的纱线需通过 4～6 道染槽及透风架的反复浸、轧、氧化，才能获得理想的色泽效果。其中每道加工包括 10～20s 的染液浸渍，压榨力可作无级调节的轧辊轧压，1～1.5min 的空气氧化。染色后的经纱通过 1～2 只水洗槽洗涤，并由烘筒式烘燥装置作染色预烘，使染料进一步固着在纱线上。然后，经纱由单浆槽或双浆槽上浆，经烘筒烘干，在最后卷绕成浆轴之前，经纱绕过补偿储纱梁的导辊，储纱架可以存储 40～120m 经纱，这一措施使更换浆轴时不中断连续的染浆生产过程，防止织物产生"条花"疵点。

提高分批整经的整经轴加工质量，减少倒头、断头、绞头是为了保证染浆联合机能正常运行，不发生停车或减速。这不仅能提高设备的效率，而且有利于克服由停车或车速快慢变化所造成的染色色差。

四、新型浆纱技术

（一）预湿上浆

纱线在进入浆槽前先经过高温预湿处理，洗掉纱线中的棉蜡、糖衣、胶质物等杂质，再经过高压的挤压，将纱线中的大部分水分和空气压出，改善了纱体中水分的分布，可减少纱线吸浆，加强纤维间的抱合，使毛羽贴伏，为均匀纱线上浆，提高纱线质量提供了保证。但预湿上浆也存在两个问题：一是上浆率难以控制；二是调浆困难。在中粗特纱线上浆中应用预退上浆，可以得到减少浆纱毛羽、降低上浆率、节约上浆成本的效果。

（二）溶剂上浆

用溶剂（一般为三氯乙烯、四氯乙烯）溶解浆料（聚苯乙烯浆料）进行上浆，能避免废水处理和环境污染的困扰。由于所采用的溶剂蒸发快，对纱线的浸润性能好，因此浆纱能耗大大降低，浆纱质量有所提高。因溶剂和浆料循环回用，无上浆及退浆的污水，其总的生产成本与传统上浆方法相比有所下降。适用于合成纤维和天然纤维组成的各种纱线。

（三）泡沫上浆

泡沫上浆是以泡沫作为媒介，对经纱进行上浆。浓度较大的浆液在压缩空气作用下，在发泡装置中形成泡沫。由于加入了发泡剂，因此泡沫比较稳定，并达到一定的发泡比率。然后用罗拉刮刀将泡沫均匀地分布到经纱上，经压浆辊轧压后泡沫破裂，浆液对经纱作适度的浸透和被覆。由于浆液浓度大，因而需采用高压压浆。泡沫上浆过程中，浆纱的压出回潮率很低，因而取得了节能、节水、提高车速、降低浆纱毛羽的明显效果。常用的发泡浆料有低黏度级的 PVA、丙烯酸浆料、液态聚酯浆料以及这些浆料的混合浆，它们都是易发泡浆料。

（四）热熔上浆

经纱在整经过程中由涂浆器对其上浆。涂浆器由加热槽辊组成，安装于整经车头与筒子架之间。固体浆块紧贴在槽辊上，并被熔融到槽中，当经纱与槽辊的槽接触时，就把熔融浆施加到经纱上。然后浆液冷却并凝固于纱线表面。省略了调浆、浆槽上浆及烘操等步骤，既缩短了生产流程，又比常规上浆节约能耗；浆纱相对槽辊接触点做同向移动，浆速度高于槽辊表面线速度，由于涂抹作用，浆纱表面毛羽得到贴伏，织造性能得到提高。聚合性热熔浆料容易回收，退浆容易，这种方法适合长丝上浆，可以增加丝的集束性，具有减磨、防静电作用。

（五）冷上浆

在分条整经机的经纱架与卷绕滚筒之间装一套类似于上蜡的简单装置，浆料或处理剂放在槽中，经纱在回转的浸浆辊上拖过，达到吸浆的目的。所用的材料，一般是具有较强黏附力的低熔点（50～75℃）高分子材料。冷上浆方式能节约大量设备投资，也能大幅度降低能量消耗，减少排放物，有利于环境保护。这种上浆方式的关键是需筛选出具有高黏附性的低熔点浆料。它最适于色织和毛纺织行业。

实验一　浆纱设备与主要机构

（一）实验目的

（1）了解浆纱机的工作原理和浆纱的工艺流程。

（2）了解浆纱机的结构和主要部件的作用。

（二）实验材料与设备

（1）实验材料：短纤维纱和长丝。

（2）实验仪器：浆纱机。

（三）实验内容

1. 观察并记录浆纱机上浆的工艺流程

（1）短纤纱浆纱机。

（2）长丝浆丝机。

2. 了解浆纱机的轴架形式和经纱退绕方式

（1）轴架形式。

（2）退绕方式。

3. 了解浆纱机的浆槽结构和浸压方式

（1）浆槽结构。

（2）浸压方式。

4. 了解浆纱机的烘燥方式与烘燥原理

（1）烘燥方式及烘燥原理。

（2）烘房结构。

5. 了解浆纱机车头卷绕装置的结构及其工作原理

（1）干分绞装置。

（2）测长打印装置。

（3）拖引辊与伸缩筘。

（4）浆轴恒张力卷绕装置。

（5）自动上落轴装置。

6. 了解浆纱机的传动系统

7. 了解浆纱机的自动控制系统

实验二　浆液黏度和总固体率的测定分析

（一）实验目的

（1）掌握实验室中浆液的调制方法。

（2）了解浆液黏度和温度、浓度之间的关系。

（3）了解浆液黏度的测定装置、测定方法，掌握测定操作技能。

（4）掌握浆液总固体率的测定方法及测定操作技能。

（二）实验材料与设备

（1）实验材料：短纤维纱和长丝、纯化学浆和淀粉浆。

（2）实验仪器：旋转式黏度计、调浆锅、电动搅拌器、电炉、电子天平、阿贝折光仪、恒温水浴锅、八篮恒温烘箱。

（三）实验内容

1. 制备浆液

按照调浆配方在调浆锅中加入一定量的黏着剂和溶剂（水），开启搅拌机，开启电炉，在升温和搅拌条件下使黏着剂逐步溶解或分散，浆液达到规定的调浆温度，完成浆液制备工作之后，浆液保温到测定温度。

2. 测定浆液黏度

（1）调节黏度计水浴温度到规定的测定温度。

（2）右手按下电动机控制按钮，电动机启动，调节仪器零位，再次按下电动机控制按钮，电动机关闭。

（3）根据浆液黏度选择适当的转动柱体，将它吊在圆柱形容器中，迅速倒入待测浆液。

（4）右手按下电动机控制按钮，待转动体旋转平稳、指针稳定时，读取所示数字。

（5）将所读数字乘以转动柱体的倍数得测定值，再计算浆液的绝对黏度。

3. 用烘干法分别测定纯化学浆和淀粉浆的总固体率

（1）用电子天平称取蒸发皿质量。

（2）用电子天平称取（蒸发皿中）新鲜浆液约25g（精确到0.01g）。

（3）将蒸发皿置于沸水浴上，待蒸发掉浆液中大部分水分后移入恒温烘箱，在105～110℃下烘干，取出后放入干燥器内冷却至室温。

（4）用分析天平称取蒸发皿及剩余干浆料的质量。

（5）计算总固体率。

4. 用阿贝折光仪分别测定这两种浆液的总固体率

（1）滴加数滴浆液于阿贝折光仪辅助棱镜的毛镜面上，闭合辅助棱镜，旋紧锁钮，转动手柄进行调节，从读数望远镜中读出标尺上相应的折光率示值，重复测定3次，取其平均值，计算总固体率。

（2）采用上述实验步骤分别对两种浆液进行测定。

（四）实验记录

1. 实验条件

黏着剂：＿＿＿＿＿＿＿＿＿＿＿＿＿＿＿＿＿＿。

纯化学浆的浆液配方：＿＿＿＿＿＿；配方总固体率：＿＿＿＿＿＿＿。

淀粉浆的浆液配方：＿＿＿＿＿＿；配方总固体率：＿＿＿＿＿＿。

2. 测试数据记录及计算

将实验测试的数据记录在表3-8～表3-10中。

表3-8 当浆液总固体率不变时，温度对黏度的影响

温度/℃	30	40	50	60	70	80	90
黏度计读数							
黏度							

表3-9 当浆液温度不变时，总固体率对黏度的影响

总固体率/%						
黏度计读数						
黏度						

表3-10 浆液总固体率

浆液	浆液重/g	烘前重/g	烘后重/g	总固体率/%（烘干法）	折光率	总固体率/%（阿贝折光仪法）
纯化学浆						
淀粉浆						

思考题 ▶▶

1. 上浆的目的与工艺要求是什么？

2. 如何理解对浆纱的增强、耐磨和保伸？

3. 黏着剂的概念与分类是什么？目前常用的黏着剂有哪几类？

4. 试述淀粉浆料的主要性质。

5. 黏度和黏附性的基本概念与区别是什么？

6. 直链淀粉和支链淀粉的概念及性质上的区别是什么？

7. 为什么淀粉浆必须用高温上浆？

8. 淀粉上浆时应注意哪些问题？它适用于哪些纤维的上浆？

9. 常见的变性淀粉有哪些？试述酸解淀粉、氧化淀粉、酯化淀粉、醚化淀粉、接枝淀粉的上浆性能。

10. 试述CMC浆料的上浆性能。

11. 简述完全醇解PVA和部分醇解PVA在上浆工艺性能上有何不同？

12. 常用的丙烯酸类浆料有哪些？上浆性能如何？

13. 黏着剂的概念、分类与作用是什么？

14. 浆料配方的依据是什么？

15. 浆液的质量指标有哪些？其质量如何控制？

16. 试述浆纱上浆率大小对织造生产的影响、影响上浆率的因素、调节上浆率的方法。

17. 试述浆纱回潮率大小对织造生产的影响、影响回潮率的因素、调节回潮率的方法。

18. 试述浆纱伸长率大小对织造生产的影响、影响伸长率的因素、调节伸长率的方法。

19. 浆纱干分绞的作用及方法是什么？

20. 对浆纱主传动的要求是什么？

21. 经轴架的作用是什么？对其有何要求？

22. 经轴架的排列方式和退绕方法是什么？

23. 浸没辊、上浆辊、压浆辊有何作用？浸没辊位置的高低对浆纱性能有什么影响？

24. 各种浸压方式有何区别？

25. 加压强度配置对浆纱性能有何影响？

26. 湿分绞棒的作用及要求是什么？

27. 对浆纱织轴卷绕有什么要求？织轴卷绕有哪些主要方式？

28. 浆纱烘燥方式的分类与特点是什么？

29. 烘燥装置分类与特点是什么？

30. 新型上浆技术有哪些？

31. 浆纱过程自动控制有哪些方法？

32. 制订浆纱工艺的主要原则是什么？浆纱工艺调节或设定的主要内容是什么？

第四章

穿结经

穿结经是穿经和结经的统称，它的任务是把织轴上的经纱按织物上机图的规定，依次穿过经停片、综丝和钢筘。穿结经是织前经纱准备的最后一个工序。

穿结经是一项十分细致的工作，任何错穿（结）、漏穿（结）都直接影响织造工作的顺利进行，会增加停机时间并产生织物外观疵点。除少数经纱密度大、线密度小、织物组织比较复杂的织物还保留手工穿结经外，现代纺织厂大都采用机械或半机械穿结经，以减轻工人劳动强度，提高劳动生产率。

第一节　穿结经方法

一、半自动穿经和自动穿经

1. 半自动穿经

半自动穿经是用半自动穿经机械和手工操作配合完成穿经的，它以自动分经纱、自动分经停片和电磁插筘动作部分代替手工操作，从而减轻了工人的劳动强度，提高了生产效率，使每人每小时穿经数达到 1500～2000 根。目前，半自动穿经的方法应用最广。

2. 自动穿经

自动穿经是用全自动穿经机完成穿经工作。全自动穿经机有主机固定而纱架移动和主机移动而纱架固定两大类型。两种类型的机械都包括传动系统、前进机构、分纱机构、分（经停）片机构、分综（丝）机构、穿引机构、钩纱机构及插筘机构等机构。全自动穿经机极大地减轻了工人的劳动强度，操作工只需监视机器的运行状态，做必要的调整、维修以及上下机的操作。但是，目前自动穿经机还只适用于八页综以内的简单组织的织物，并且机器价格昂贵，因而国内纺织厂使用较少。

二、结经与分经

将了机织轴上的经纱与新织轴上的经纱逐根一一打结连接，然后拉动了机织轴的经纱把新织轴的经纱依次穿入经停片、综眼和钢筘，完成穿经工作，这种穿经方式称为结经。

结经有手工结经和结经机结经两种。手工结经完全由工人手工拾取经纱，然后逐一打结，劳动生产率低，只在少数丝织厂和麻织厂使用。

自动结经机有固定式和活动式两种。固定式自动结经机在穿经车间工作，活动式自动结经机可以移动到织机机后操作，直接在机上结经。两种结经机的机头结构都较复杂，都由挑纱机构、聚纱机构、打结机构、前进机构和传动机构五个主要部分组成。

由于结经方式利用了机经纱来引导新织轴经纱，所以效率较高。但如果是一个新的品种上机织造，或者了机织机的经停片、综丝、钢箍需保养维修或更换时，就不能采用结经方式。

在单轴上浆、并轴后形成的长丝织轴上，由于长丝容易产生错位，因而在穿经前还必须由分经机对其进行分经。分经就是把片经纱逐根分离成上下层，在两层间穿入分绞线，分绞线严格确定了经纱的排列次序，这十分有利于穿结经。在织机上，挡车工根据绞线也能方便且正确地确定断经的位置，顺利完成断经接头和穿综、穿箍工作。

第二节　经停片、综框、综丝和钢箍

一、经停片

经停片是织机经停装置的断经感知件，织机上的每根经纱都穿入一片经停片。当经纱断头时，经停片依靠自重落下，通过机械或电气装置，使织机迅速停车。

经停片由钢片冲压而成，外形如图 4-1 所示。

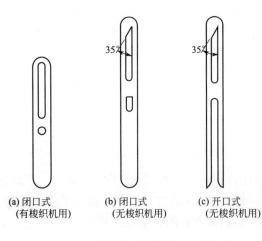

图 4-1　经停片

图 4-1(a) 是有梭织机使用的机械式经停装置的经停片，图 4-1(b)、(c) 是无梭织机使用的电气式经停装置的经停片。经停片有开口式和闭口式两种。图 4-1(a)、(b) 是闭口式经停片，经纱穿在经停片中部的圆孔内。图 4-1(c) 是开口式经停片，经停片在经纱上机时插放到经纱上，使用比较方便。大批量生产的织物品种一般用闭口式经停片，品种经常翻改的织物采用开口式经停片。

经停片的尺寸、形式和重量与纤维种类、纱线线密度、织机形式、织机车速等因素有关。一般纱线线密度大、车速高，选用较重的经停片。毛织用经停片较重，丝织用经停片较轻。纱线线密度与经停片重量的关系见表 4-1。

表 4-1　纱线线密度与经停片重量的关系

纱线线密度/tex	<9	9~14	14~20	20~25	25~32	32~58	58~96	96~136	136~176	>176
经停片重量/g	<1	1~1.5	1.5~2	2~2.5	2.5~3	3~4	4~6	6~10	10~14	14~17.5

每根经停杆上的经停片密度（片/cm）可用下式计算。

$$P = \frac{M}{m(B+1)}$$

式中　M——织轴上经纱总根数；

m——经停片杆的排数（通常为 4 排或 6 排）；

B——综框的上机宽度，cm。

无梭织机上，每根经停片杆上的经停片最大允许密度与经停片厚度的关系见表 4-2。

表 4-2　经停片最大允许密度与经停片厚度的关系

经停片厚度/mm	0.15	0.2	0.3	0.4	0.5	0.65	0.8	1.0
经停片最大允许密度/(片/cm)	23	20	14	10	7	4	3	2

二、综框

综框是织机开口机构的重要组成部分。综框的升降带动经纱上下运动形成梭口，纬纱引入梭口后，与经纱交织成织物。常见的综框有木综框和金属综框。无梭织机使用的一种金属综框的结构如图 4-2 所示。

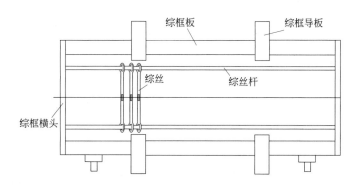

图 4-2　综框结构示意图

有梭织机综框有单列式和复列式两种。单列式每页综框只挂一列综丝；复列式每页综框挂 2~4 列综丝，用于织制高经密织物，如丝织生产常用 2 列综丝的复列式综框。无梭织机基本都是单列式。

三、综丝

综丝主要有钢丝综和钢片综两种。

有梭织机通常使用钢丝综，无梭织机都使用钢片综。钢丝综由两根细钢丝焊合而成，两端呈环形，称为综耳，中间有综眼（综眼有椭圆形、六边形等多边形状），经纱就穿在综眼里。为了减少综眼与经纱的摩擦，且便于穿经，综眼所在平面和综耳所在平面有 45°夹角。

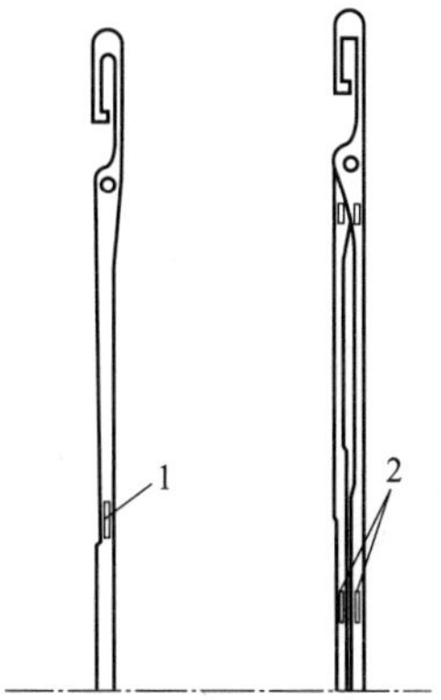

无梭织机使用的钢片综如图 4-3 所示，它有单眼式和复眼式两种，复眼式钢片综的作用类似于复列式综框。钢片综由薄钢片制成，比钢丝综耐用，综眼形状为四角圆滑过渡的长方形，对经纱的磨损

图 4-3　钢片综
1—单眼；2—复眼

较小。综眼及综眼附近的部位，每次开口都要和经纱摩擦，因而这个部位是否光滑是综丝质量高低的重要标志。

综丝的规格主要有长度和直径。综丝的直径取决于经纱的粗细，经纱细，综丝直径小。综丝的长度可根据织物种类及开口大小选择，棉织综丝长度可用下式计算。

$$L = 2.7H + e$$

式中　L——综丝长度，mm；

　　　H——后综的梭口高度，mm；

　　　e——综眼长度，mm。

丝织、绢织综丝长度通常为 330mm。

综丝在综丝杆上的排列密度不可超过允许范围，否则会加剧综丝对经纱的摩擦，从而增加断头。为了降低综丝密度，可增加综框数目或采用复列式综框。

棉织综丝使用密度见表 4-3。

表 4-3　棉织综丝密度与纱线线密度的关系

棉纱线密度/tex	36～19	19～14.5	14.5～7
综丝密度/(根/cm)	4～10	10～12	12～14

四、钢筘

钢筘由特制的直钢片排列而成，这些直钢片称筘齿，筘齿之间有间隙供经纱通过。钢筘的作用是确定经纱的分布密度和织物幅宽，打纬时把梭口里的纬纱打向织口。在有梭织机上，钢筘和走梭板组成了梭子飞行的通道。喷气织机上采用异形钢筘，这种筘能起到减少气流扩散和纬纱通道的作用。

1. 钢筘的分类

从外形上看，钢筘分为普通筘和异形筘（又称槽形筘），如图 4-4 所示，前者使用广泛，异形筘仅在喷气织机上使用。从制作方式看，钢筘又可分为胶合筘和焊接筘。

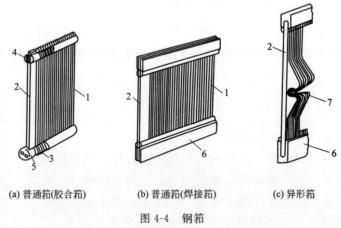

(a) 普通筘(胶合筘)　　(b) 普通筘(焊接筘)　　(c) 异形筘

图 4-4　钢筘

1—筘片；2—筘边；3—扎筘线；4—扎筘木条；5—筘帽；6—筘梁；7—异形筘片

图 4-4(a) 所示为胶合筘，它用胶合剂和扎筘线 3 把筘片 1 固定在扎筘木条 4 上，筘的两边用筘边 2 和筘帽 5 固定。图 4-4(b) 所示为焊接筘，它全部由金属构成，筘片 1 用钢丝扎绕后用锡铅焊料焊牢在筘梁 6 上，两边同样用筘边 2 固定。图 4-4(c) 所示为异形筘。

2. 筘号

钢筘的主要规格就是筘齿密度，称为筘号。筘号有公制和英制两种，公制筘号是指 10cm 钢筘长度内的筘齿数，英制筘号是 2 英寸钢筘长度内的筘齿数。

公制筘号可按下式计算。

$$N = \frac{P_{\mathrm{j}} \times (1 - a_{\mathrm{w}})}{b}$$

式中　　N——公制筘号；

　　　　P_{j}——经纱密度，根/10cm；

　　　　a_{w}——纬纱缩率；

　　　　b——每筘齿中穿入的经纱根数。

　　经纱在每筘齿中的穿入数与布面丰满程度、经纱断头率等因素有密切关系，高经密织物受到的影响更大。一般织造平纹织物，每筘齿穿 2～4 根经纱；斜纹、缎纹织物可根据经纱循环数合理确定，如三枚斜纹每筘齿穿 3 根，四枚斜纹每筘齿穿 4 根。每筘齿中穿入经纱数少，织物外观匀整，但必然采用较大的筘号，从而筘齿密，经纱可能因为摩擦而断头。有些工厂试用双层筘织制高经密织物，较好地解决了这一问题。双层筘经纱的穿法如图4-5 所示。

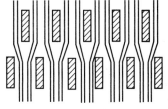

图 4-5　双层筘经纱的穿法

　　钢筘两端部分的筘齿称为边筘，边筘的密度有时与中间的密度不同。边经纱穿入边筘，其穿入数要结合边组织来考虑，一般为地经纱穿入数的倍数。

　　3. 筘齿厚度及宽度

　　用作筘齿的直钢片应富有弹性，无棱角，光滑平整。筘齿厚度随筘号而定，筘号大、筘齿密，则厚度小，反之则厚度大。筘齿宽度，棉织生产中通常有 2.5mm 和 2.7mm 两种，丝织生产中常用 2.0mm，无梭织机使用的筘齿宽度通常为 4.0mm。

思考题 ▶▶

　　1. 穿经的目的和要求是什么？

　　2. 穿经的方法有哪些？试比较它们的优缺点。

　　3. 什么是公制筘号？什么是英制筘号？怎么计算？

第五章
纬纱准备

经过加捻的纱线，在纱线张力较小或自由状态下，纱线会发生退捻、扭曲。为防止出现这种现象，使后道加工顺利进行，必要时以定捻加工来稳定这些纱线的捻度。

在有梭织机上，卷纬形式为管纱（俗称纡子），它可以分为直接纬和间接纬两种。在细纱机上直接将纬纱卷绕成管纱，称直接纬。将细纱机落下来的管纱经络筒，再通过卷纬加工卷绕成管纱，称为间接纬。间接纬加工成本高，但管纱质量高，纬纱疵点少，因而丝织、毛织和高档棉织的有梭织机生产都采用间接纬。在无梭织机上，不需要卷纬，而是用大卷装的筒子纬纱直接参与织造。

第一节　纬纱定捻

根据不同纤维原料、不同捻度，纱线定捻可采用不同的方式。纱线定捻是利用纤维具有的松弛特性和应力弛缓过程，把纤维的急弹性变形转化成缓弹性变形，而纤维总的变形不变。通过加热或加湿，可以使这种应力弛缓过程加速，在较短的时间内完成定捻。

一、自然定捻

自然定捻就是把加捻后的纱线在常温常湿下放置一段时间，纤维内部的大分子相互滑移错位，纤维内应力逐渐减小，从而使捻度稳定。自然定捻方式适用于捻度较小的纱线，比如1000 捻/m 以下的再生丝在常态下放置 3～10 天，就能达到定捻目的。

二、加热定捻

加热定捻即把需定捻的纱线置于烘房中，通过热交换器（用蒸汽或电热丝）或远红外线，使纤维吸收热量温度升高，分子链节的振动加剧，分子动能增加，使线型大分子相互作用减弱，无定捻区中的分子重新排列，纤维的弛缓过程加速，从而使捻度暂时稳定。

由于合成纤维具有独特的热性质，因而定捻必须控制在玻璃化温度之上、软化点温度之下进行，否则达不到定捻目的。

加热定捻适用于中低捻度的再生丝，一般温度在 40～60℃，时间为 16～24h。目前利用烘房热定捻的日趋减少，通常是用定捻箱热定捻。

三、给湿定捻

给湿定捻是使水分子渗入到纤维长链分子之间，增大彼此之间的距离，从而使大分子链段的移动相对比较容易，加速弛缓过程的进行。纱线给湿后的回潮率要控制适当，通常棉纱回潮率控制在8%～9%为宜。

纱线给湿定捻有如下两种方式。

1. 喷雾法

棉织生产采用喷雾法时，纱线室内的相对湿度保持在80%～85%，纱线存放12～24h后取出使用。存放24h之后，纤子表面的回潮率可提高2%～3%。

2. 给湿间给湿

丝织生产中，低捻度的天然丝线在相对湿度90%～95%的给湿间内存放2～3天，也可得到较好的定捻效果。若原料为低捻再生丝，则相对湿度控制在80%左右。

四、热湿定捻

根据定捻原理，加捻后的纱线在热湿的共同作用下，定捻速度大大加快。另外，随着纱线卷装的增大，纱层的卷绕堆积厚度增加，很可能产生内外层纱线受到热湿空气作用时间差异变大，从而带来定捻的差异。为了解决这个问题，可以采用如图5-1所示的热定捻箱定捻。

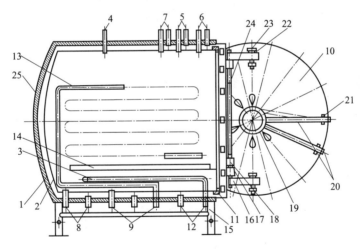

图 5-1　热定捻箱

1、2—箱体的外筒和内筒；3—O形管；4—接真空泵阀；5—接温度计；6—接压力表；
7—接安全阀；8—接排水阀；9—接疏水器；10—箱盖；11—盘根；12—进汽管；
13—加热管；14—导轨；15—座架；16—回转托架；17—挡卷；18—轴承；19—手轮；
20—压紧方钢；21—固定扣；22—轴承；23—回转蜗杆；24—回转轴；25—保温层

热定捻箱大多为卧式圆筒形，它由两只钢板圆筒套合而成夹层圆筒，待定捻纱线放置在内圆筒里。从设备构成可以看出，这种定捻设备可以有如下几种定捻方式。

1. 热湿定捻

高温蒸汽可同时进入内筒和外筒，使待定捻纱线和蒸汽直接接触，吸收到水分和热量。

2. 真空定捻

为了加快高温蒸汽渗透到纱线内层的速度，可以用真空泵先把筒内空气抽出，产生负

压。然后再进高温蒸汽。

3. 干热定捻

高温蒸汽进入外筒和内筒的加热器。这样待定捻纱线仅得到热量而没有水分。这种方法主要用于再生丝定捻。

用热定捻箱定捻时，一定要先对定捻箱预热，一般温度达到 40℃后再放入待定捻纱线。其次，排水阀工作状态应良好，能及时排出冷凝水，否则冷凝水可能使纱线产生水迹。

第二节 卷 纬

卷纬是把筒子卷装的纱线卷绕成符合有梭织造要求并适合梭子形状的纡子，它是在卷纬机上进行的。

有梭织机的补纬方式有手工换梭、自动换梭（自动换纡）。纡管的形式不但和补纬方式有关，还和卷绕的原料有关。图 5-2 所示是几种常见的纡管，纡管的管身上有深浅、疏密不等的槽纹线，分别用于不同的纱线。如表面没有槽纹或槽纹浅而疏，适用于纤细长丝。图 5-2(d) 所示为半空心纡管，常用于粗纺毛纱的卷装。在黄麻织机上，为增加纡子容纱量，采用无纡管的纡子。纡管的材料常用木材、塑料或纸粕。

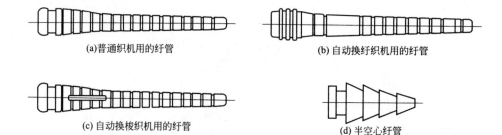

(a)普通织机用的纡管　　　　　　　　　(b)自动换纡织机用的纡管

(c)自动换梭织机用的纡管　　　　　　　(d) 半空心纡管

图 5-2　几种不同的纡管

一、卷纬成形与工艺要求

纡子卷绕成形由纡管的旋转、导纱器（或纡管）的往复和级升三个基本运动来完成。部分卷纬机还采用差微卷绕的方式防止纱圈重叠。

织造时，纡子上的纬纱被高速牵引退解，要保证退解顺利，且张力波动小，必须满足如下工艺要求。

1. 纡子成形良好

纡子成形良好要求纡子表面平整，无重叠，纡子的直径大小适中，纱线易退解、不脱圈。

2. 纡子卷绕张力均匀合理

纬纱卷绕张力既和筒子退解时的张力有关，也和卷纬时的纱线张力有关。通过张力器来调节纱线卷绕张力，可使纡子张力适当、均匀，获得适当的卷绕密度，保证纡子的容纱量，也不损伤纱线的物理机械性能。

3. 有合理的备纱卷绕长度

在自动补纬织机上，从探纬部件探测到纬纱用完，换梭或换纡，到执行机构完成补纬动作，需要织机2~3转的时间，不同的探纬方式所需时间不等，为了防止产生缺纬疵点，纡子底部一般应绕有3纬左右的纬纱备纱。

另外，纡子是在梭子中退解的，因此选用纡管时应和梭子内腔匹配。纡管太短，纡子太细，则容纱量少，会增加换纬次数和回丝；纡管太长，纡子太粗，则纬纱退解困难，甚至会断头。

二、卷纬机械

卷纬机分为卧锭式和竖锭式两类。卧锭式卷纬机锭子的工作位置呈水平状态；竖锭式卷纬机锭子的工作位置呈竖直状态。

1. 卧锭式卷纬机

目前常用的卧锭式自动卷纬机的工艺流程如图5-3所示。纬纱2从筒子1上退解下来，经导纱眼3、张力装置4、断头自停探测杆5上的导纱磁眼6引入导纱器7的导纱钩8上。纡管9夹持在主动锭杆10和被动锭杆11之间。导纱器引导纱线完成往复导纱和级升运动，主动锭杆旋转完成纡子的卷绕运动。三种运动协同进行，实现纡子卷绕成形。

2. 竖锭式卷纬机

竖锭式卷纬机结构与细纱机接近，其工艺流程如图5-4所示。筒子2安放在纱架3上，纱线1从筒子2上退绕下来，经导纱钩4、导纱棒5、导纱钩6、张力器7和8及导纱杆9，穿入随导纱板11一起作升降运动的导纱钩10中。然后卷绕到由锭子12带动的纡管13上。导纱板产生导纱和级升运动，锭子作旋转卷绕运动。

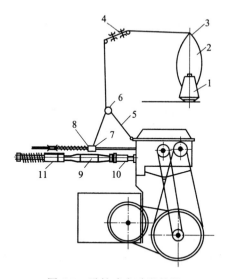

图 5-3　卧锭式自动卷纬机

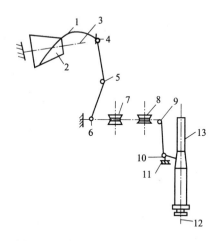

图 5-4　竖锭式卷纬机工艺流程示意图

思考题 ▶▶

1. 纱线定捻的目的是什么？其方法有哪些？各有什么特点？

2. 直接纬与间接纬的区别是什么？

3. 为什么有梭织机纬纱要经过卷纬加工？主要卷纬机械有哪几种？

第六章

并 捻

　　并捻是将两根或多根细纱并合加捻成股线的加工过程，它是机织物成型过程中的经纬纱准备工序之一。股线的并合根数、颜色和捻度是在织物设计时确定的，两根细纱并捻成的线称为双股线，花式捻线大多由三根纱线并捻而成。股线的捻度比较小或并合根数比较少时，可用并捻联合机一次加工完成并合和加捻两道工序；若捻度比较大，往往由并线工序和捻线工序分别完成，这样有利于提高股线质量和加工效率。

第一节　股　　　线

　　为了使股线捻度稳定，抱合良好，股线加工时的捻向与原有纱线的捻度方向相反。如单纱为 Z 捻，则第一次并捻时往往加 S 捻，如无特殊要求，第二次并捻加 Z 捻。

一、并捻设备

　　并捻设备是将两根或多根单纱并合后加捻的设备，是制线行业和棉纱行业的前道设备。

并捻机也是包覆丝机的前道设备，可把不同规格的原料筒子络绕，再多股并入捻合成包覆丝机上用的平行筒子，能减少包覆丝机的断头，以提高效率。

　　1. 并捻机

　　棉型股线和合股花式线都可在并捻联合机上加工而成，其工艺流程如图 6-1 所示，在纱架 1 的筒管插锭 2 上，插有并纱筒子 3，并纱从筒子上引出，经过断头自停装置 15、水流槽 16 中的玻璃杆 4 的横动导杆 5，绕过下罗拉 6 和上罗拉 7，然后经导纱钩 8、平面式钢领 9 上的钢丝圈 10 而绕上线管 11。当钢丝圈被并纱拖着随线管回转时，就使并纱加捻成捻线。锭子 12 的回转由滚筒 13 和锭带 14 传动。

　　并捻加工是由多根纱并和成一根股纱，因而必须有断头自停装置，而且必须正确灵敏，有一根单纱断头能立即停止卷曲，以免并合根数已减少的股线被卷绕到筒子上，造成返

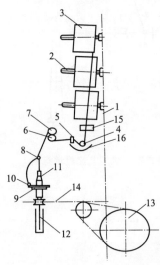

图 6-1　一般并捻机的工艺流程

工或疵品。在丝织行业中，并合工序分有捻并和无捻并两种。加工的股线捻度较大时，可采

用无捻并合，然后加捻。这样虽分两道工序加工，但捻丝锭速较高，因而产生效率高。如果股线的捻度在 800 捻/m 以下，则可以在有捻并设备上一次加工完成。

2. 捻线机

捻线机纺制捻线有干法和湿法两种，干法就是水槽中不盛水，并纱在不加湿的情况下纺制成捻线。湿法就是水槽中盛有水，因玻璃杆在水中，故并纱绕过玻璃杆后纱身亦湿润，湿润的细纱可使毛茸伏贴纱身，若为棉捻线则强力略有提高。采用湿法捻线时，卷装易被沾污，故除有特殊要求者外，纺织厂多采用干法生产捻线。

图 6-2 所示为捻丝机工艺流程示意图。丝线自高速回转的并（络）丝筒子 1 上退出，经过衬锭 2、导丝钩 3 和导丝器 4 卷到有边的捻丝筒子 5 上，有边筒子由软木滚筒 6 摩擦传动。

与图 6-1 所示的并捻机相比，有两点差别非常明显：一是捻丝机退绕筒子安放在下方高速回转的锭子上，退绕丝线从下向上运动；二是卷取筒子采用摩擦传动，使丝线卷取线速度不随卷取直径的变大而增大，从而能保证捻度不变。

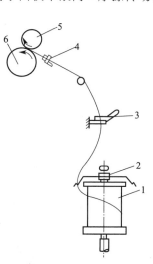

目前捻丝机锭子的回转运动使用两种方式传动。在老式的捻丝机上采用锭盘传动锭子，每个锭盘仅传动两个锭子，因而同一机台上锭子的速度差异比较大，造成被动加捻丝线的捻度差异大。另一种是采用锭带传动，同一机台上所有锭子分成四个区域，由四根锭带分别传动。这样，锭子间锭速差异减少，从而捻度不匀率也有较大下降。

通常情况下，加工长丝、短纤、真丝、合纤等不同原料，需用不同的捻线机，因为现有捻线设备的专用性较强，通用性不够，这类设备在品种翻改快、加工批量小的情况下，就可能带来设备数量不足或过剩。现在开发的新型捻线机，能适应不同原料、不同捻度、不同粗细纱线的加工，其有如下特点。

图 6-2　捻丝机工艺
流程示意图

（1）同一机台上可加工不同原料，如长丝、短纤或者棉、毛、合纤等，也可以加捻单根丝、合股线（最多六根）。

（2）因为机器上每个加工部位都完全独立，同一机台上可加工不同捻度要求的产品，因而能提高设备的使用效率。

（3）可以加工花式纱线。

（4）通过计算机控制的工艺参数监控系统，新品研发的工艺可以在同样设备上复制。

3. 倍捻机

倍捻机指锭子（杆）每一回转能在纱线上加上两个回捻。倍捻加捻是由于在两个固定端之间加上了一个加捻盘，加捻盘的转动既实现了一段纱线的自转加捻，又实现了另一段纱线上的公转加捻。自转加捻与公转加捻叠加产生了一根纱线上的倍捻。主要品牌有日发、泰坦、苏拉·福克曼（德国）、萨维奥（意大利）。

（1）倍捻机的组成。倍捻机主要由动力部分、倍捻单元和传动部分组成。

① 动力部分主要包括电动机、电器控制箱、指示器和操作面板。

② 倍捻单元主要包括锭子制动装置、倍捻机锭子部分、纱线卷统装置、倍捻单元的特殊装置等机构。

（2）主要机件的形状、结构和作用。

① 锭子制动装置：主要包括锭子传动带和皮带轮、制动踏板。

② 倍捻机锭子部分：主要包括可储纱和导向的锭盘、锭罐、纱线张力装置、退纱器、气圈罩、分离器、导纱钩和断纱停机落钩等。

③ 纱线卷绕装置：包括倾斜罗拉、超喂罗拉、储纱装置、横向导纱钩、筒子、升降筒子架和筒管盘。

（3）倍捻机的加捻原理。锭子为立式的倍捻捻线机的加捻原理如图 6-3 所示。需加捻的合股线（丝）1 从静止的供纱（丝）筒子 2 上退解下来，从顶端进入空心锭杆 3，然后从底部的储纱盘 4 上的边孔出来。锭杆转一周，纱线在这里被加上一个捻回（图中 A 段）。纱线从储纱盘出来后，向上经过导纱（丝）钩 5 被引离加捻区域。由于储纱盘的回转作用，这里的纱线又被加上一个捻回（图中 B 段）。锭杆、储纱盘一起同速转动，所以锭子转一转，纱线被加上了同捻向的两个捻回。从以上所述可知，被加捻纱线的加捻点在底部，两个握持点（导纱钩，空心锭杆顶部）在加捻点的上方（一侧），并且离开储纱盘后纱线所形成的盘圈包围住了空心锭杆顶部这个握住点，只有这样才能形成倍捻。

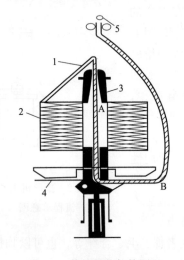

图 6-3　倍捻机的加捻原理

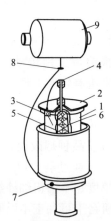

图 6-4　倍捻锭子的结构示意图

1—供纱（丝）筒子；2—衬锭；3—衬锭脚；

4—空心锭杆；5—进纱管；6—钢珠；7—储纱盘；

8—导纱（丝）钩；9—卷取筒子

（4）倍捻锭子的结构。倍捻锭子的结构如图 6-4 所示，纱线从储纱盘边孔出来后，并不是马上就被引离向上，而是在储纱盘上绕一段长度，该段纱线长度所对的储纱盘的圆心角称为出丝角。空心锭杆的内部是张力调节装置，可以在里面放置钢珠或塑料珠，通过选择不同直径、不同材料珠子的数量可以调节张力。一般要求调节到出丝角 180°～270°，出丝角太大或太小都会增加纱线断头。出丝角太大可增加珠子数量或增大珠子直径，反之则减少珠子数量或减小珠子直径。倍捻捻回的方向同样取决于锭子的旋转方向，从上往下看锭杆，锭杆顺时针回转得 Z 捻，逆时针回转则得 S 捻。

倍捻机捻度 T 的计算公式如下。

$$T = Cn_1/v$$

式中　C——捻度系数；

　　　n_1——锭子转速；

v——卷取筒子线速度。

倍捻机由于锭子一转可得到两个捻回，具有生产效率高、能耗低、成纱质量好等显著优点，可加工棉、毛、丝、化纤等纱线，是很有发展前途的加捻机械。

二、纱线并捻

1. 棉、毛型股线

由单纱制成的棉、毛型股线经过并合后，粗细不匀现象得到改善，因而条干均匀。股线加上一定的捻度，在扭力作用下，纤维向内层压紧，相互之间的摩擦力增大。因而股线的强度一般大于各单纱的强度之和，股线的耐磨性能、弹性也比单纱好。股线与单纱的捻向相反，使股线表层纤维与纤维轴向之间的倾角减小，使股线手感柔软，光泽良好。

2. 真丝、合纤型股线

真丝、合纤都是长丝型纤维，单丝本身只有极小的 Z 捻（200 捻/m），单丝线密度也比较小，往往通过并捻来达到织物加工对原料的要求。并合真丝、合纤型股线时，除了同种类、同粗细的原料并合之外，也有不同粗细、不同种类原料的并合。

真丝、合纤经过并捻形成股线后，条干均匀，弹性、耐磨性提高，光泽柔和，但因其单丝原来基本无捻，所以股线手感变硬。股线的强度与所加的捻度有较大关系。当所加的捻度较小时，捻度增大使股线的强度增加；但有些织物要求有较好的弹性和抗皱性，或者为使织物有良好的起皱效应，所加的捻度特别大，此时股线的强度并不增大。

此外，某些特殊风格的织物要求纱线经过反复多次的并捻，也有的股线并捻时原料粗细不同、强力不同，形成特殊的股线。

3. 合股花式线

合股花式线常用两根或三根不同颜色的单纱经过一次或两次并捻而成。双股或多色股线被广泛用于毛织和色织生产中。合股花式线在设计时采用不同原料、不同捻向和捻度，以及用各种色纱进行组合，所以合股花式线的品种很多。例如，除了普通捻度的花式线外，还有强捻花式线和弱捻花式线；有用两根具有明显的细节、粗节纱，使它们的粗段对粗段、细段对细段合并，并加捻成云纹线；有用一根较粗的具有强 Z 捻的细纱作芯纱和数根 S 捻的细纱并和加捻，使粗芯纱均匀退捻而成波纹纱；有用涤/棉和涤纶三角丝、涤/棉和金银丝、涤/棉混纺纱和有光再生丝、毛纱和金银丝加捻而成的闪烁捻线。

股线线密度等于其单纱线密度乘以纱的股数。如组成股线的单纱的线密度不同时，则以组成股线的各根单纱的线密度之和作为股纱的线密度。股线的表示方法如下。

C14tex×2 指 14tex 棉双股捻线。

T/C14tex×2 指 14tex 涤/棉混纺双股捻线。

C14tex＋C13tex 指 14tex 棉纱和 13tex 黏胶丝的并线。

14tex＋14tex 指异色的 14tex 棉纱的并线。

第二节　花式捻线

花式捻线属于独特的纱线分支，由三个系统的纱（芯纱、装饰纱和固纱）组成。芯纱一般用一两根纱线或长丝组成；装饰纱是起环圈或结子的纱；加固纱是包绕在装饰纱外面的纱或长丝，它起着稳定环圈或结子形态的作用。花式捻线具有新颖多变的结构、色彩缤纷的立

体外观、柔软舒适的使用性能。花式纱线从 20 世纪 70 年代开始萌芽，至 90 年代进入市场探索开发阶段，步入 21 世纪才得到蓬勃发展。花式纱线市场的快速发展，带动了花式捻线机及相关配套件的发展与技术进步。国外著名的花式捻线机制造商主要有德国 Allma（阿尔玛）、瑞士苏拉、意大利 LEMA LEZZENI 和 PAFA 等公司，国内主要有无锡第五纺机厂、苏州兰博公司等。

花式线除了单纱原料、粗细、捻向、颜色、光泽等特征不同之外，还采用变化的送纱速度，故品种很多。由于花式捻线表面有结子或环圈，通过综眼，特别是钢筘时容易造成断头，所以除个别品种能作经纱外，绝大多数花式线只能作机织物的纬纱。

一、花式捻线种类及结构

常见的花式捻线有结子线、环圈线、结子环圈线和断丝线等品种，如图 6-5 所示。

图 6-5(a)、(b) 为结子线，由芯纱、装饰线和加固线组成，如三根线的色彩都不相同，就可形成三色结子线。图 6-5(c)~(e) 为环圈线，其中（c）为环圈线中的花环线，它的毛圈绞结抱和且长度较长；图 6-5(f)、(g) 为结子环圈线，它是用结子线作环圈线的加固线而形成的；图 6-5(h) 为断丝线，在断丝线中，有一根纱条是不连续的，以一段一段的形式出现，纱端暴露在花式线的表面。

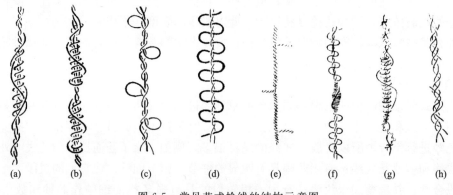

(a)　(b)　(c)　(d)　(e)　(f)　(g)　(h)

图 6-5　常见花式捻线的结构示意图

由三种纱线系统纺制的花式捻线，前列代表芯纱，中列代表装饰纱，末列代表固纱；若由两种纱线系统纺制时，前列代表芯纱，后列代表装饰纱。若纤维没注明原料种类，一般指棉纤维。

"14)14)14）"表示是由一根 14tex 棉芯纱、一根 14tex 棉装饰纱和一根 14tex 棉加固纱所纺制成的花式捻线。

"14×2)14)14"表示是由一根 14tex 棉股线作芯线、一根 14tex 棉纱作装饰纱和一根 14tex 棉加固纱所纺制成的花式捻线。

"$\frac{13}{13}$) R13) 13"表示是由两根 13tex 棉并纱作芯纱，一根 13tex 黏纤丝作装饰丝和一根 13tex 棉纱作加固纱所纺制成的花式捻线。

"$\frac{36}{36}$) $\frac{13}{13}$"表示两根 36tex 棉并纱做芯纱和两根 13tex 棉并纱作装饰纱所纺制成的花式捻线。

二、花式捻线的加工

花式捻线是在花式捻线机上加工的，多电动机传动已成为花式捻线机的发展趋势。在新型的棉用三罗拉花式捻线机上没有成形凸轮，它用三只电动机分别传动三对罗拉，通过计算机控制使罗拉按花式捻线的工艺设计要求作变速转动，从而控制各根纱线的送出量。另有三只电动机分别传动空心锭子、环锭锭子和钢领板的变速运动，以便根据花式线的特征与罗拉速度相配合，构成形形色色的花式捻线。该设备可按存储器中已编号的花式线的生产资料生产某编号的花式线，也可另行设计新品种。该机还可通过倍增器延长或缩短花式纱线结构形态的长度。该机主要由纱架、喂入机构、空芯锭子、环锭装置和计算机控制系统五部分组成。

下面介绍几种花式捻线的形成原理。

1. 结子纱

结子纱的芯纱由转速较慢的前罗拉输送，装饰纱由转速较快的后罗拉输送。当梳栉在成形凸轮上升弧的推动下上升时，梳栉下降速度比芯纱下降速度略快，但两者同方向运行，因而装饰纱以较紧密的形式再次绕在稀疏状的装饰纱外面。当梳栉再次上升时，装饰纱又以较稀疏的形式再次绕在紧密的装饰纱外面，这样就形成了一个自固结子。从以上一个结子的形成过程可知，成形凸轮的一个凸瓣形成一个结子，凸瓣的上升弧、下降弧以及凸瓣所对的圆心角的大小，都对结子的大小、长短有影响。通常使用的成形凸轮有 7 个瓣，并且 7 个瓣的大小、形状均不相同。装饰纱和芯纱的送出量是不同的，它们的比值称为喂送比。显然，喂送比大，则送出的装饰纱量多，所形成的结子长且大。因此可以通过调节喂送比来改变结子的大小、长短（图 6-6）。

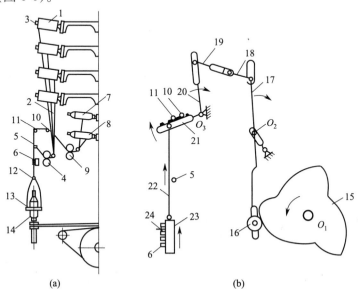

图 6-6 花式线工艺流程和结子成形机构

1、2—芯纱；3—筒管插锭；4—前罗拉；5—固定导纱杆；6—梳栉；7、8—装饰纱；9—后罗拉；
10、11—摆动导纱杆；12—导纱钩；13—钢丝圈；14—筒管；15—成形凸轮；16—成形凸轮转子；
17—双臂杆；18、19—可调节长度的连杆；20、21—摆臂；22—连杆；23—横木条；
24—小凸钉；O_1—成形凸轮轴；O_2—双臂杆轴；O_3—摆臂轴

2．环圈线

速度慢的芯纱和速度快的装饰纱并合加捻，使装饰纱松弛地绕在芯纱上，然后再反向加捻退掉部分捻度，这时装饰纱更加松弛并在反向加捻离心力作用下离开芯纱形成环圈。为使形成的环圈稳定，把刚才形成的环圈半成品与一根加固纱并合加捻就得到了环圈线。

纺制环圈纱时装饰纱和芯纱的喂送比为 $(1.4 \sim 2.0):1$，加固纱与半制品纱的喂送比为 $(1.0 \sim 1.1):1$。

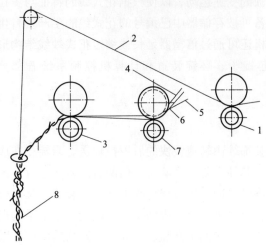

图6-7　断丝线的形成

3．断丝线

纺制断丝线可用间歇罗拉法，如图6-7所示。线速度较高的后罗拉1送出加固纱2，线速度较低的前罗拉3送出芯纱4、5（两根）和断丝纱6，芯纱从中罗拉7两侧的凹槽中通过，而断丝纱被中罗拉7控制。中罗拉是间歇转动的，当它停转时，处于罗拉3和7之间的断丝纱6被拉断，并被芯纱和加固线固定在纱线上，形成断丝线8。

4．环圈结子线和断丝结子线

这两种花式线是前面三种单一外形花式线的组合，其形成分两个阶段。第一阶段，先加工成未加加固线的半成品或者断丝线；第二阶段，把这半成品作为芯线与加固线并合加捻，此时这根加固线如同生成结子线时的装饰纱，并捻的同时生成自固结子，这就形成了环圈结子线和断丝结子线。

思考题 ▶▶

1．股线有哪几类？介绍它们的结构特点。

2．常用的并捻机械有哪几种？了解它们的工作原理。

3．花式捻线有哪几种类型？介绍它们的结构特点。

4．花式捻线有哪几种主要纺制方法？介绍它们的形成原理。

第七章

开 口

在织机上，经纬纱交织是形成机织物的必要条件。要实现经纬交织，必须把经纱按一定的规律分成上下两层，形成能供引纬器、引纬介质引入纬纱的通道——梭口。待纬纱引入梭口后，两层经纱根据织物组织要求再上下交替，形成新的梭口。如此反复循环，就是经纱的开口运动，简称开口。经纱开口运动是由开口机构完成的。开口机构不仅要使经纱上下分开形成梭口，还应根据织物组织规律所决定的提综顺序，控制综框（经纱）升降的次序，使织物获得所需的组织结构。

开口机构一般由提综装置、回综装置和综框（综丝）升降次序的控制装置组成。织制不同类型的织物或织机速度不同时，应采用不同类型的开口机构。如织制平纹、斜纹和缎纹织物，一般采用连杆开口机构和凸轮开口机构。前者专用于高速织制平纹织物，可使用2页、4页或6页综框；后者使用2～8页综框，适合较高的织机转速。连杆和凸轮兼有把经纱分成上下两层及控制经纱升降次序的作用。织制较复杂的小提花纹织物则要采用多臂开口机构，一般使用16页以内综框，但最多可达32页综框。织制更复杂的提花被面等大花纹织物时，则要采用提花开口机构，以直接控制每根经纱作独立的升降运动。多臂、提花开口机构中经纱的升降运动和升降次序分别由驱动装置和控制装置完成。

第一节　开口机构原理

一、连杆开口机构

连杆开口机构仅适用于织造平纹织物，常用的连杆开口机构有四连杆开口机构和六连杆开口机构。连杆开口机构具有结构简单、制造成本低、适应高速等特点。

1. 四连杆开口机构

图7-1所示为四连杆开口机构简图。两套四连杆机构分别置于织机两侧墙板上。综框动程通过曲柄2、2′以及连杆7、7′与提综杆6、6′的位置来调整；综平时间通过调节曲柄2、2′的相位进行调整；综框位置则通过调节连杆7、7′的长度来决定。

连杆开口机构综框处于上下位置时没有绝对静止时间，其相对静止时间由曲柄和连杆的长度，以及各结构点的位置决定。优化结构参数，可以求得较长的相对静止时间。由于四连杆机构有后心运动缓慢的特性，图7-1所示的四连杆开口机构综框在上层的相对静止时间略

大于在下层的相对静止时间，因此多采用长连杆的机构装置，以其缩小综框在上下层静止时间的差异。此种四连杆开口机构多用于高速喷水织机。

对于喷气织机，可以改变四连杆开口机构的传动，使曲柄 2、2' 位于后心位置时提综杆 6、6' 位于下层，使综框在下层的静止时间大于上层，以适应短纤织物的织造。

2. 六连杆开口机构

在某些喷气织机上，为了进一步增加综框在下层的静止时间，适应宽幅织机需要，常采用六连杆开口机构，如图 7-2 所示。

六连杆开口机构是为适应高速织机织制平纹织物的要求而设计的。它磨损小，加工便利，运动正确，适合高速运转，可用于喷气织机和喷水织机。

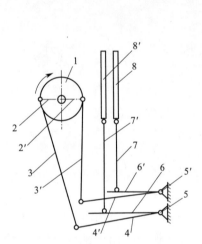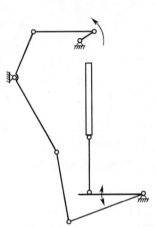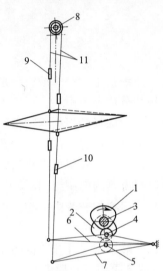

图 7-1　四连杆开口机构简图
1—转盘；2、2'—曲柄；3、3'—连杆；
4、4'—摆杆；5、5'—支点；
6、6'—提综杆；7、7'—连杆；
8、8'—综框

图 7-2　六连杆开口机构简图

图 7-3　有梭织机凸轮开口机构
1、2—凸轮；3—中心轴；
4、5—转子；6、7—踏杆；
8—吊综辘轳；9—第 1 片综框；
10—第 2 片综框；11—吊综皮带

二、凸轮开口机构

简单组织的开口机构中，常用的是凸轮开口机构。凸轮开口机构按其机构的性质可以分为消极式凸轮开口机构和积极式凸轮开口机构。按照凸轮安放的位置可以分为内侧式凸轮开口机构和外侧式凸轮开口机构，后者在操作中便于调整。

积极式凸轮开口机构又称共轭凸轮开口机构，以一对共轭凸轮控制一页综框的升降。它使每片综框独立强制升降。等径凸轮和沟槽凸轮开口机构是特殊的凸轮开口机构，它们独立地传动每一片综框。

凸轮开口机构能按照优化的综框运动规律进行设计，所以工艺性能好，但凸轮易磨损，制造成本高。

(一) 消极式凸轮开口机构

1. 综框联动式凸轮开口机构

GA611、GA615 系列有梭织机使用的凸轮式开口机构属于消极式的内侧凸轮开口机构。

图 7-3 所示的是有梭织机织制平纹织物时所采用的凸轮开口机构简图。该机构织制平纹织物时，仅能安装两页综框，织机主轴与开口凸轮轴之间的传动比为 2：1。当织造斜纹、缎纹或其他织物时，需更换凸轮、改变吊综装置，且织机主轴与开口凸轮轴之间的传动比应根据纬纱循环而相应改变。

几种常见组织的凸轮如图 7-4 所示。

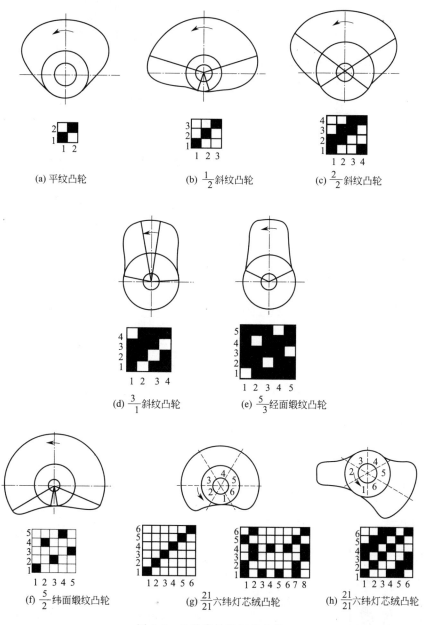

图 7-4 几种常见组织的凸轮

2. 弹簧回综式凸轮开口机构

在无梭织机上较多采用弹簧回综式凸轮开口机构。如图 7-5 所示，每页综框对应一只开口凸轮，凸轮箱安装于织机墙板的外侧，故这种凸轮开口机构也称为外侧式凸轮开口机构。凸轮 1 与转子 2 接触，当凸轮由小半径转向大半径时，将转子压下，使提综杆 3 顺时针转过一定的角度，连接于提综杆铁鞋 4 上的钢丝绳 5 同时拉动综框下沿，将综框 6 拉下，综框上沿通过钢丝绳 7 连接到吊综杆 8 内侧的圆弧面上，吊综杆的外侧连接有数根回综弹簧 9，回综弹簧始终保持张紧状态。当综框下降时，回综弹簧被拉伸，贮蓄能量。当凸轮由大半径转向小半径时，弹簧释放能量，使综框回复至上方位置。

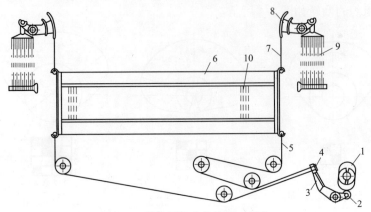

图 7-5　弹簧回综式凸轮开口机构

1—凸轮；2—转子；3—提综杆；4—提综杆铁鞋；5、7—钢丝绳；

6—综框；8—吊综杆；9—回综弹簧；10—综丝

　　这种开口机构中，综框下降是受凸轮驱动的，综框上升则依靠弹簧的回复力，因此也是消极式凸轮开口。弹簧回复力的调节通过增减弹簧根数来完成，根据织物品种不同，综框每侧可选择 7~15 根拉伸弹簧。这种形式开口机构最高响应的织机转速可达 1000r/min。各页综框的开口凸轮可以互换，改变铁鞋在提综杆上的位置即可调节综框动程。

　　生产实践中，当消极式凸轮开口机构织制经纱张力大的厚重织物时，如果回综弹簧初伸长和弹簧根数确定的不合理，将造成开口不清、跳花、跳纱、断疵等疵点增多的情况，从而影响织物质量，降低织造效率。而且弹簧长期使用会产生疲劳现象，回复力减弱。因此，弹簧回综式凸轮开口机构常用于轻薄、中厚织物的加工。

　　凸轮开口机构的不足之处：一是只能生产简单组织的织物，如果织制较为复杂的织物，凸轮外形曲线将变得非常复杂，为减小压力角，又必须将凸轮基圆直径放大，以致开口机构变得过分笨重；二是一定的凸轮外形只能生产一定开口规律的织物品种，为了适应织物品种多变的要求，必须储备大量的各种开口凸轮，这在实际生产中是不经济的。

　　事实上，凸轮外形曲线一般由小半径到大半径、大半径到小半径、大半径到大半径和小半径到小半径共四种不同弧段拼接而成。如果采用模块化设计方法，将这四种弧段对应的凸轮部分分开，单独制造，而后将它们按织物组织的要求如同链条一样串联起来形成纹链，即可满足各种复杂的开口要求。图 7-6 所示是现代无梭织带机的

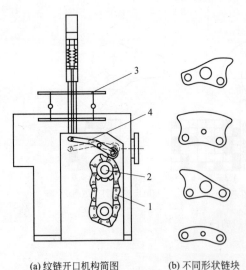

(a) 纹链开口机构简图　　(b) 不同形状链块

图 7-6　纹链开口机构

1—凸轮；2—转子；3—提综杆；4—提综杆铁鞋

纹链开口机构的简图。纹链开口可适应较为复杂的织物组织的织造，纬纱循环长达数十纬，最高可响应 1800r/min 的织机转速。

（二）积极式凸轮开口机构

在消极式凸轮开口机构中，由于回综不是由开口凸轮驱动、控制，因此容易造成综框运动不稳定，积极式凸轮开口机构可克服此缺陷。

1. 共轭凸轮开口机构

图 7-7 所示为共轭凸轮开口机构示意图。

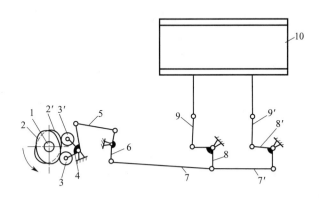

图 7-7　共轭凸轮开口机构
1—凸轮轴；2、2′—共轭凸轮；3、3′—转子；4—摆杆；5—连杆；
6—双臂杆；7、7′—推拉杆；8、8′—三角杆；9、9′—传递杆；10—综框

凸轮轴 1 上装有一对共轭凸轮 2 和 2′，当凸轮按箭头方向回转时，推动转子 3 和 3′ 转动，摆杆 4 便绕其支座左右摆动，然后通过连杆 5、双臂杆 6、推拉杆 7、三角杆 8、传递杆 9 及 9′ 和竖杆，使综框 10 做升降运动。

这种共轭凸轮置于机框外侧，因而拆装检修甚为方便。共轭凸轮应置于油浴之中，以减轻摩擦。共轭凸轮的设计加工精度要求较高。

2. 沟槽凸轮开口机构

沟槽凸轮是在转子轨迹的两侧作包线，在凸轮上形成能双向推动转子的沟槽，它是一种积极运动的凸轮，因此能积极控制综框的升降，不用吊综装置。沟槽凸轮采用刚性连接，综框运动稳定而无晃动。图 7-8 所示为一种沟槽凸轮开口机构的示意图。

类似的还有等径凸轮，它采用单片凸轮就可以控制综框的升降运动，体积小，还可应用于纬向多梭口织机。

此类凸轮的开口机构能够按照工艺要求的综框运动规律进行设计，工艺性能好，但对材料和加工精度的要求较高。其缺点是容易磨损。

三、多臂开口机构

多臂开口机构对织物组织的适应性较广。在该机构中，传动综框的升降和管理综框的升降顺序分别由两套机构完成。提升机构传动综框升降，形成梭口，各片综框的起落顺序则由以纹板控制的花纹机构管理。二者配合工作，依次形成织物组织所需要的各个梭口。多臂开口机构可使各片综框按照不确定的任何顺序升降。改变综框的起落顺序时，只需重新编制纹板，这比更换或重新设计凸轮要简单得多，能很容易地在其使用最大综框片数的范围内改变

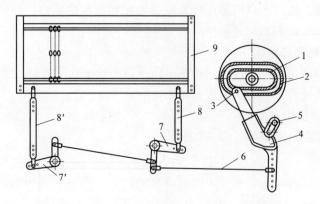

图 7-8　沟槽凸轮开口机构

1—凸轮轴；2—沟槽凸轮；3—转子；4—摆杆；5—支点；
6—连杆；7、7′—角形杆；8、8′—传递杆；9—综框

织物的组织。所以多臂开口机构广泛用于织造小花纹变化组织的色织物，可提供更多的花色品种。

多臂开口机构使用的综框数一般为 16 片，最多可达 32 片。

（一）多臂开口机构原理

图 7-9 所示为多臂开口机构示意图。拉刀 1 由织机主轴传动，做水平方向的往复运动，拉钩 2 通过提综杆 4、吊综带 5 同综框 6 连接，由纹板 8、重尾杆 9 控制的竖针 3 按纹板图所规定的顺序上下运动来定拉钩是否被拉刀所拉动。若拉刀被拉动，则综框被提起。生产时，由多块纹板组成环形纹板链。每块纹板按织物组织要求植纹钉，当植钉纹板转至工作位置时，竖针下降，则下一次开口为综框上升。为保证拉刀、拉钩配合准确，纹板翻转应在拉刀复位行程中完成。多臂开口机构一般由纹板、阅读装置、提综装置和回综装置等机构组成。纹板的作用是储存综框升降顺序的信息，它是在机下依据纹板图预先制备的。阅读装置能将纹板信息转化成控制提综的动作。

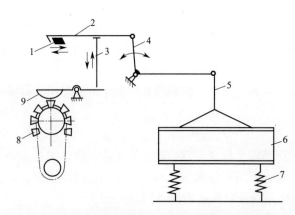

图 7-9　多臂开口机构示意图

1—拉刀；2—拉钩；3—竖针；4—提综杆；5—吊综带；
6—综框；7—弹簧；8—纹板；9—重尾杆

当织机主轴一转时，提综机构拉刀往复一次，形成一次梭口，每页综框只配备一把拉钩。由于提综机构复位是空程，造成动作浪费。其特点是结构简单，但开口动作比较剧烈，因此常用于宽幅低速织机。

复动式开口机构每页综框配备上下两把拉钩，由上下拉刀拉动。织机主轴转两转，提综机构的两把拉钩往复一次，交替动作各形成一次梭口，提综机构往复次数比单动式减少了一半，开口动作比较缓和，适用于高速织机。

多臂开口机构一般安装在织机的顶梁或由顶梁延伸的托架上，其安装位置因织机左右手车而不同。左手车安装在顶梁右侧，右手车安装在顶梁左侧。

（二）多臂开口机构分类

1. 按提综装置的结构分

按提综装置的结构多臂开口机构可分为拉刀、拉钩式和回转式两类。

2. 按回综方式分

按回综方式多臂开口机构可分为消极式和积极式两种。消极式由回综弹簧装置回综。积极式则由多臂机构积极回综。回转式多臂开口机构一般采用积极式回综装置。

3. 按纹板和阅读装置分

按纹板和阅读装置，多臂开口开机构可分为机械式、机电式和电子式三类。

（1）机械式。机械式多臂开口机构采用机械式纹板和机械式阅读装置。纹板有纹钉式和穿孔带式两种。纹钉式阅读装置受纹板驱动而工作；穿孔带式纹板则靠探针探索纹板是否有孔。

（2）机电式。机电式多臂开口机构采用穿孔纸作纹板，通过光电探测纹板纸的纹孔信息来控制电磁机构的运动。电磁机构与提综装置连接，从而通过电磁机构的运动来控制综框的升降。

（3）电子式。电子式多臂开口机构是把综框升降的信息储存到集成芯片（存储器）中，作为阅读装置的逻辑处理，控制系统则按顺序从存储器中取出纹板数据，控制电磁机构的运动。这种机构结构紧凑，纹板更改便利，适合高速运转，是多臂开口机构的发展方向。

多臂开口机构可结合实际情况，将不同的功能装置组合搭配。

在织机的各个组成部分中，多臂开口机构是相对独立而且价格较为昂贵的部件，选型时应考虑多方面因素，如织机种类、运转速度、织物品种及价格等，充分体现生产的整体效益。

机电一体化程度较高的织机，应选用电子多臂开口机构，普通有梭织机，一般选用传统拉刀、拉钩式多臂开口机构。若织机运转速度快，则宜选用回转式多臂开口机构。当织机幅宽较大时，则应注意多臂机构开口静止时期的长短，以免由于挤压度过大而造成经纱断头等疵点。

（三）复动式多臂开口机构

图 7-10 所示是有梭织机普遍应用的复动式多臂开口机构。

1. 综框提升机构

中心轴 1 的轴端（或投梭盘上装的接轴器）上固装有开口曲柄 2，开口曲柄 2 经连杆 3 与三臂杠杆 4、上下连杆 5 和 5′ 及上下拉刀 6 和 6′ 组成的平面摇杆滑块机构使拉刀左右移动。中心轴每回转一周，上、下拉刀便各做一次往复运动，通过上、下拉钩 7、7′ 和平衡摆杆 8、吊综杆 9 各提升综框一次，形成两次梭口。

2. 阅读装置

如前所述，阅读装置是用来控制综框升降顺序的。如图 7-10 所示，它由花筒 10、纹板 14、弯头重尾杆 12、平头重尾杆 12′ 及竖针 13 组成。纹板上按纹板图植有纹钉 11，花筒的作用是装载、驱动纹板。重尾杆 12 和 12′ 两片为一组活套在小轴 15 上，用来控制一对上、下拉钩，进而控制一页综框的运动。弯头重尾杆 12 直接控制下拉钩，平头重尾杆 12′ 通过竖针 13 控制上拉钩。重尾杆尾部则依靠本身的重量搁在纹板上。多臂机工作时，每当下拉刀复位行程接近终点时，就将花筒顺时针转过 1/8 转（花筒上有 8 个凹槽，连成环形的纹板，嵌入凹槽中随花筒转动），新纹板被带到重尾杆的正下方，将上、下拉钩的工作状态准备好，

工作时重尾杆的运动由纹板驱动。纹钉的受力很大，运转时间长了纹钉易出现松动甚至脱落，从而造成错纹织疵。

（四）新型多臂开口机构

前面介绍的普通多臂开口机构存在着一定的缺陷，限制了织机速度的提高，也难以适应新型织机的高速要求。因此，新型多臂开口机构的研制与开发受到重视，新型多臂开口机构也相继产生。

1. Staubli 积极式 2232 型多臂开口机构

2232 型多臂开口机构是复动式单花筒全开口式，采用双排滚子链将多臂与织机上的多臂主轴联结并与织机同步自动找纬。它采用打孔纹板纸控制提综次序，由拉刀、拉钩及连杆机构带动综框做升降运动。因其运动间隙近似为零，所以能适应高速运转。

这种开口机构是和高速剑杆织机配套使用的，图 7-11 所示是 Staubli 2232 型多臂开口机构示意图。

多臂开口机构的结构可分为传动、纹纸阅读、控制和提综四大部分。

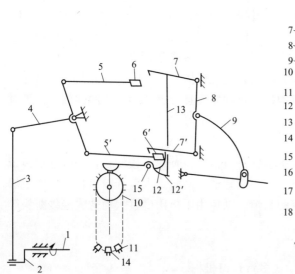

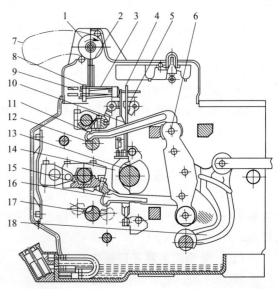

图 7-10　复动式多臂开口机构示意图
1—中心轴；2—开口曲柄；3—连杆；4—三臂杠杆；
5、5′—上下连杆；6、6′—上下拉刀；
7、7′—上、下拉钩；8—平衡摆杆；9—吊综杆；
10—花筒；11—纹钉；12—弯头重尾杆；
12′—平头重尾杆；13—竖针；
14—纹板；15—小轴

图 7-11　Staubli 2232 型多臂开口机构示意图

（1）传动部分。多臂开口机构的传动部分由主轴 13 通过凸轮、齿轮和连杆等运动部件分别传动花筒 1、上拉刀 12、上拉钩 11、横针 3 和提刀 5，带动多臂机的整套动作。

（2）纹纸阅读部分。多臂开口机构的阅读部分由花筒 1、塑料连续纹纸 7 和探针 2 等机件组成。花筒 1 由主轴 13 通过齿轮、伞形齿轮传动，纹纸卷绕在花筒上，靠花筒两端的定位输送孔定位。根据织物组织要求在纹纸对应位置打孔，探针进行探测，发出是否提综的信号。若纹纸上有孔，则综框提起。

（3）多臂开口机构的控制部分。控制机构是将纹纸的信号传递给拉钩。当探针 2 探测到提综信号时，探针进入孔内，每只探针又都与相应的横针 3 垂直相连，当横针抬起杆 8 抬起时，相应的横针 3 也上抬。在横针 3 的前部有一小孔，对应的竖针 4 垂直穿过，在竖针 4 的中部有三角形钩，钩在竖针提刀 5 上。当横针推杆 9 左右运动时，就能推动被抬的那部分横针 3，相应的竖针 4 也随之运动，竖针 4 的三角形钩就与竖针提刀 5 脱开，与竖针 4 相连的上、下连杆 10 和 14 就能下落。在上、下连杆 10 和 14 的下中部有一长方形孔，上、下拉钩 11 和 16 就穿过此孔，落在上、下拉刀 12 和 17 的位置上，可跟随拉刀的运动规律而动作。15 是定位杆。

为配合自动找纬机构倒车运动的要求，控制每一片综框运动的有 4 根探针，其中 2 根正转用，2 根反转用。4 根横针与探针对应，每 2 根横针前部有塑料块并成一根横针，因此，对应的 2 根竖针分别控制上下 2 把拉钩，与相对应的一片综框提综臂 18 相连而控制升降运动。

（4）多臂开口机构的提综机构 提综机构中上、下拉刀 12 和 17 主要控制综框的升降运动。上、下拉刀与复位杆 6 组成一个运动件，由装在主轴两边的各一对共轭凸轮控制其运动规律。由此分析可得出，当上拉刀由右向左运动时，落下的上拉钩 11 就与上拉刀 12 的缺口相接触，而被拉刀拉向左边，与拉钩连接的提综臂就绕轴芯向上转动，通过吊综臂使综框提升，拉钩与提综臂则依靠复位杆 6 与拉钩复位杆复位。

2232 型多臂开口机构有一套良好、可靠的润滑系统。它由吸油管、油过滤器、磁铁（吸除油中的铁屑）、滑片容积泵、出油管、监视油帽、淋油盘等机件组成。油泵安装在多臂机构主轴的一端，机器运行，油泵工作，吸油管吸油，通过过滤器及磁铁除杂，由油泵出口通过出油管到淋油盘各油孔将油供到多臂开口机构的各部分。

2. 回转式多臂开口机构

这种开口机构克服了拉刀、拉钩式多臂开口机构主要运动部件为往复运动、其作用原理及传动机构难以满足无梭织机及现代织机高速运转要求的缺点。回转式多臂开口机构采用回转式部件取代往复式多臂开口机构的拉刀、拉钩等往复部件。因而开口机构平稳可靠，能适应织机的高速运转。在开口运动时，综框不产生振动和冲击，经纱受损减少，不易断头。

图 7-12 所示为偏心盘回转式多臂开口机构传动系统示意图。

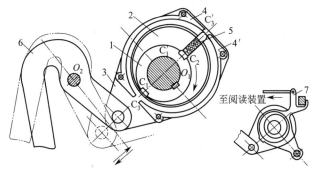

图 7-12 偏心盘回转式多臂机开口机构传动系统示意图

织机主轴传动多臂轴 O_1，使其变速回转，其平均速度为织机主轴转速的 1/2。轴承内圈 1 通过销键固定在轴 O_1 上，它沿直径对称地开有两个销槽 C_1、C_2，偏心盘 2 活套在轴承内圈上，在大半径方向上开设有销槽 C_2。轴承外圈 3 活套在偏心盘上，另一端则与提综摆杆 6 铰接。插销保持架 4 与 4′ 则通过螺丝固定在轴承外圈上。插销 5 在阅读装置的控制下可沿偏心盘销槽 C_2 进出移动。当插销 5 向内销进时，它就将轴承内圈 1 和偏心盘 2 锁住。此时，偏心盘和销子将随轴承内圈一起回转，进而带动外圈而推动提综摆杆绕轴左右摆动，多臂轴一回转，则提综摆杆左右往复一次，拉推综框形成两次梭口。当插销向外拔销时，它将偏心盘与插销保持架和轴承外圈锁住，而使偏心盘、轴承外圈停止回转，综框就维持在原位不动（在偏 C_3'）。若控制杆右摆（纹板无孔），则销子对位正好相反。

这种开口机构承载强度高，开口过程中的负荷相对均匀地作用在轴承内圈、偏心盘和轴承外圈的圆周面上，不像拉刀、拉钩那样受力集中。偏心盘回转式多臂开口机构适用于织造各种厚重织物。另外，该开口机构较简单，维修方便。

3. 电子多臂开口机构

在多臂开口机构中，纹板制备是一项耗时繁琐的工作，而接受纹板信息的机械式阅读装置的结构比较复杂，不利于高速阅读纹板，这就制约了开口机构的高速性。根据电子原理设计的电子多臂开口机构可将纹板信息（如有无销钉或有无孔眼）转化为二进制信号 0 和 1，阅读装置读入该二进制信号，经放大后输出控制综框运动的二进制逻辑。随着计算机控制技术的发展，电子多臂开口机构将得到广泛应用，小巧的电子控制装置将取代机械式纹板及阅读装置，多臂开口机构将大大简化，有利于做成封闭式结构，更适合高速运转。

电子多臂开口机构与机械式多臂开口机构相比，具有一定的优势。首先，因其变换织物组织可以在较短时间内完成，因此非常适合小批量的新产品开发；其次，在机器的存储器中可存放大量的织物组织信息。

从电子多臂开口机构的原理看，它主要由电子程控装置、电信号与机械量的转换机构及提综机构等机构组成。

下面以无梭织带机的电子多臂开口机构为例对电子多臂开口机构做简单介绍。图 7-13 所示为电子多臂开口机构的简图。其工作原理如下。

织机主轴转动，带动拉刀 1、1' 做上下往复运动，织机主轴转两转，每把拉刀各做一次往复，方向相反，形成两次开口，拉刀 1、1' 带动相应的上拉钩 2、2' 上下运动。滑轮组 4 的下滑轮来回移动而滑轮中心没有位移，此时，综框 5 在回综弹簧 6 的作用下保持在上层位置。拉刀每次将上拉钩拉至最低位置时，须使上拉钩的钩头越过下拉钩 8、8' 的钩头 0.5～1mm，以保证上、下拉钩之间的正确配合（咬合或脱钩）。电磁铁 7、7' 组成一路工作单元（对应一页综框），控制下拉钩的运动。当拉刀 1、1' 将上拉钩 2、2' 拉到最低位置时，电磁铁若得电，则下拉钩 8、8' 被吸进，于是在下次开口过程中，对应上拉钩随拉刀一起上升，综框 5 不被拉下。电磁铁若失电，则下拉钩 8、8' 在弹簧 3、3' 作用下弹出，于是在下次开口过程中，对应的上拉钩被下拉钩咬合而不随拉刀一起上升，同时另一把上拉钩则在相应拉刀的作用下被拉下，滑轮组 4 产生中心点位移，于是综框被拉下，经纱形成梭口的下层。输送至电

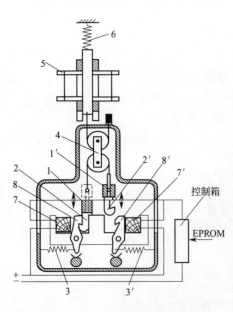

图 7-13　电子多臂开口机构的简图
1、1'—拉刀；2、2'—上拉钩；3、3'—弹簧；
4—滑轮组；5—综框；6—回综弹簧；
7、7'—电磁铁；8、8'—下拉钩

磁铁的电流信号需在拉刀运动至最低位置（另一把拉刀运动至最高位置）之前发出，因为电

磁铁吸住与放下拉钩需要一定时间。

系统的逻辑信号处理和控制系统如图 7-14 所示。

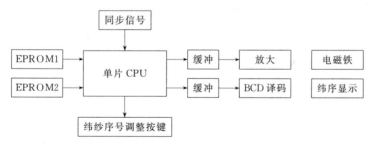

图 7-14　系统的逻辑信号处理和控制系统框图

该控制系统以单片机为中枢，EPROM1 中储存控制程序，EPROM2 中储存纹板数据。在程序控制下，单片机每次检测到主轴同步信号（综平位置时发出），即从 EPROM2 读出连续数个字节（每字节对应 8 页综框）的纹板数据，经缓冲放大输出到各路电磁铁工作单元，并同步显示纬纱序号。

该控制系统采用 EPROM 芯片，EPROM 为可擦可编只读存储器。纹板数据需在机外的编程器上写入 EPROM。若织物的纬纱循环小，也可用特制键盘直接将纹板数据输入系统内部的 RAM（读写存储器）中。EPROM 的另一个优点就是在断电时，数据不会丢。

图 7-15 所示为控制程序的流程框图。

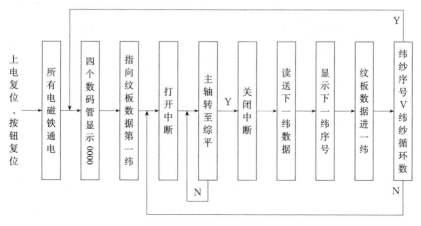

图 7-15　控制程序的流程框图

制备纹板要使用专门的织物组织 CAD 软件，在微机上完成织物的上机图设计。然后将纹板图转换成一定格式的纹板数据，再通过编程器写入 EPROM 芯片中。

4. 多臂开口机构的选择

在织机的各个组成部分中，多臂开口机构是相对独立且价格较为昂贵的组件，其选型好坏直接影响整台织机效益的发挥。因此，选型时必须考虑多方面的因素，这些因素一般是指织机种类、织机转速和幅宽、织物种类和多臂开口机构的价格等内容。

对于普通有梭织机来说，选择传统拉刀、拉钩式多臂开口机构较为合适，高速织机最好选用回转多臂开口机构；织机幅宽较大时，无论采用何种多臂开口机构，都需特别注意多臂机构开口静止阶段的长短；如果织制厚重型织物，可选用回转多臂开口机构或增强型拉刀、拉钩式多臂开口机构；机电一体化程度较高的织机，宜选用电子多臂，以便其与织机主计算

机间的数据通讯。

四、提花开口机构

凸轮开口机构与多臂开口机构均通过控制综框的升降而形成梭口。由于受综片数量的限制，这两种开口机构仅能织制简单组织及小花纹组织织物，织较复杂的大花纹组织时，则须采用提花开口机构。提花织机采用数目很多、按一定顺序排列的竖钩来管理经纱的升降，经纱与纬纱的交织规律具有相当大的灵活性。织物的经纱组织循环数可达 100～2000 根。

提花开口机构由纹板、阅读装置、提综装置和回综装置组成。

（一）提花开口机构的分类

（1）按工作原理分，提花开口机构有机械式和电子式两种。

（2）按容量分，100～300 针为大孔型提花开口机构，300～600 针为中孔型提花开口机构，600 针以上为细孔型提花开口机构。

（3）按机构的传动分，有单动式提花开口机构和复动式提花开口机构。单动式开口机构是提花开口机构提综装置提刀往复一次形成一次梭口，复动式则形成两次梭口。

（4）按所用花筒数分，有单花筒提花开口机构和双花筒提花开口机构。

（二）单动式单花筒提花开口机构

图 7-16 所示是单动式提花开口机构组成示意图。所谓单动式是指提花开口机构的刀箱 8 在主轴一回转内，上、下往复运动一次，形成一次梭口。

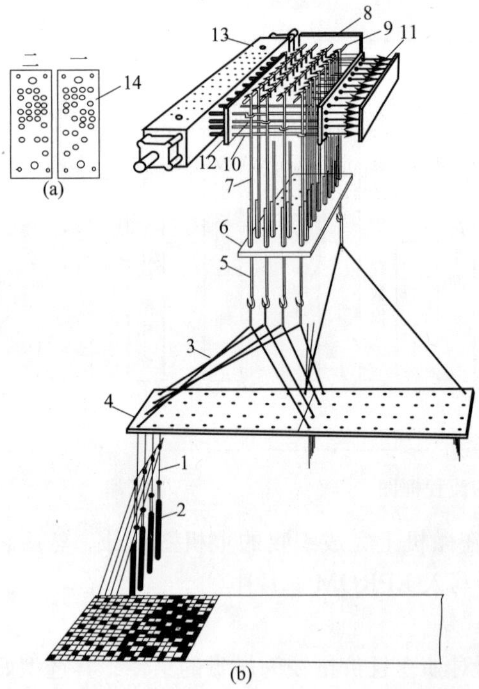

提综运动主要由刀箱、提刀和竖钩完成。刀箱 8 由织机主轴传动而作垂直升降运动。刀箱内设有若干把平行排列的提刀 9，对应于每把提刀配置有一列直接联系着经纱的竖钩 7。竖钩的下部搁置在底板 6 上，并通过首线 5、通丝 3 与综丝 1 相连，经纱则在综丝的综眼中穿过。每根综丝的下端都有小重锤 2，使通丝和综丝保持伸直状态，并起回综作用。

当刀箱上升时，如果竖钩的钩部在提刀的作用线上，就随提刀一同上升，把同它相连的首线、通丝、综丝和经纱提起，形成梭口上层。刀箱下降时，在重锤的作用下，综丝连同经纱一起下降。其余没有被提升的竖钩仍停在底板上，与之相关联的经纱则处在梭口的下层。

选综装置由花筒 13、横针 10、横针板 12 等机件组成。横针 10 同竖钩 7 呈垂直配置，数目相等，且一一对应，每根竖钩都从对应横针的弯部通过，横针的一端受小弹簧 11 的作用而穿过横针板 12 上的小孔伸向花筒 13 上的小纹孔。花筒同刀箱的运动相配合，作往复运动。纹板 14 覆在花筒上，当刀箱下降至最低位置时，花筒便摆向横针板，如果纹板上对应于横针的孔位

图 7-16　单动式提花开口机构组成示意图

1—综丝；2—重锤；3—通丝；4—目板；5—首线；
6—底板；7—竖钩；8—刀箱；9—提刀；10—横针；
11—弹簧；12—横针板；13—花筒；14—纹板

没有纹孔，纹板就推动横针竖钩向右移动，使竖钩的钩部偏离提刀的作用线，与该竖钩相关联的经纱在提刀上升时不能被提起；反之，若纹板上有纹孔，纹板就不能推动横针和竖钩，因而竖钩将对应的经纱提起。刀箱上升时，花筒摆向左方并顺转90°，翻过一块纹板。每块纹板上纹孔分布规律实际上就是一根纬纱同全幅经纱交织的规律。由于横针及竖钩靠纹板的冲撞而作横向移动，纹板受力大，寿命较短。

在提花开口机构上，一块纹板对应一纬的经纱升降信息。图7-16(b)画出了第一、二两块纹板的纹孔分布，这两块纹板代表了图7-16(a)最下面绘出的织物组织的第1、第2纬的经纬交织状态。

提花开口机构中，竖钩的横向排列称为行，前后排列称为列。图7-16(a)是10行4列的提花开口机构。行数和列数之积即为竖钩的总数，一般有100根、400根……1600根，俗称100针、400针……1600针。提花开口机构的工作能力即以此数来衡量。

单动式提花开口机构的刀箱在主轴一回转内上、下往复一次，底板与刀箱运动方向相反，也作一次上、下往复。可见，每次提综完成后，梭口上、下两层经纱必在中间位置合并，而后形成新的梭口。显然，单动式机构提刀的运动较为剧烈，不利于高速运转。

(三) 复动式提花开口机构

1. 复动式半开梭口提花开口机构

图7-17所示为复动式单花筒提花开口机构示意图，相间排列的两组提刀1、2分别装在两只刀架上。织机主轴回转两转，两组提刀交替升降一次，控制相应的竖钩3、4升降。竖钩的数目是相同容量单动式提花开口机构的两倍。每根通丝7由两根竖钩通过首线5、6控制，而这两根竖钩受同一根横针8的控制。因此，两只刀架的上升都可使通丝获得上升运动，并能连续上升任何次数。如上次开口竖钩3上升，竖钩4在下方维持不动，则竖钩3下方的首线和全部通丝将随着竖钩3上升；若下次开口中这组通丝仍需上升，则竖钩3下降而竖钩4上升，约在平综位置相遇，继续运动时首线和通丝即随竖钩4再次上升，竖钩3下面的首线将呈松弛状态，所以形成的是半开梭口。

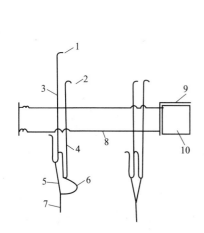

图7-17　复动式单花筒提花
开口机构示意图
1、2—提刀；3、4—竖钩；
5、6—首线；7—通丝；8—横
针；9—纹板；10—花筒

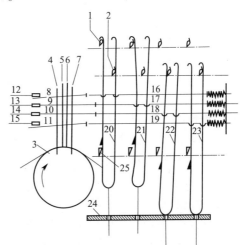

图7-18　双钩竖针复动式全开梭口提花开口机构
1—上刀箱；2—下刀箱；3—纹板纸；4~7—探针；
8~11—辅助横针；12~15—推刀；
16~19—横针；20~23—双钩
竖针；24—栅板；25—停刀针

复动式双花筒半开梭口提花开口机构中，一根横针控制一根竖钩，所有横针分成两组，由两只花筒分别控制。两只花筒轮流工作，通常一只花筒管理奇数纬纱时经纱的提升次序，而另一只则管理偶数纬纱时经纱的提升次序。

2. 复动式全开梭口提花开口机构

全开梭口提花开口机构与半开梭口提花开口机构的不同之处在于，当要求经纱连续形成梭口上层时，由于停针刀和竖钩上的停针钩相互作用，使位于上层的经纱维持原状不动。

(1) 双钩竖针复动式全开梭口提花开口机构。图 7-18 所示为双钩竖针复动式全开梭口提花开口机构。该机构可以实现经纱连续维持上层或下层位置不变。但是，双钩型竖针在工作过程中，由于横针的作用会产生弯曲、变形和磨损，织造厚重织物时将更为严重，最终影响提综能力和织机车速的进一步提高。

(2) 单根回转式竖针的运动原理。图 7-19 所示为提花开口机构的回转竖针结构，与其他结构的竖针相比，这种回转竖针工作过程中不产生震动，承载能力较大，可以适应高速运转。

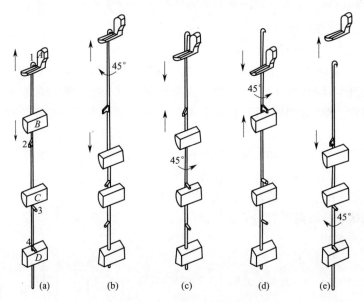

图 7-19 单根回转式竖针的结构

（四）电子提花开口机构

近年来，随着电子技术及计算机应用技术的发展，电子提花开口新技术也有大量应用，它一般配置在剑杆织机和片梭织机上，主要用于织制领带和商标带。它能适应织机高速运转的需要，图 7-20 所示为电子提花开口机构的示意图。电子提花开口机构是机电一体化的提花装置，它的发展及应用大大降低了劳动强度，提升了产品开发及应用能力。

电子提花开口机构主要由提花开口机构、电控箱和机械传动三部分组成。

该提花开口机构共装有 28 块电磁阀板，每块阀板上又装有 48 个电磁阀。所以，该提花开口机构共有 $28 \times 48 = 1344$ 针，全部可以用于控制经丝。设计的图案储存在 EPROM 中，每块 EPROM 可装 4 块芯片，储存量相当于 3000 张纹板，它还可储存多个不同图案的意匠信号。该设备主电控箱安装在织机一侧，在箱体顶面有液晶显示器和键盘。若更换图案，可从 EPROM 卡中找出所需图案的编号，再输入循环次数，织机便能自动从原图案转换成新图案。另外，储存在 EPROM 中的图案意匠信号，还能通过调整顺序，任意拼在一起，连续织出。

电子提花开口废除了机械式纹板和横针等控制装置，而用电磁铁来控制首线的上下位置。图 7-21 所示为以一根首线为提综单元的电子提花机开口的工作原理示意图。提刀 g、f 受织机主轴传动而作速度相等、方向相反的上下往复运动，并分别带动用绳子通过双滑轮 a 连在一起的提综钩 c、b 作升降运动。如上一次开口结束时提综钩 b 在最高位置时被保持钩 d 钩住，提综钩 c 在最低位，首线在低位，相应的经纱形成梭口下层。此时，若织物交织规律要求首线维持低位，电磁铁 h 得电，保持钩 d 被吸合而脱开提综钩 b，提综钩 b 随提刀 f 下降，提刀 g 带着提综钩 c 上升，相应的经纱仍留在梭口下层，如图 7-21(a) 所示。图 7-21(b) 表示提刀 g 带着提综钩 c 上升到最高处，

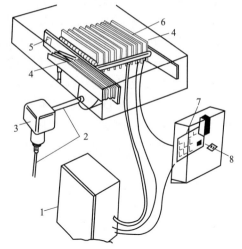

图 7-20 电子提花开口机构的示意图
1—电控箱；2—传动轴；3—齿轮箱；4—提升臂；
5—机架；6—电磁阀板；7—线路板；8—芯片

提刀 f 带着提综钩 b 下到最低处，首线仍在低位。图 7-21(c) 表示电磁铁 b 不得电，提综钩 c 上升到最高处并被保持钩 e 钩住，提刀 f 带着提综钩 b 上升，首线被提升。图 7-21(d) 表示提综钩 b 被升至保持钩 d 处时，电磁铁 h 不得电，保持钩 d 钩住提综钩 b，使首线升至高位，相应的经纱到梭口上层位置。由于提综单元中运动件极少，由这种提综单元组成的提花开口机构最高可响应 1000r/min 的织机转速，这是目前最为先进的设计。

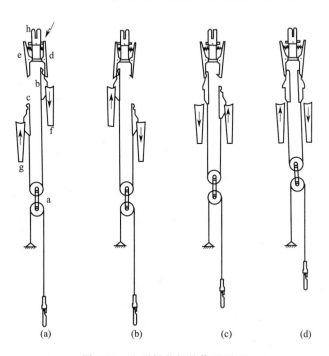

图 7-21 电子提花机的作用原理

电子提花开口的工作容量目前已发展到 2688 片钩，即可控制 1344 根经纱的独立升降运

动。它一般配置在剑杆织机和片梭织机上，主要用于织制领带和商标带。除了控制经纱以外，这种机构也经常同时用于控制选纬和送经、卷取运动。

图 7-22 是电子提花的花型设计和纹板制备系统的框图，它由图案输入、处理和纹板数据输出三部分组成。由于提花图案较为复杂，系统提供了四种输入手段。如果图案原稿是彩图、意匠图和投影放大图等纸质载体，一般通过高分辨平板扫描仪将图案输入主机内存；若为实物，则借助于 CCD 摄像系统输入；当需将穿孔带连续纹板转制成电子纹板（如EPROM）时，则可通过纹板阅读机将纹板信息输入；设计人员还可用电子笔在数字化仪上徒手绘画，现场创作提花图案。实际生产中，第一种手段最为常用。

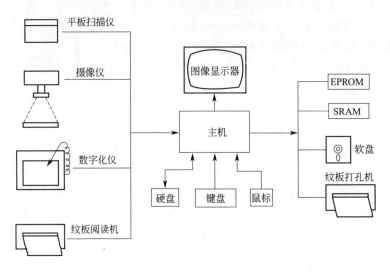

图 7-22　电子提花的花型设计和纹板制备系统的框图

读入主机内存的提花图案（数据）由 CAD 软件经人机交互处理后，产生纹板数据输出。输出方式取决于纹板制备系统与提花控制系统的接口方式，共有四种供选择：①EPROM；②SRAM 卡（静态随机存储器）；③软磁盘；④连续纹板。第三种方式对应的提花控制系统必须配备磁盘驱动器，第四种方式则用于为机械式提花开口机构制作纹板。

五、电子开口装置

近年来，一些公司开发了由伺服电动机控制综框运动的电子开口机构。图 7-23 所示为某电子开口装置示意图。通过多功能操作盘和主控制器 CPU（32 位）的结合，对由独立式伺服电动机驱动的各综框进行单独控制。因此，通过多功能操作盘不仅可对开口形式，也可自由设定每片综框的静止角及闭口时间，扩大了通用性，对织物品质、效率以及操作性的提高发挥了积极的作用。

这种电子开口装置可安装 16 页综框，综框间距为 12mm，最大开口为 157mm，筘幅为150～230cm。与其他开口机构相比，它具有以下特点。

（1）可实现高速运行。

（2）每页综框可自由设定静止角及闭口时间，适合织造不同种类、织造难度大的织物。

（3）可以单独控制每页综框的运动。

（4）通过电动控制产生平稳驱动，降低开口运动时的加速度，实现对纱线和机械无影响

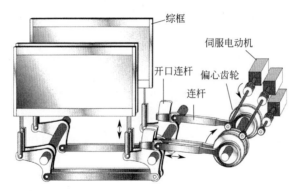

图 7-23 电子开口装置

的织造工艺。

（5）通过多功能操作盘完成设定变更，更适应小批量多品种的生产。

六、连续开口机构

织机生产时，间断性地形成织物是极为严重的缺陷。为此人们致力于探索连续形成织物的可能性。连续开口，是连续形成织物的重要前提，主要用于多梭口织机上。

连续开口的形成，可以在经纱方向形成多梭口，也可以在织物幅宽方向形成多梭口。

1. 连续开口方式

在织物幅宽方向形成多梭口有三种方法。

（1）分段开口法。将织物幅宽方向分成若干区段，在各个区段内，当形成梭口时，所有上层经纱或下层经纱都处于同一高度。

（2）阶梯开口法。在开口的每一个区段内，当形成梭口时，上层经纱与下层经纱成组地组成阶梯形。

（3）波形开口法。在开口的每一个区段内，当形成梭口时，上层经纱与下层经纱呈光滑的波形。

2. 连续开口工作原理

图 7-24 所示为生产平纹织物时纬向连续开口示意图。在传统织机上生产时，可以采用多个载纬器引纬。在织物的幅宽方向上，梭口被分成若干个单元，每个单元由一组综框组成。一组综框为两页，它们分别由一对开口凸轮 1、2 控制，传动轴 3 上安装着控制各组综框的凸轮。相邻的两对开口凸轮之间保持着相位差 a。图 7-23 画出了一个基本的全波波形，长度为 $2L$，由 m 组运动规律相同、但初相位不等的综框形成。相邻两组综框运动的相位差 a 为：

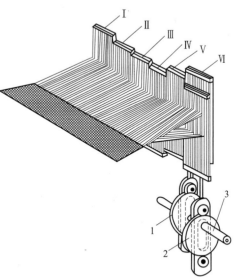

图 7-24 纬向连续开口示意图
1、2—开口凸轮；3—传动轴

$$a = \frac{360°}{\omega}$$

织机沿织物幅宽方向有 n 个如图 7-25 所示的梭口，其中同时移动着 $2n$ 个载纬器。这样，载纬器可以低速运行，而产量很高，织机的噪声、震动及零部件损耗大大降低。

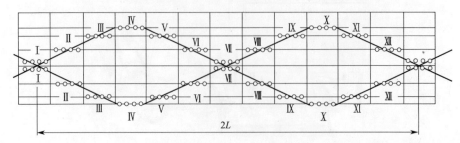

图 7-25　多梭口示意图

M8300 型织机是 Sulzer-Ruti 公司研制的新一代经向多梭口织机，如图 7-26 所示。该织机在经纱方向依次打开的梭口中，同时引入四根纬纱 1（图中画出两根）。经纱片 6 在回转的织造转子上面通过，借助梭口形成元件使经纱抬起进到上梭口位置，织造转子（图中未注）的弧度和旋转使转子上的开口片 2 按顺序打开梭口。在开口片插入经纱片以前，经纱位置由经纱定位杆 7 的纬向精密移动进行控制，被开口片抬起的那部分经纱形成上层梭口 4，其余经纱留在原地形成下层梭口 5，经纱定位杆起到单相织机中综丝的综框的作用，经纱密度和织物组织的复杂程度决定了所需经纱定位杆的根数，每根经纱都必须单独穿入指定经纱定位杆的一只孔中，每根经纱定位杆的微移动受控于织物组织的要求。目前 M8300 型织机能生产平纹、斜纹等标准织物组织。一旦形成一个梭口，低压空气就带引纬纱穿过梭口，在此引纬过程中，后续的纬纱开始进入随后的开口片之中。当一根纬纱完全引入后，它就在进口侧布边被夹住并剪断。此后，该纬纱由紧随在每一开口片之后的特殊打纬片 3 打紧。由于经纱定位杆紧贴在织造转子下方并与其轴向平行，操作非常方便。经纱定位杆的重量和动程都极其微小，所以提高运动速度尚有很大潜力。

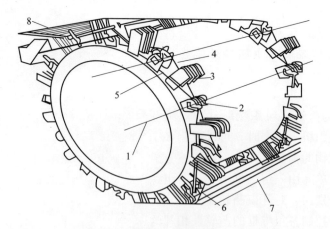

图 7-26　M8300 型织机开口示意图

1—纬纱；2—开口片；3—打纬片；4—上层梭口；5—下层梭口；
6—经纱片；7—经纱定位杆；8—织物

3. 连续开口机构

由于有多把梭子同时织造，所以织机的开口机构要同时在纬向开多个梭口。

（1）沟槽凸轮连续开口机构。图 7-27 所示为一种沟槽凸轮连续开口机构的示意图。每根综丝可以单独升降，综丝 1 和综丝 2 的运动由沟槽凸轮 3 控制，综丝下部的凸出部分嵌入凸轮的沟槽中，当沟槽凸轮像链条一样运动时，综丝则由沟槽曲线控制做升降运动，实现同时形成多个梭口的任务。

（2）凸轮片开口机构。凸轮片开口机构如图 7-28 所示。分成两层的经纱分别被凸轮片 1、凸轮片 2 的表面控制，隔片 3 放在相邻的两个凸轮片之间，隔片与凸轮片固定在回转轴上。凸轮片的形状相同，固定在轴上时，呈螺旋状排列，在其控制下，使经纱沿纬纱方向形成波状梭口。

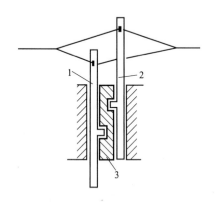

图 7-27 沟槽凸轮连续开口机构

1、2—综丝；3—沟槽凸轮

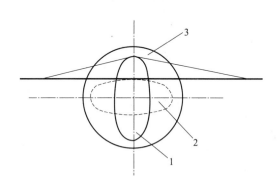

图 7-28 凸轮片开口机构

1、2—凸轮片；3—隔片

第二节 开口工艺

一、梭口工艺

（一）有关梭口的概念

织机上的经纱是沿织机纵向（前后）配置的。如图 7-29 所示，开口时，经纱随着综框的运动被分成上下两层，形成一个棱形的通道 BC_1DC_2，这就是梭口。构成梭口上方的一层经纱 BC_1D 为上层经纱，而下方 BC_2D 为下层经纱。梭口完全闭合时，两层经纱又随着综框回到原来的位置 BCD，此位置称为经纱的综平位置。

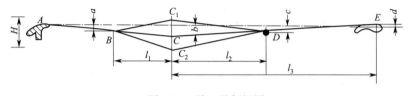

图 7-29 梭口的侧视图

梭口的尺寸通常以梭口高度、长度（前梭口、后梭口）和梭口角来衡量。前梭口长度与后梭口长度的比值称为梭口的对称度。为利于引纬和减少经纱张力，常采用前半部梭口长度小于后半部长度的不对称梭口。

经纱处于综平位置时，经纱自织口到后梁同有关机件相接触的各点联结线称为经纱位置

线。如果 D、E 两点在 BC 直线的延长线上，则经纱位置线将是一根直线，称为经直线。经直线只是经纱位置线的一个特例。$ABCDE$ 被称为织机上机线。在一般情况下，梭口形状在梭口高度方向上并不对称。

在织机上机线上，ABC 必为一条直线。同时，经停架中导棒位置 c 随后梁高度 d 的改变而改变，使 CDE 始终成一条直线。一般胸梁高度不变，胸梁表面常作为基准用于衡量织口、综平时的综眼以及后梁相对于胸梁的高度。织口和综平时的综眼位置一旦确定一般不再改变，故实际生产中所进行的经纱位置线的调整，确切地说是指改变后梁的高低、前后位置。

自织口到综眼的水平距离 l_1 为梭口的前部长度。自中绞棒到综眼的水平距离 l_2 为梭口的后部长度。自织口到中绞棒的水平距离 l_1+l_2 为梭口的总长度，亦称梭口长度。梭口的长度也称梭口的深度。梭口的前部长度和后部长度之比叫梭口对称度，以 i 表示。则：

$$i=\frac{l_1}{l_2}$$

当 $l_1=l_2$ 时，$i=1$，称为对称梭口。

对于同一织机上的各片综框，梭口的长度相等，而 l_1 与 l_2 之值、对称度 i 各不相同。各片综框上的经纱在垂直方向的最大位移叫梭口高度，以 H 表示。为了使梭口清晰和减少前后综张力差异，各片综框的 H 值也是不等的。

梭口满开时，上下两层经纱在织口与中绞棒处所形成的夹角叫梭口角。

（二）梭口形成的阶段和开口循环

织机主轴（曲柄轴）每一回转期间，综框运动使经纱上下分开，形成一次梭口，织入一根纬纱。主轴的下一个回转中，综框再改变其上下位置，形成又一次梭口。这样顺序形成一个完全组织所需要的各种梭口之后，第一个梭口又重复出现，形成一个开口循环。每形成一次梭口所需要的时间，就是曲柄轴一回转的时间，即是一个开口周期。在一个开口周期中，经纱随时处于不同的位置和状态。可据此把梭口的形成分为三个时期，如图 7-30 所示。

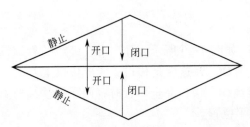

图 7-30　开口时经纱运动的三个时期

（1）开口时期：经纱离开综平位置而上下分开到梭口满开为止，此时经纱的张力随梭口的开放而增加。

（2）静止时期：梭口满开之后，经纱在梭口的上线和下线位置保持静止，以便纬纱顺利通过梭口。

（3）闭口时期：经纱自满开位置回到综平位置，在此期间经纱的张力随梭口闭合而减小。

在上一次梭口闭合和下一次梭口开口之间，上下运动着的经纱交错平齐的瞬间称为综平时间。综平时间即开口的起始时间，在工艺上用来标志开口时间的迟早。

（三）梭口的形成方式

不同开口机构形成梭口的方式有以下三种。

1. 中央闭合梭口

如图 7-31(a) 所示，每一个开口周期内，平综时所有经纱都回到经位置线，然后再上下分开形成梭口。这种开口方式在开口的各个不同时期，所有经纱的张力变化情况相同，都是随着梭口的开闭而增减。因此，可以使用摆动后梁来调节经纱张力因开口运动而产生的变化。因为在每次平综时，所有经纱都回到经位置线，挡车工操作方便。由于开口时经纱是同时向上下两个方向运动的，因而容易分清。

但是因为每次形成梭口时，所有经纱都需要运动，梭口不够稳定，对梭子通过不利，并且经纱的运动次数最多，经纱所受摩擦损伤也较大，动力消耗也较多。

中央闭合梭口用于织制经纱密度大、毛茸多、不易开清梭口的织物，但要求经纱比较耐磨，常用于毛织和丝织中。

2. 全开梭口（开放梭口）

如图 7-31（b）所示，在每一开口周期内，并非所有的经纱都回到经位置线，而是根据提综顺序，使需要改变上下位置的经纱移动，不需要改变位置的经纱则留在梭口的上方或下方不动。

全开梭口的经纱运动次数最少，梭口比较稳定，有利于纬纱通过，且经纱摩擦损伤少，动力也较节省。但因为在开口运动中各片经纱处于不同状态，故各片综框经纱的张力不一致，无法以摆动后梁来补偿开口运动中的经纱张力变化。全幅经纱没有同时综平的机会，因此不便于操作，需另设平综装置。高密或毛茸较多的经纱也不易开清梭口。

全开梭口适用于织制组织上有连续经组织点的织物。

3. 半开梭口（混合梭口）

如图 7-31（c）所示，半开梭口的运动方式及特点基本与全开梭口相同。与全开梭口的不同之处只是需要连续在上的经纱随下降的经纱一起稍稍下降，然后再随上升的经纱一起升到上线。

这种开口方式是由于部分复动式开口机构的特点而产生的，用于复动式多臂机及复动式提花织机上。

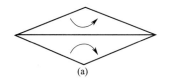 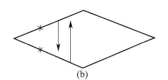 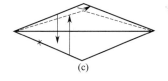

(a)　　　　　　　(b)　　　　　　　(c)

图 7-31 梭口形成方式

全开梭口、中央闭合梭口和半开梭口三种梭口形成方式的区别可以在开口循环图上明显地看出，以 $\frac{2}{3}\nearrow$ 斜纹为例，三种不同开口方式的经纱位移如图 7-32 所示。

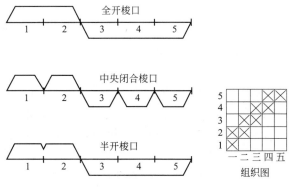

图 7-32 全开梭口、中央闭合梭口和半开梭口的比较

从图 7-32 中可以看出,在织同样的组织时,全开梭口的经纱运动次数最少,而中央闭合梭口的经纱运动最频繁,半开梭口则基本上接近于全开梭口方式。图 7-32 表示了半开梭口当经纱连续在上时,在第 1 纬和第 2 纬的开口之间,连续在上的经纱是先稍稍下降,然后又重新上升到上线的。

(四) 梭口的清晰度

在织机上,各片综框之间必须有一定的距离,以免在升降时彼此相碰,所以各片综框到织口的距离各不相同。当各片综框的动程做不同配置时,梭口可以得到三种不同的清晰度。梭口的清晰度是以梭口的前部来衡量的。

1. 清晰梭口

梭口满开时,前部梭口的上层经纱和下层经纱各集中在一个平面上,如图 7-33(a) 所示,各片综框形成的前梭口角 α 相等而且重合。

构成清晰梭口的条件是,各片综框的梭口高度与梭口前部长度成正比,即:

$$H_1 : H_2 : H_3 \cdots = L_1 : L_2 : L_3 \cdots$$

2. 半清晰梭口

前部梭口的下层经纱在同一平面上,上层经纱散成多层,如图 7-33(b) 所示。

3. 不清晰梭口

如图 7-33(c) 所示。前部梭口的上下层经纱都不在一个平面上。

比较以上三种不同清晰度的梭口,从梭子的通过条件来看,清晰梭口最佳,而半清晰梭口也较好,不清晰梭口最差。不清晰梭口的下层经纱高度不平,使梭子飞行不稳,同时也有使梭子穿错纱层造成组织错乱及碰断经纱的可能。

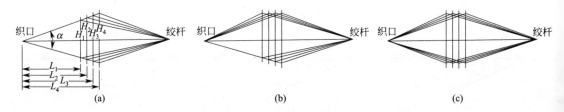

图 7-33　梭口的清晰程度

清晰梭口虽然具有梭子通过的最好条件,但是从其构成条件来看,由于各片综框的梭口高度与其到织口的距离成比例地增加,所以各片综框的经纱在开口时的相对伸长有很大差异,致使在梭口满开时分别穿在各片综框上的全幅经纱张力差异较大,影响布面的匀整。后综上的经纱所受张力较大,因而容易断头。

半清晰梭口经纱伸长率的差异较小,因而开口时经纱张力差异较小。

不清晰梭口虽然走梭条件最差,但是为了某些工艺上的要求,也常常使用一定程度的不清晰梭口。

当织制特高经密的平纹织物(如纱府绸、羽绒布等)时,通常采用小双层梭口,如图 7-34 所示。吊综时使第 3 页综高于第 1 页综,第 4 页综高于第 2 页综,把平综时间错开,经纱在交错时密度减少一半,经纱与经纱、经纱与综丝间的摩擦可大大减轻,也减少了相邻纱线粘连的机会,有利于减少断头,开清梭口。

穿综时应注意以下几点。

(1) 使用品质不同的经纱时,强力较差的经纱应穿在前综,弹性较小的经纱也应穿在前综。

（2）采用布边时，边经纱所受的摩擦和张力较大，应穿入前综。

（3）使用混合组织时，应把升降频繁、交错次数较多的经纱穿入前综，把交错次数较少的经纱穿入后综。在多臂织机上织色织物时，起花经纱一般应穿入后综，但单根嵌条或小花点的花经，因为怕被两侧经纱夹住而效果不明显，应穿在前综。

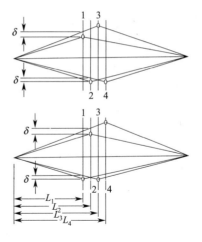

图 7-34　小双层梭口

（五）经纱的拉伸变形

开口过程中，经纱受到拉伸、摩擦（经纱与经停片、综丝、钢筘之间，经纱与经纱之间）和弯曲（在综丝眼处）等机械作用，容易引起断头。拉伸变形越大，经纱断头越多。

假设综平和梭口满开时织口位于同一位置且梭口上半部和下半部的开口高度相等，开口过程中上、下层经纱的拉伸变形 λ_1、λ_2，可根据梭口的几何形状求得，如图7-35所示。

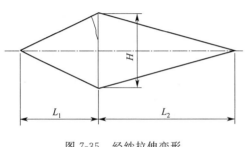

图 7-35　经纱拉伸变形

$$(L_1+\lambda_1)^2 = L_1^2 + \left(\frac{H}{2}\right)^2$$

展开：$L_1^2 + 2L_1\lambda_1 + \lambda_1^2 = L_1^2 + \left(\frac{H}{2}\right)^2$

所以：　$\lambda_1 = \dfrac{H^2}{8L_1}$，$\lambda_2 = \dfrac{H^2}{8L_2}$

（六）影响拉伸变形的因素

影响拉伸变形的参数有梭口高度、梭口后部长度及后梁高度。

1. 梭口高度对拉伸变形的影响

梭口满开时，经纱的伸长变形可以近似表示为：

$$\lambda = \frac{H^2}{8}\left(\frac{1}{L_1} + \frac{1}{L_2}\right)$$

可以看出，经纱变形几乎与梭口高度的平方成正比，在快速变形条件下（弹性范围内），经纱的伸长量同引起伸长变形的外力成正比，即梭口高度的少量增加会引起经纱张力的明显增大。因此，在保证纬纱顺利通过梭口的前提下，应尽量减小梭口高度。

确定梭口高度涉及的因素很多，既要考虑引纬器的结构尺寸，又要考虑引纬运动与筘座运动的合理配合，它还与织物结构、经纱性质及织物品种等因素有关。通常是在钢筘处于最后位置时，根据引纬器的结构尺寸确定梭口的合理高度。

例如有梭织机，由于梭子并不是在筘座位于最后位置这一瞬间通过梭口的，实际上梭子开始进入梭口时筘座还没有达到其最后的位置，而筘座由其最后方位置开始向前摆动时，梭子却还没有完全飞出梭口，如图7-36所示。因此，当梭子刚进入梭口和即将离开梭口时，梭子前壁处的梭口高度 h_0 要比梭子的前壁高度 h_s 小，经纱对梭子形成挤压。

经纱对梭子的挤压程度用挤压度 $P(\%)$ 表示。

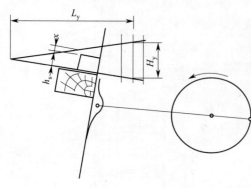

图 7-36　梭口高度确定

$$P = \frac{h_s - h_0}{h_s} \times 100\%$$

式中　h_s—— 梭子前壁高度；

　　　h_0—— 经纱片在梭子前壁处的开口
高度。

对于棉织物，进、出梭口的挤压度可分别
达到 25% 和 70%。

2. 梭口长度对拉伸变形的影响

梭口后部长度增加时，拉伸变形减小；反
之，拉伸变形增大。这一因素在生产实际中视
加工纱线原料和织制织物的不同而灵活掌握。
例如，由于真丝强力小，通常把丝织机的梭口后部长度放大。又如，织造高密织物时，可将
梭口后部长度缩短，通过增加经纱的拉伸变形和张力，使梭口得以开清。

3. 后梁高低与拉伸变形

后梁高低会对梭口上下层经纱张力的差值产生影响，该影响可以通过三种情况加以
考察。

(1) 后梁位于经直线上：此时，$\Delta\lambda = 0$，上下层经纱张力相等，形成等张力梭口。

(2) 后梁在经直线上方：此时 $\lambda_2 > \lambda_1$，$\Delta\lambda > 0$，下层经纱的张力大于上层经纱，形成不
等张力梭口。上、下层经纱张力差值将随后梁、经停架的上抬而增大。

(3) 后梁在经直线下方：$\Delta\lambda < 0$，下层经纱的张力小于上层经纱，但这种不等张力梭口
在实际生产中极少应用。

二、开口运动规律

在开口过程中，经纱由综框带动作升降运动形成梭口，综框运动的性质对经纱断头有很
大的影响。在梭口形状和尺寸确定后，综框运动规律就成为影响开口运动效果的根本因素，
对保证织造顺利进行、提高织机生产率和织物质量有着重要意义。

1. 综框运动角的表示

织机主轴每一回转，经纱形成一次梭口，其所需要的时间，称为一个开口周期。在一个
周期内，经纱的运动经历三个时期。

(1) 开口时期：经纱离开综平位置，上下分开，直到梭口满开为止。

(2) 静止时期：梭口满开后，为使纬纱有足够的时间通过梭口，经纱要有一段时间静止
不动。

(3) 闭合时期：经纱经一段时间的静止后再从梭口满开的位置返回到综平位置。

经纱从离开综平位置上下分开，到重新返回这个位置完成一次开口。在开口过程中，
上下交替的经纱达到综平位置的时刻，即梭口开启的瞬间，称为开口时间，俗称综平时
间，它是重要的工艺参数。通常，标注有织机主要机构运动时间参数的主轴圆周称为织
机工作圆图，用以表示织机运动时间的配合关系，如图 7-37 所示。图中箭头表示主轴回
转的方向，除个别情况外，主轴总是按逆时针方向回转。工作圆图的前方、下方、后方
和上方四个特征位置（记为 a、b、c、d）分别称为前心、下心、后心和上心。摆动筘座
到达最前和最后位置 e、f 时，主轴所在的位置分别称为前止点（前死心）和后止点（后

死心）。前止点的主轴位置角为 0°，是度量基准。图中开口时间的长短用开口角 α_k 表示，静止时间的长短用静止角 α_j 表示，闭口时间的长短用闭口角 α_b 表示。在闭口和开口时期内，综框处于运动状态之中，所以 $\alpha_b + \alpha_k$ 便是综框运动角。应该指出，织机主要机构运动时间的配合关系有时也用周期图表示。

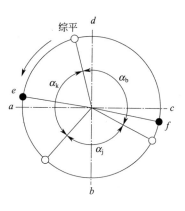

图 7-37　织机工作圆图

2. 综框运动角的分配

开口角、静止角和闭口角的分配，随织机筘幅、织物种类、引纬方式和开口机构形式等因素而异。在有梭织机上，为使梭子能顺利地通过松口，要求综框的静止角大些，但增加静止角，会缩小开口角和闭口角，从而影响综框运动的平稳性。因此，对一般平纹织物来说，为了兼顾梭子运动和综框运动，往往使开口角、静止角和闭口角各占主轴的 1/3 转，即 120°。随着织机筘幅的增加，纬纱在梭口中的飞行时间也将增加，因此，应适当加大综框的静止角，相应减小开口角和闭口角。采用三页以上综框织制斜纹和缎纹类织物时，为了减少开口凸轮的压力角，改善受力状态，常扩大开口角和闭口角。在喷气织机上采用连杆开口机构时，由于其结构关系，开口角和闭口角较大，而静止角为零。设计高速织机的开口凸轮时，考虑到在开口过程中开口机构所受载荷逐渐增加，而在闭口过程中开口机构所受载荷逐渐减小，为使综框运动平稳并减少凸轮的不均匀磨损，常采用开口角大于闭口角。

采用无梭引纬时，由于引纬器与经纱无接触，在梭口接近满开和开始闭合时，亦即在经纱运动时也可以引纬，因此可以适当减小凸轮静止角，扩大凸轮运动角，以在不影响引纬的条件下，改善凸轮机构的力学性能。

3. 综框运动规律

综框运动规律即综框在运动（闭口、开口）过程中的位移与织机主轴回转角 ω_t 之间的关系，它对经纱断头和织机振动都有较大的影响。常见的综框运动规律有简谐运动规律和椭圆比运动规律。随着织机速度的提高，多项式运动规律也得到了较多采用。

（1）简谐运动规律。一个动点在圆周上绕圆心做等角速度运动时，此点在直径上的投影点的运动即为简谐运动。取综框在最低处（或最高处）位移 S 为 0，综框开始闭合时织机主轴回转角 ω_t 为 0，并设 $\alpha_b = \alpha_k$，则综框做简谐运动的位移方程：

$$S = \frac{S_x}{2}\left(1 - \cos\frac{\pi\omega_t}{\alpha_y}\right)$$

式中　S_x—— 任一页综框的动程；

　　　ω—— 织机主轴角速度；

　　　ω_t—— 织机主轴回转角；

　　　α_y—— 综框运动角，$\alpha_y = \alpha_b + \alpha_k$。

对上式求导一次和二次，可得出综框运动速度 v 和加速度 a（公式从略）。综框位移 S、速度 v、加速度 a 的曲线，如图 7-38 中曲线 A 所示。

由图 7-38 曲线 A 可见，在综平前后，综框运动速度快，此时经纱张力小，非但不会造

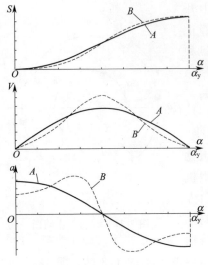

图 7-38　简谐运动规律和椭圆
比运动规律比较

成断头. 而且有利于开清梭口；在闭口开始后的一个时期，综框运动缓慢，对梭子飞出梭口有利。但由于综框从静止到运动和从运动到静止过渡时的加速度不为零，使综框产生振动，不利于做高速运动。因此，简谐运动规律一般用于低速织机（如有梭织机）的开口机构。

（2）椭圆比运动规律。一个动点在椭圆上绕中心做等角速度转动时，此点在椭圆短轴上的投影点的运动即为椭圆比运动规律。当椭圆的长短半轴之比为 1 时，即为简谐运动规律。椭圆长短半轴之比的大小对综框运动加速度变化幅度影响很大，一般此比值取 1.2～1.3。若 S_x、ω 和 α_y 取值同前，上述比值为 1.2008 时，综框加速度最大值与简谐运动规律相同，但综框从静止到运动和从运动到静止之间过渡时的加速度值比简谐运动规律小；比值大于 1.2008 时，综框加速度最大值超过简谐运动规律，而综框从静止到运动和从运动到静止之间过渡时的加速度值变得更小。图 7-38 中虚线 B 分别是椭圆比运动规律的位移、速度、加速度的曲线，与简谐运动规律相比，在综平前后经纱张力小时，椭圆比运动规律的综框运动速度更快，更有利于开清梭口；在闭口开始后的一个时期，综框运动更缓慢，更有利于梭子飞出梭口，综框从静止到运动和从运动到静止之间过渡时的加速度值较小，从而综框产生的振动小。

（3）多项式运动规律。综框的多项式运动规律有多种，其中一种的位移方程为：

$$S = \left(\frac{S_x}{2}\right)\left[35\left(\frac{\omega t}{\alpha_y}\right)^4 - 84\left(\frac{\omega t}{\alpha_y}\right)^5 + 70\left(\frac{\omega t}{\alpha_y}\right)^6 - 20\left(\frac{\omega t}{\alpha_y}\right)^7\right]$$

该运动规律可使综框运动开始和运动结束的瞬时加速度都为零，从而避免综框产生振动，适用于织机高速运转。

实验一　开口机构认识实验

一、实验目的

（1）了解凸轮开口机构的工作原理和主要机构。
（2）了解连杆开口机构的工作原理和主要机构。
（3）了解多臂开口机构的工作原理和主要机构。
（4）了解提花开口机构的工作原理和主要机构。

二、实验内容

（1）凸轮开口机构的工作原理。
① 一般凸轮开口机构。

② 共轭凸轮开口机构。

（2）连杆开口机构的工作原理。

（3）多臂开口机构的工作原理。

① 单动式多臂开口机构。

② 积极复动式多臂开口机构。

（4）提花开口机构的工作原理。

① 单动式提花开口机构。

② 电子提花开口机构。

三、实验准备

（1）实验器材：连杆开口装置、凸轮开口装置、多臂开口装置和提花开口装置。

（2）实验材料：经纱和纬纱。

实验二 织机经纱动态张力测试

一、实验目的

（1）学习经纱（单纱和片纱）动态张力测试的原理及方法。

（2）了解经纱在织造过程中张力的变化情况，分析织机各大运动对经纱动态张力的影响，加深和巩固专业基础理论知识。

二、实验内容

（1）在全幅经纱的中部分别选取不同综框上的经纱进行单纱动态张力测试，每页综框测10根纱求平均。比较综框前后排列次序对经纱动态张力的影响。

（2）在全幅经纱的左、中、右进行片纱动态张力测试，比较全幅经纱张力的分布及均匀性。

（3）根据实验结果分析开口、打纬运动对经纱动态张力的影响。

三、实验设备与分析软件

（1）测试设备。

（2）无梭织机。

（3）张力仪。

（4）张力分析软件：Tension Inspect 2.0（Ti 2），德国 HANS SCHMIDT & Co. GmbH。

四、实验记录

1. 实验条件

织机型号：　　　　　织机转速（r/min）：　　　　　经纱线密度（tex）：

织物组织：　　　　　总经根数：　　　　　织物幅宽（mm）：

织物经密（根/10cm）：　　　　　筘号（公制）：　　　　　钢筘穿入数（根/筘）：

2. 实验数据

将实验数据记录于此。

五、结果与分析

对实验结果进行分析。

思考题 ▶▶

1. 试述一般凸轮开口机构的优缺点。

2. 为什么在多臂及提花开口机构中，选综与提综、回综装置要相对独立？

3. 试述多臂开口机构的工作原理。

4. 试述提花开口机构的工作原理

5. 试述开口运动的目的及要求。

6. 常见的开口机构有哪几种？各有什么特点？

7. 什么是经纱位置线和经直线？

8. 织造时引起经纱断头的主要原因是什么？

9. 何为开口时间（综平时间）、何为织机开口工作圆图？

10. 何为全开梭口、清晰梭口、小双层梭口？

11. 简述电阻应变式传感器、变磁阻式传感器和差动电容式传感器的工作原理。

12. 综框前后排列次序对经纱动态张力有何影响？

13. 试分析织机片纱张力不匀的原因，片纱张力不匀对织造生产以及织物质量有何影响？如何均匀全幅经纱张力？

14. 在单纱动态张力图中标明综平时间、梭口满开、打纬开始、打纬结束、上层经纱、下层经纱，并说明理由。

第八章

引 纬

经纱由开口机构形成梭口后，将纬纱引入梭口的过程称为引纬。引纬的作用是使纬纱和经纱相互交织形成织物。通常梭口开启具有一定的时间周期和特定的运动规律，这就要求引纬过程必须符合一定的要求，即在时间上与开口过程准确配合，避免引纬器对经纱产生损伤。同时，为避免断纬和纬缩疵点，引纬过程纬纱张力大小要适当。

引纬装置是织机重要的组成部分。按引纬方式可分为有梭引纬和无梭引纬两大类。有梭引纬由梭子将纬纱引入梭口，梭子既是引纬器，又是载纬器，此类织机称为有梭织机。无梭引纬是通过各种新型引纬器或以流体为引纬介质直接从筒子上将一定长度的纬纱引入梭口，此类织机因不再采用传统的梭子而称为无梭织机。

有梭引纬由于梭子是体积大、重量大的投射体，且梭子内装有纬纱卷装——纡子，同时梭子在织机两侧被反复发射和制停，造成有梭织机具有振动大、噪声大、零部件损耗大的缺陷。

无梭引纬由于采用体积小、重量轻的新型引纬器，或以空气、水等射流为引纬介质，引纬过程梭口高度和筘座动程可相应减小，从而织机车速得以大幅度提高。随着无梭引纬技术的不断发展，织机幅宽也大幅度提高，如片梭织机幅宽可达 5.4m，喷气织机幅宽可达 4.2m。目前，有梭织机正逐渐被片梭、剑杆、喷气和喷水等无梭织机取代。

第一节 引 纬 机 构

一、有梭引纬

在有梭织机上，纬纱卷装呈管纱形式——纡子，容纳在梭子的梭腔内。梭子具有引纬和载纬的功能。有梭织机两侧各装有一套投梭和制梭机构，引纬结束梭子由制梭机构制停在梭箱中。

引纬开始，梭子由本侧投梭机构对其加速，当梭子达最高速度（约12m/s）时，脱离投梭机构以自由飞行状态进入并通过梭口，到达对侧梭箱，受对侧制梭机构作用，制停在对侧梭箱内，完成第一次引纬。接着对侧投梭机构将梭子投射到梭口，梭子返回本侧，受本侧制梭机构作用，制停在本侧梭箱，完成第二次引纬。重复上述过程，梭腔内纡子上纬纱被不断引入梭口，并与经纱交织形成织物。

有梭引纬机构主要包括梭子、投梭机构、制梭装置、自动补纬装置及梭箱等机件。

（一）梭子

梭子一般采用耐冲击、耐磨损、质地坚韧的木料或工程塑料制成，两端镶有中碳钢制成的圆锥形梭尖，以提高耐冲击性能。梭子表面光滑，外形呈流线型，以利于减少飞行阻力和利于进出梭口。梭子的长、宽和高由梭口大小决定，即梭口大，梭子长、宽、高可大些；反之，则小些。梭腔尺寸应符合纡子卷装和纬纱退绕要求。如纬纱为纤细的长丝，梭子尺寸可小些；如纬纱为粗的毛、麻纱，为增加纡子的容纱量，减少换纬次数，通常采用尺寸较大的梭子。

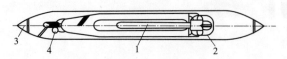

图 8-1 所示为棉织自动换梭织机用的梭子。

梭子底面与背面的夹角，应同钢箱与走梭板间的夹角一致，棉型织机夹角为86.5°。梭子重心在梭子横截面的后下方，以增加梭子飞行的稳定性。为使纬纱引出

图 8-1 棉织自动换梭织机用的梭子
1—梭芯；2—纡子座；3—梭尖；4—导纱磁眼

时具有工艺上需要的张力，在梭腔内装有张力装置。张力装置兼有控制纬纱退解气圈、均匀纬纱张力的作用。

（二）投梭机构

有梭织机投梭机构有下投梭机构、中投梭机构和上投梭机构等形式。图 8-2 所示是有梭织机常见的下投梭机构示意图。

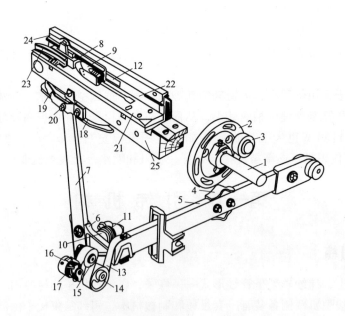

图 8-2 有梭织机的下投梭机构
1—中心轴；2—投梭盘；3—投梭转子；4—投梭鼻；5—侧板；6—投梭棒脚帽；7—投梭棒；
8—皮结；9—梭子；10—十字炮脚；11—投梭棒扭簧；12—制梭板；13—缓冲带；
14—偏心轮；15—固定轮；16—弹簧轮；17—缓冲弹簧；18—皮圈；
19—皮圈弹簧；20—调节螺母；21—梭箱底板；22—梭箱后板；
23—梭箱前板；24—梭箱盖板；25—箱座

在织机上，由静止状态缓缓转动主轴，皮结推动梭子移过的距离称投梭动程或投梭力。在其他条件不变时，投梭动程越大，梭子能达到的最大速度也越大。实际生产中，可根据上机筘幅、梭子进出梭口时间及投梭机构的动态特性调整投梭动程。

梭子进入梭口的时间受所允许的进梭口挤压度制约，即与开口、打纬（筘座位置）相配合，既不能早进梭口，以免挤压度过大，但也不能迟进梭口，导致梭子出梭口过迟而挤压度大。通常可通过调整投梭时间，实现梭子按时进入梭口。投梭时间是投梭转子开始与投梭鼻接触、皮结即将推动梭子时的主轴位置角。投梭时间的调节方法是，松开投梭转子在投梭盘上的位置，顺着投梭盘的转动方向前移投梭转子，使投梭时间提前，反之，投梭时间推迟。

投梭机构装在筘座上，筘座由四连杆机构驱动，投梭机构随筘座前后摆动。故梭子通过梭口的运动是由沿筘座的直线运动和随筘座前后摆动的复合运动，其轨迹是一条空间曲线。梭子在梭口中自由飞行时受到经纱、钢筘、走梭板的摩擦阻力作用。如以筘座作为运动的参照系，则梭子做匀减速运动，梭子从进入梭口时的梭速 v_j 减为飞出梭口时的 v_c。v_j 应与织机速度 n 成正比，与梭子出入梭口的主轴位置角间隔 $(\alpha_c - \alpha_j)$ 成反比。为了不使梭子速度过高，则 $(\alpha_c - \alpha_j)$ 应尽可能大些，即允许梭子在梭口中飞行时间长些，即让梭子尽可能早进和晚出梭口。这由梭口开启规律和梭子进出梭口时所允许的挤压度决定，一般允许梭子进、出梭口时与经纱存在着一定的摩擦和挤压，但要避免梭子对经纱的过分挤压，否则会损伤经纱，甚至发生轧梭。

（三）制梭装置

有梭织机的梭箱既是投梭箱，也是制梭箱。梭子飞越梭口进入对侧梭箱时，仍具有较大的速度和动能，为保证下次击梭时梭子能正常飞行，制梭装置通过制动摩擦功及部件变形能，使进入梭箱的梭子被及时制停，并准确定位在预定位置。

1. 制梭过程

根据图 8-2 所示的下投梭机构，有梭织机制梭过程分为以下三个阶段。

（1）梭子与制梭铁斜碰撞、梭子与制梭铁和梭箱前板摩擦制梭。如图 8-3 所示，梭子 4 飞入梭箱后与制梭铁 2 斜碰撞制梭，但其作用非常有限，根据弹性碰撞的理论计算可得出梭子速度仅下降了约 1%。梭子和制梭铁碰撞后，制梭铁以初角速度 ω_0 外甩，并与梭子脱离，这对于依靠摩擦吸收动能的制梭不利，故设计上要尽量减少外甩动程。梭子碰撞制梭铁向外转

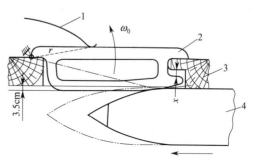

图 8-3　梭子与制梭铁斜碰撞制梭示意图
1—制梭弹簧；2—制梭铁；3—梭箱后板；4—梭子

动后，制梭弹簧 1 使之复位重新压紧在梭子上，随梭子向前移动受到制梭铁和梭箱前板的摩擦制动作用，从而吸收梭子的动能，降低梭子的速度。

（2）皮圈在皮圈架上滑行的摩擦制梭及三轮缓冲装置制梭。梭子进一步向底部运动到一定位置后便和皮结产生冲击，并推动投梭棒向机外侧运动，由于皮圈架的摩擦阻力和三轮缓冲作用，使投梭棒迅速减速，而梭子仅受制梭板阻力，减速较缓慢，故梭子将再次冲击皮结和投梭棒。

如图 8-4 所示，梭子和皮结碰撞后，投梭棒 3 通过皮结从梭子获得动能，推动皮圈 1 在支圈架 2 上滑行一段距离，调节皮圈边端弹簧 5 和皮圈导板 6 位置可改变制梭效果。经梭子

与皮结多次碰撞，皮圈滑行到终点，完成摩擦动程。此时，投梭棒皮枕 4 使皮圈拉伸变形，皮圈变形回复将引起梭子回跳，过大的回跳将影响下一次击梭的正常进行，故回跳一般控制在 5mm 以下。因此，在皮圈摩擦制梭过程后期，三轮缓冲装置将及时参与制梭过程，吸收梭子剩余动能。

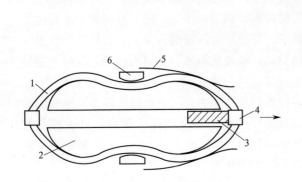

图 8-4　皮圈滑行摩擦制梭示意图

1—皮圈；2—皮圈架；3—投梭棒；4—皮枕；

5—皮圈边端弹簧；6—皮圈导板

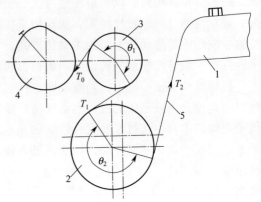

图 8-5　三轮缓冲制梭示意图

1—投梭侧板；2、3—固定轮；

4—弹簧轮；5—拉带

（3）如图 8-5 所示，投梭棒吸收梭子动能后，其脚帽将投梭侧板 1 上抬，拉紧拉带 5，拉带绕过固定轮 2、3，引起弹簧轮 4 产生扭转和扭簧变形，从而实现拉带和固定轮的摩擦以及扭簧变形来吸收梭子剩余动能。

生产实践表明，制梭过程的三个阶段中，梭子大部分动能被皮结、皮圈和三轮缓冲装置所吸收，具体表现为皮结、皮圈的损耗量较大，当织机速度提高后皮结、皮圈的损耗更为突出。

2. 制梭装置的工艺要求

（1）梭子的制停位置一致，不能出现回跳，否则影响下一次投梭。

（2）制动不能太剧烈，避免纡子上的纱圈在制梭时脱落。

（3）制梭装置各部分负担合理，避免某种器件大量损坏。

（4）制梭产生的噪声要尽可能低。

（四）自动补纬装置

自动补纬装置的作用是及时补充即将用完的纬纱卷装。自动补纬装置分自动换纡和自动换梭两类，前者由纡库中的满纡子替换梭子中的空纡子，后者由梭库中的满梭子替换梭箱中的空梭子。现在自动织机通常都是自动换梭装置。自动换梭装置由探纬诱导和自动换梭两部分组成。

1. 探纬诱导部分

探纬诱导装置在织机的开关侧，图 8-6 所示为有梭织机的探纬诱导装置示意图。

2. 自动换梭部分

自动换梭装置在织机的换梭侧，图 8-7 所示为有梭织机的自动换梭装置示意图。

（五）有梭织机的多色纬织造

有梭织机织制多色（种）纬纱时，需采用多梭箱织机。按多梭箱的安装位置和梭箱数

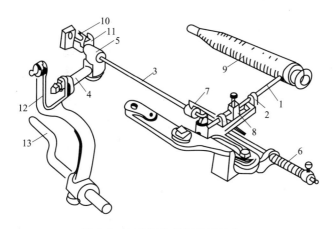

图 8-6　有梭织机的探纬诱导装置

1—探针；2—探针支持；3—交叉锭；4—套筒支持；5—套筒；6—交叉锭弹簧；7—钟形曲臂；
8—辅助连杆；9—纬纱管；10—钩头；11—交叉锭钩；12—敏觉杆；13—传动杆

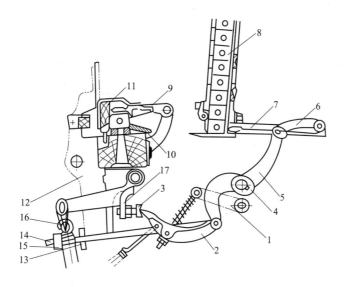

图 8-7　有梭织机的自动换梭装置

1—传动杆；2—撞嘴；3—V 形螺钉；4—推梭轴；5—推梭臂；6—连杆；7—推梭框；
8—梭子；9—前闸轨；10—前凸版；11—背板；12—筘座脚；13—撞铁；14—回复杆；
15—方铁；16—安全弹簧；17—安全杆

量，可以分为单侧多梭箱和双侧多梭箱两类。如单侧两梭箱 1×2、单侧四梭箱 1×4、双侧两梭箱 2×2、双侧四梭箱 4×4 等多梭箱织机。多梭箱织机应根据色纬循环及梭箱安排（也称梭子配位）编制钢板链，正确实现梭箱变换。

二、喷气引纬

（一）喷气引纬系统

按喷嘴形式，喷气引纬分为单喷嘴引纬、多喷嘴（主喷嘴加辅助喷嘴）引纬两种。防气流扩散方式分为管道片、异型筘两种。喷嘴形式和防气流扩散方式组合成三种喷气引纬

系统。

1. 单喷嘴管道片式引纬系统

图 8-8 所示为单喷嘴管道片式引纬系统。单喷嘴管道片式引纬系统是早期喷气引纬的主要形式。纬纱从储纬器的定长盘 1 上脱下,经主喷嘴 2 射流牵引,进入织口飞行。引纬通道由数百只管道片 3 组成,其作用是抑制引纬气流速度的下降,扩大引纬距离、增大幅宽和节能。由于射流流速的衰减特性,导致气流速度迅速下降,当其等于或小于纬纱飞行速度时,则失去对纬纱的牵引作用。为减少纬缩疵布,在管道出口处增设吸嘴 4,对飞行到终点的纬纱自由端进行牵引,以保证纬纱以伸直状态与经纱交织。此外,当吸嘴内气流设计为与纬纱同捻向的旋转气流时,可对纬纱自由端进行退捻补偿。

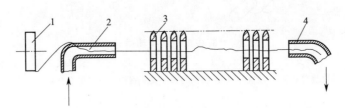

图 8-8　单喷嘴管道片式引纬系统

1—定长盘;2—主喷嘴;3—管道片;4—吸嘴

2. 多喷嘴管道片式引纬系统

单喷嘴引纬受射流流程限制,只能加工窄幅织物。为弥补管道气流不断衰减,在筘座上沿管道可以安装辅助喷嘴,沿纬纱飞行方向相继喷气,向管道内补充高速气流,实现接力引纬。

辅助喷嘴外形可与管道片相同,如图 8-9 所示,管道片内部有中空结构气室,压缩空气通过气室,从小喷孔喷入由管道片构成的管道中。辅助喷嘴也可单独设置。

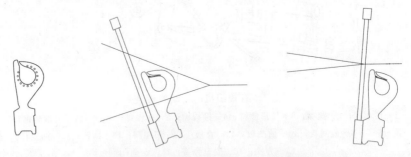

图 8-9　管道片式辅助喷嘴和独立辅助喷嘴

3. 多喷嘴异型筘式引纬系统

图 8-10 所示是多喷嘴异型筘式引纬系统示意图。纬纱从定长储纬器 1 释放,经主喷嘴 2 进入异型筘 4 半敞开的筘槽中,由于筘槽对气流的约束能力差,导致气流迅速扩散并衰减,故沿筘座相隔一定距离安装多个辅助喷嘴 3,不断向筘槽喷射气流,使引纬气流在较长距离上保持所需流速,保证纬纱得到适宜的牵引而穿越梭口,最终由异型筘推向织口。

异型筘的筘槽对气流的限制不及管道片,引纬时耗气量大,耗能也大。此外,异型筘加工要求高,钢筘投资大。但是,异型筘对经纱摩擦小,适应织机高速,适合少品种、大批量生产,因此多喷嘴异型筘引纬系统是目前喷气织机采用的主要形式。

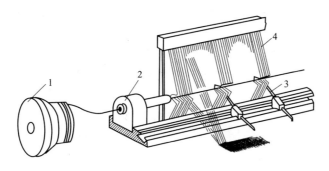

图 8-10 多喷嘴异型筘式引纬系统

1—定长储纬器；2—主喷嘴；3—辅助喷嘴；4—异型筘

（二）喷气引纬装置

1. 主喷嘴

主喷嘴有多种结构，其中组合式主喷嘴应用最为普遍，其结构如图 8-11 所示。组合式喷嘴由喷嘴壳体 1 和喷嘴芯 2 组成。喷嘴芯在壳体的位置可调节，使气流通道截面变化，以改变射流的出流量。压缩空气由进气孔 4 进入环形气室 6，形成强旋流，经过环状栅形缝隙 7 构成整流室 5，将大尺度的旋流切割为多个小尺度旋流，使得垂直前进方向流体的速度分量减弱，沿前进方向流体的速度分量加强，达到整流的作用。汇集到 B 处的气流，将导纱孔 3 处吸入的纬纱带出喷口 C。BC 段为光滑圆管，称整流管，当整流管长度管径比大于 6～8 时，整流效果好，从喷口喷射的射流扩散角小、集束性好、射程远。

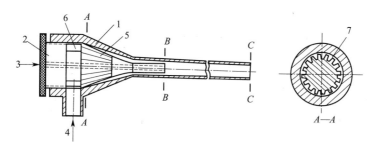

图 8-11 组合式主喷嘴结构

1—喷嘴壳体；2—喷嘴芯；3—导纱孔；4—进气孔；

5—整流室；6—气室；7—环状栅形缝隙

为适应高速引纬，现代喷气织机引纬系统如图 8-12 所示，主喷嘴由固定和摆动主喷嘴组成，前者负责克服纬纱从储纬器下退绕的阻力，将纬纱顺利送到摆动主喷嘴。后者安装在筘座上，出气口始终对准筘槽，负责纬纱在筘槽中顺利通过。固定主喷嘴的气流略大于摆动主喷嘴，使纬纱略呈松弛，以松弛纬纱因随筘座摆动而产生的张力，并减小纬纱进入摆动主喷嘴前的张力。引纬时，纬纱 2 从筒子 1 上退绕并缠绕在定长储纬器 3 的鼓轮上，经导纱器依次穿过固定主喷嘴 5 和摆动主喷嘴 6，压缩空气从主喷嘴圆管喷出，使纬纱在异型筘 8 的筘槽中飞行，多个辅助喷嘴 9 向筘槽补充气流，保证引纬顺利完成。随着异型筘 8 的摆动，纬纱被推向织口，和经纱 12 完成交织。纬纱在主喷嘴出口处被剪刀 7 剪断，为下一次引纬做准备。第一探纬器 10、第二探纬器 11 在织机右侧靠近布边，前者探测纬纱是否通过梭口，当纬纱未能通过梭口时，则反馈信息及时停车。后者探测纬纱自身是否断头，当纬纱

断头时，断了的纬纱片段被气流吹出梭口，则反馈信息及时停车。

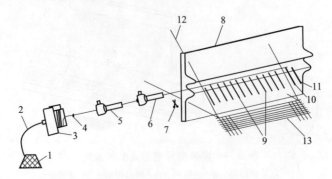

图 8-12　固定和摆动主喷嘴喷气引纬系统

1—筒子；2—纬纱；3—定长储纬器；4—导纱器；5—固定主喷嘴；

6—摆动主喷嘴；7—剪刀；8—异型筘；9—辅助喷嘴；10—第一探纬器；

11—第二探纬器；12—经纱；13—织物

2. 管道片

图 8-13 所示为常见的管道片形式。组成引纬通道的管道片间要有一定空隙以容纳经纱。引纬时管道片插在上下层经纱之间，引纬结束后管道片逐渐退出下层经纱，纬纱则从管道片上方的脱纱槽脱出，被钢筘推向织口。为减小引纬气流和周围静止空气动量交换，减少气流的扩散，可在引纬时采取如图 8-14 所示的几种措施以减小间隙。图 8-14(a) 所示为封闭管道片脱纱槽、图 8-14(b) 所示为锥孔型管道片，图 8-14(c) 所示为管道片旋转。

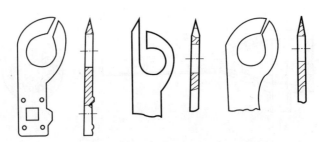

图 8-13　常见的管道片形式

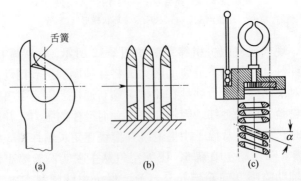

图 8-14　管道片防气流扩散的措施

管道片具有控制气流效果好、耗气量少、钢筘投资少等优点。但是，管道片频繁进出梭口，尤其在加工高密、细特经纱织物时，下层经纱会拥塞在管道片的间隙中，造成开口不清、磨损，甚至断头，影响织机高速，故其应用受到限制。

3. 异型筘

图 8-15(a) 所示是异型筘引纬和打纬时的状态，图 8-15(b) 所示是异型筘的唇型结构示意图，上唇至筘底高度（51～57mm）随主喷嘴高度确定；下唇边倾角 β 有 0°、6°、12°等规格。为减少气流在筘槽扩散，可类似于管道片的设计，将筘齿片的筘槽加工成锥形。

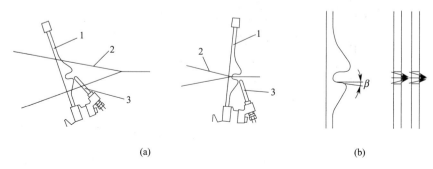

(a)   (b)

图 8-15 异型筘的结构

1—异型筘；2—经纱；3—辅助喷嘴

4. 辅助喷嘴

常见的辅助喷嘴为上扁下圆的空心管，外表光滑，减小了对经纱的摩擦，压缩空气从头端喷气孔喷出，方向水平偏上 9°～10°。喷孔有单孔型、多孔型、条缝星型等形式。

为保证引纬过程的顺利，辅助喷嘴应具有喷嘴出口流速高、集束性能好、射程尽可能远，且有准确的孔径和喷射方向的特点。

多个辅助喷嘴间隔安装在筘座上，沿纬纱飞行方向喷射气流，在筘槽内形成高速引纬气流，其耗气量占总耗气量的一大半。为节约压缩空气，一般采用如图 8-16 所示的分组依次供气的方式，以 2～5 个辅助喷嘴为一组，由一只电磁阀控制，按纬纱前进方向调整各电磁阀的启闭时间，使各组喷嘴相继喷气。喷气织机采用的电磁阀具有工作频率高、响应时间短的特性，能适应织机高速和节能的要求。

辅助喷嘴的安装间距可根据气流对纬纱的控制能力进行调整，一般靠近主喷嘴的前中段间距可较大，出口侧间距则较小，以使纬纱在出口侧受到气流的控制作用，减少纬缩疵点。此外，一

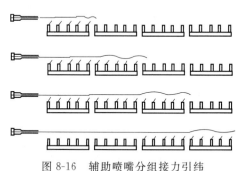

图 8-16 辅助喷嘴分组接力引纬

些喷气织机在出口侧加装一只特殊的辅助喷嘴，又称拉伸喷嘴，以拉伸引纬结束时的纬纱，保证纬纱以伸直状态与经纱交织，减少纬缩疵点。

5. 供气装置

喷气织机的供气装置分为独立供气和集体供气两种方式。独立供气即每台喷气织机都配备单独的空气压缩机供气，具有结构简单、价格低廉的特点，但是供气压力波动较大，织机振动大，仅在早期的喷气织机使用。集体供气即多台喷气织机共用一套供气装置，压缩空气通过管道输送到每台织机，这是目前喷气织机的主要供气方式。

空气压缩机有活塞式、螺杆式和涡轮式，其中螺杆式和涡轮式应用较普遍。空气压缩机

又分为加油式和不加油式，相应产生含油和不含油的压缩空气。为保持喷气引纬系统良好地运行，压缩空气的供气压力、含水量、含油量、含杂量应符合一定的要求。水分会引起供气管道锈蚀，导致灰尘等异物粘着管壁而使管径减小，增加空气输送的压力损失，严重时会堵塞辅助喷嘴出流孔，因此要求供气系统输出的空气含水量应小于 $5g/m^3$。空气中的油分也会导致类似水分的弊端，还会导致织物产生油污疵点，因此要求供气系统输出的空气油分含量应小于 $0.001g/m^3$。为防止杂质和水及油共同对引纬系统和供气管道的危害，要求供气系统输出的空气杂质含量小于 $0.001g/m^3$。

图 8-17 所示是集体供气式空气压缩系统示意图。空气压缩机 1 将空气压入储气罐 2，此时空气压力约 0.7MPa，空气温度上升到约 40℃，空气中约 90% 以上的水分凝结产生冷凝水，并从储气罐的排水管排出。为满足织造车间的供气需要，储气罐应具有很大的容气量。储气罐具有衰减空气压缩机的压力脉冲，保持供气压力稳定，让水分和有害杂质从空气中分离的功能。从储气罐出来的压缩空气经干燥器 3 进一步去除水分。常用的干燥器为冷冻式干燥器，压缩空气被冷却到 20℃，水分经冷凝、干燥后，空气中约 99.9% 的水分被排除。从干燥器出来的压缩空气经主过滤器 4 过滤，过滤精度达 $3\sim5\mu m$，过滤对象是粒子较大的水、油、杂质等物质。过滤后，空气中 $3\sim5\mu m$ 的杂质和 99% 的油分被去除。再经过过滤精度 $0.3\sim1\mu m$ 的辅助微粒过滤器 5 和过滤精度 $0.01\mu m$ 的微粉雾过滤器 6，空气中残留的油量几乎完全去除，相应尺寸的杂质也被滤除。当采用涡轮式和不含油的螺杆式空气压缩机时，可不使用辅助微粒过滤器和微粉过滤器，或只使用辅助微粒过滤器。

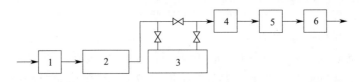

图 8-17 集体供气式空气压缩系统示意图
1—空气压缩机；2—储气罐；3—干燥器；4—主过滤器；
5—辅助微粒过滤器；6—微粉雾过滤器

6. 混纬及多色纬纱织造

喷气织机可进行混纬及多达 8 色不同纬纱的织造。图 8-18 所示为四色选纬机构。四根纬纱分别来自四只储纬器 1，先经过四个固定主喷嘴，引入到各自对应的摆动主喷嘴 2 中，四个摆动主喷嘴 2 安装在筘座上，由四个电磁阀分别控制喷射时间，喷管 3 对准异型筘筘槽入口，形成四套独立引纬装置。当纬纱配色循环信息存入电脑时，各套选纬系统按照程序相继工作，引入预定纬纱，实现多色纬织造。多于四色选纬时，多个主喷嘴同时对准筘槽，此时可将靠近主喷嘴的筘槽设计为喇叭形，以使得纬纱顺利进入筘槽。

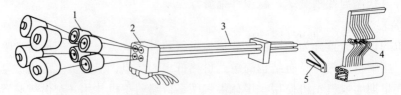

图 8-18 喷气织机四色选纬机构
1—储纬器；2—摆动主喷嘴；3—喷管；4—异型筘；5—剪刀

（三）喷气引纬的品种适应性

喷气引纬以惯性极小且单向流动的空气为引纬介质，具有高车速、高入纬率（2500m/min以上）的特点，且占地面积小。可用于轻薄至厚重各类织物加工，纬纱一般4～6色，原料多为短纤纱、化纤长丝。特别适合大批量加工细薄织物，如细特高密单色织物。此外，喷气织机价格较低（是同水平剑杆织机价格的80%～90%），设备投入成本较低。因此，喷气引纬具有产量高、质量好、成本低、经济效益好的特点。

喷气引纬属消极引纬方式，引纬气流对某些纬纱（粗重结子纱、花式纱等）缺乏足够的控制力，易产生引纬疵点。其对梭口开口清晰度及引纬通道要求高，否则会导致纬停关车，影响织机效率。喷气织造的高速和经纱高张力，对经纱质量和织前准备的半制品质量有很高的要求。

三、剑杆引纬

剑杆引纬原理最早在无梭织机引纬中提出，至20世纪60年代末，各种剑杆织机相继投入使用，并成为使用较多的无梭织机之一。剑杆织机是通过往复运动的剑杆叉入或夹持纬纱，将织机外侧固定筒子上的纬纱引入梭口。剑杆织机属于积极引纬，纬纱始终受到剑头的控制，具有原料适应性广、品种适应性强的优点，可织制棉、毛、丝、麻、化纤、玻璃纤维等品种，织物定重在20～850g/m²。此外，剑杆织机具有结构简单、运转平稳、噪声低、引纬质量稳定、选纬和换纬装置灵巧、适应多色纬和宽幅织造等优点。

（一）剑杆引纬类型

剑杆织机可根据剑杆配置数量、纬纱交接方式、剑杆的刚柔性分类。

1. 按剑杆配置数量分类

根据剑杆配置分为单剑杆和双剑杆织机。

（1）单剑杆织机。单剑杆织机仅在一侧安装略大于织物幅宽的长剑杆及传剑机构，纬纱筒子可在剑杆侧，即进剑引纬，退剑空程，或在其对侧，即退剑引纬，进剑空程。单剑杆引纬不经历交接，引纬稳定性高，剑头结构简单，但剑杆尺寸和重量大，剑杆每次引纬需进、出整个梭口一次，动程大，引纬占用主轴回转角大，要求梭口满开时间长，限制了织机高速，目前仅用于窄幅织物生产。

（2）双剑杆织机。双剑杆织机两侧均安装剑杆，分别称为送纬剑、接纬剑和传剑机构。引纬时，送纬剑将纬纱从供纬侧送至梭口中央，交付给从对侧已经运动到梭口中央的接纬剑，然后两剑杆各自退回，纬纱由接纬剑拉出梭口。两剑杆向梭口中央的运动称为进剑，从梭口退回的运动称为退剑。双剑杆引纬两剑杆仅移动约半幅宽，剑杆在梭口时间短，有利于织机高速运转和生产宽幅织物，纬纱在梭口中央交接很稳定，目前已被广泛采用。

（3）双层剑杆织机。用于绒类织物双层梭口的剑杆引纬机构，称为双层剑杆织机。每个梭口各由一个（单侧双层剑杆引纬）或一对（双侧双层剑杆引纬）剑杆引纬。

2. 按纬纱交接方式分类

根据剑头握持纬纱方式剑杆引纬分为夹持式引纬和叉入式引纬。

（1）夹持式引纬。图8-19所示是夹持式引纬剑头结构图，交接前，纬纱在送纬剑1的纱夹3的钳口夹持。交接时，送纬剑将纱夹打开，将纬纱交付给接纬剑2的纱夹4夹持，完成纬纱交接。交接后两剑杆各自回退，纬纱受接纬剑夹持拉出梭口，完成引纬过程。

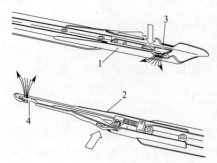

图 8-19　夹持式引纬剑头结构示意图

1—送纬剑；2—接纬剑；3、4—纱夹

夹持式引纬每次引入单纬，纬纱与剑头无摩擦，纬纱无损伤，纬纱始终处于一定张力作用下，有利于在织物中均匀排列，应用广泛。但两侧布边均为毛边，需要成边装置，剑头结构较复杂。

（2）叉入式引纬。叉入式引纬分单纬叉入式和双纬叉入式两种。

图 8-20 所示是单纬叉入式引纬示意图。引纬过程经历两纬一个循环，两纬在供纬侧相连，但处于两个梭口，犹如发夹，这种光边称为发夹边，另一侧为毛边，需要织边装置。因每次梭口仅引一纬，故称单纬叉入式引纬。

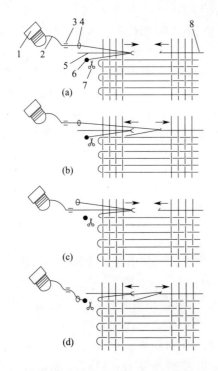

图 8-20　单纬叉入式引纬示意图

1—储纬器；2—纬纱；3—张力器；4—导纱器；

5—送纬剑；6—夹纱片；7—剪刀；8—接纬剑

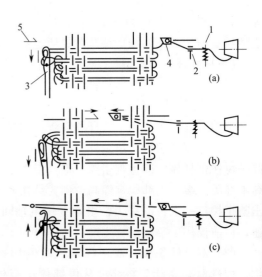

图 8-21　双纬叉入式引纬示意图

1—张力器；2—导纱器；3—撞纬叉；

4—送纬剑；5—接纬剑

图 8-21 所示是双纬叉入式引纬示意图。在图 8-21(a) 中，纬纱经张力器 1、导纱器 2 后，穿入送纬剑 4 的孔眼；在图 8-21(b) 中，两剑杆进剑，在梭口中央，接纬剑 5 的钩端伸入送纬剑中勾住纬纱，完成交接；在图 8-21(c) 中，两剑杆退剑，接纬剑勾住纬纱圈退出梭口，在打纬的同时，由撞纬叉 3 将纬纱圈从接纬剑的钩头脱下套在成边机构的钩边针上，并将前后纬纱圈穿套形成针织边。送纬剑回退时，纬纱仍穿在剑头孔内，接纬剑回退时纬纱继续退绕。因每次引入梭口纬纱为双根，故称双纬叉入式引纬。

单纬叉入式引纬，纬纱与送纬剑剑头的叉口，及接纬剑剑头的钩端有摩擦，纬纱被接纬剑拉出时稍有退捻，且由于无张力，不易形成良好布边。此外，纬纱从储纬器中的退绕速度是剑杆速度的两倍，附加的纬纱张力大，不利于织机高速。双纬叉入式引纬，只能织制双纬组织单色织物，多用于帆布生产。

　　3. 按剑杆刚柔性分类

　　按剑杆刚柔性可分为刚性剑杆和挠性剑杆。

　　(1) 刚性剑杆。刚性剑杆由剑杆和剑头组成，剑杆为轻质、刚度大的材料制成的圆形或长方形空心细长杆。由于打纬前剑杆必须完全退出梭口，织机宽度为幅宽的两倍以上，机台占地面积大。为减少占地面积，通常采用伸缩剑杆引纬或双向剑杆引纬。

　　图 8-22 所示为伸缩剑杆示意图，剑杆由用皮带连接，并相互活套的内剑杆和外剑杆组成，内剑杆速度为外剑杆的 2 倍；退剑时，随外剑杆回退，内剑杆以更快的速度缩回到外剑杆中。这样既保持了刚性剑杆不与经纱摩擦的优点，又大大减少了机器的占地面积。

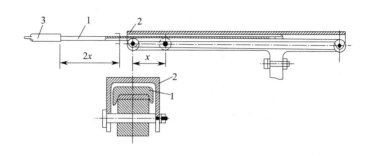

图 8-22　伸缩剑杆示意图
1—内剑杆；2—外剑杆；3—剑头

　　图 8-23 所示为双向剑杆引纬示意图，剑杆两端各安装一个剑头，从两台织机中央轮流向两侧引纬。但当一侧因故障停车，另一侧也受到影响，织机效率较低，故该方式没有得到进一步的发展。

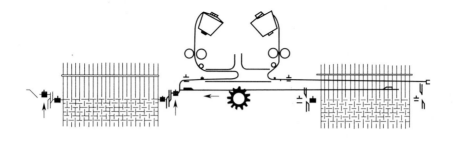

图 8-23　双向剑杆引纬示意图

　　(2) 挠性剑杆。挠性剑杆由剑头和挠性剑带组成，剑头在挠性剑带的往复伸卷下实现引纬。图 8-24 所示为挠性剑杆引纬示意图。退剑时，挠性剑带可卷绕在传剑轮上或缩进织机下方储剑箱内，从而减小织机占地面积。剑带为钢、尼龙或碳纤维复合材料等轻质高强材料，有利于织机高速和宽幅生产，生产中应用最多。

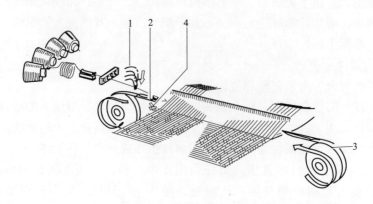

图 8-24　挠性剑杆引纬示意图

1—选纬杆；2—送纬剑；3—接纬剑；4—剪刀

由于剑带刚性不足，传动剑头在梭口运动时，要由导轨控制，图 8-25 所示的导剑钩控

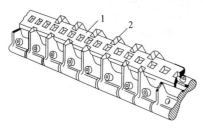

图 8-25　剑带和导剑钩

1—剑带；2—导剑钩

制方式在实际应用最多。随着技术的发展，新一代挠性剑杆，取消了导轨，从剑带材料和截面形状设计上保证了剑头运动的稳定性，使纬纱交接顺利。

（二）传剑机构

按传动机构不同，剑杆织机传剑机构分凸轮驱动和连杆驱动两大类型。凸轮传剑机构运动规律可按需要设计，灵活性大，适用于各类剑杆织机，其机构动程较小，传动机构增速较大，制造精度要求高。连杆机构结构简单，易于加工，经过优化也可设计出比较理想的剑杆运动规律。

按剑杆和筘座的关系，传剑机构分为分离式筘座传动机构和非分离式筘座传动机构两种。分离式筘座剑杆织机上，传剑机构固装在机架上，不随筘座摆动。以共轭凸轮传动的筘座在后方有较长时间的静止，保证剑杆有充分时间引纬。由于引纬时筘座静止在最后位置，所需梭口高度较小，打纬动程小，且筘座重量轻，有利于织机高速。在非分离式筘座剑杆织机上，剑杆和传剑机构部分零件安装在筘座上，随筘座摆动，同时剑杆沿筘座做往复运动以完成引纬。筘座转动惯量的增加，导致织机振动明显，影响织机速度提高。另外，筘座在后方无静止时间，以致允许引纬时间较短，要求梭口高度大，打纬动程较大，以避免剑头进出梭口时，对经纱过分挤压。

1. 刚性剑杆传剑机构

共轭凸轮传动剑杆配以连杆打纬的引纬机构是早期刚性剑杆引纬的主要形式，其凸轮轮廓线设计较为复杂，传动链长，不适合高速，目前仅在帆布和多层输送带芯等产业用织物领域尚有应用。

图 8-26 所示是连杆打纬刚性剑杆传剑机构示意图。共轭凸轮的主凸轮控制进剑进程，副凸轮控制退剑进程。摇杆滑块机构和剑杆均安装在筘座上，随筘座一起摆动，故剑杆运动是相对筘座的水平运动和随筘座摆动运动的合成。

图 8-27 所示是共轭凸轮打纬刚性剑杆传剑机构示意图。传剑凸轮 1 经摆杆 2 和连杆 3

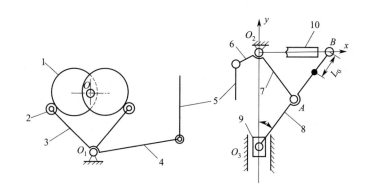

图 8-26　连杆打纬的刚性剑杆传剑机构示意图

1—共轭凸轮；2—转子；3—摆杆；4—下摆杆；5—连杆；6—投剑角臂短臂；

7—投剑角臂长臂；8—投剑板；9—滑块；10—剑杆

带动扇形齿轮 4 往复回转，扇形齿轮驱动与伞形齿轮同轴的小齿轮，经伞形齿轮 5 和增速齿轮 6 使传剑轮 7 做往复回转，带动刚性剑杆进出梭口。剑杆动程可通过调整连杆上端在扇形齿轮臂长槽的位置实现。

2. 挠性剑杆传剑机构

挠性剑杆传剑机构包括连杆与周转轮系组合的传剑机构、空间曲柄连杆传剑机构、共轭凸轮传剑机构和变节距螺杆传剑机构。

图 8-28 所示是连杆与周转轮系组合传剑机构示意图，该机构可用于非分离式筘座剑杆织机，剑杆由随筘座运动和传剑机构运动复合而成。图 8-28（a）所示是送纬剑传剑机构，周转轮系由内齿轮 1 和齿轮 2、3 组成，其轴心 O' 是筘座的摆动中心，主轴 O 分别带动六连杆机构（两个串联的四连杆 $OABD$、$DCEO'$）的曲柄 OA 和四连杆机构（$OKJO'$）的曲柄 OK。运动通过杆系传递到摆臂 EO' 和 JO'。其中 EO' 摆动角速度是内齿轮 1 的角速度 ω_1，JO' 摆动角速度是行星齿轮架 H 的摆动角速度 ω_H。在 ω_1 和 ω_H 作用下，中心齿轮 2 以角速度 ω_2 来回转动，通过伞形齿轮 4、5、6、7 带动传剑轮 M，使剑带 8 做进剑、退

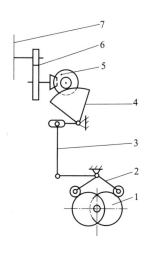

图 8-27　共轭凸轮打纬刚性剑杆传剑机构示意图

1—传剑凸轮；2—摆杆；3—连杆；4—扇形齿轮；5—伞形齿轮；6—增速齿轮；7—传剑轮

剑的往复运动。图 8-28（b）所示是接纬剑传剑机构，以四连杆机构（$OAEO'$）代替送纬剑机构的六连杆机构，带动摆臂 EO' 摆动，完成传剑。

图 8-29 所示是空间曲柄连杆传剑机构示意图，该传剑机构用于分离式筘座织机。曲柄 1 绕曲柄轴 2 转动，经叉状连杆 3 带动摆杆 4 绕 O 点在 XOY 面做往复摆动。后经四连杆机构 $OCDO_1$，使扇形齿轮 6 摆动，经齿轮 7 驱动传剑轮 8 往复转动，完成剑带进剑、退剑运动。剑杆动程可通过调节连杆与扇形齿轮的连接点 D 的位置调节，当 O_1D 减小时，传剑齿轮回转角增加，剑杆动程增大；反之，剑杆动程减小。

图 8-30 所示是共轭凸轮传剑机构示意图，该传剑机构可用于分离式筘座织机。共轭凸

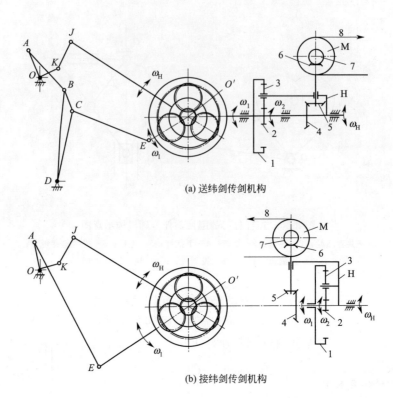

(a) 送纬剑传剑机构

(b) 接纬剑传剑机构

图 8-28　连杆与周转轮系组合传剑机构

1—内齿轮；2、3—齿轮；4~7—伞形齿轮；

8—剑带；H—行星齿轮架；M—传剑轮

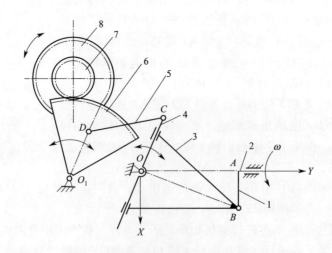

图 8-29　空间曲柄连杆传剑机构示意图

1—曲柄；2—曲柄轴；3—叉状连杆；4—摆杆；5—连杆；

6—扇形齿轮；7—齿轮；8—传剑轮

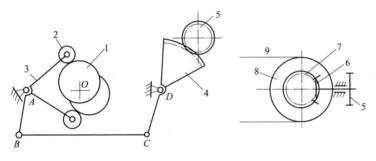

图 8-30　共轭凸轮传剑机构示意图

1—共轭凸轮；2—转子；3—角状杆；4—扇形齿轮；5—齿轮；

6、7—伞形齿轮；8—传剑轮；9—剑带

轮 1 安装在织机主轴上绕 O 旋转，经转子 2 带动角状杆 3 往复摆动，再通过四连杆机构 $ABCD$ 驱动扇形齿轮 4 和齿轮 5 转动，经伞形齿轮 6、7 带动传剑轮 8 往复回转，使剑带 9 完成进剑、退剑。调整引纬工艺时，送纬剑和接纬剑的最大动程可通过改变摆杆 AB 长度进行调节。调节剑带和传剑轮的初始啮合位置，可调整两剑杆的交接冲程和进足的时间差。

图 8-31 是变节距螺杆传剑机构示意图，该机构也可用于分离式筘座剑杆织机。织机主轴通过同步齿轮和齿形带驱动曲柄 1 回转，经连杆 2 使螺杆滑套 3 往复运动，螺杆滑套 3 和变节距螺杆 4 形成螺旋副。螺杆滑套的直线往复运动推动变节距螺杆产生不匀速回转摆动，经传剑轮 5 带动剑带往复运动，完成进剑、退剑过程。调节曲柄 1 长度，可调节剑带动程，以适应不同上机筘幅的需要。

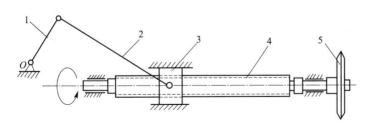

图 8-31　变节距螺杆传剑机构示意图

1—曲柄；2—连杆；3—螺杆滑套；4—变节距螺杆；5—传剑轮

（三）选纬机构

选纬机构的主要作用是织造时可选择不同颜色的纬纱。剑杆织机具有很强的多色纬能力，一般 4~8 色，最大 16 色。多色纬织造时，剑杆织机具有选纬方便、选纬机构精巧、动作稳定、不影响车速等特点。剑杆织机的选纬机构分机械式和电磁式两种。

1. 机械式选纬机构

图 8-32 所示是由多臂机带动的选纬机构示意图，其具有结构简单、工作稳定的特点，但要占用一些多臂机的综框连杆，对增大织物花型不利。选纬信号装置是多臂机信号装置的一部分，由花筒、纹板纸、探针组成，以纹板纸上有无指令孔来控制多臂机最后几页综框连杆的左右运动。当综框连杆左右移动时，通过钢丝绳拉动选纬杆上下移动，从而使纬纱进入或退出工作位置，实现选纬。

图 8-33 所示是花筒选纬机构示意图。花筒 2 上包覆纹板纸 1 并与探针 3 构成选纬信号装置。当纹板纸无指令孔时，探针 3 上抬，将选纬控制刀 4 顶至虚线位置。当纹板纸有指令

孔时，探针落入花筒，选纬控制刀下落，其缺口 a 恰好位于双臂摇杆 5 上端的转子作用线上（实线位置）。凸轮 6 从小半径转为大半径与转子 7 接触，使双臂摇杆逆时针转动，推动选纬控制刀左移并带动上端装有选纬杆的摇杆 8，使选纬杆进入工作位置；当凸轮从大半径转为小半径时，选纬杆复位，退出工作位置。

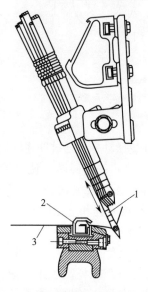

图 8-32　多臂机带动的选纬机构示意图

1—选纬杆；2—送纬剑头；3—纬纱

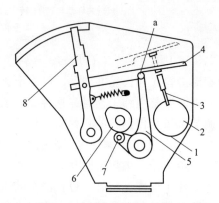

图 8-33　花筒选纬机构示意图

1—纹板纸；2—花筒；3—探针；4—选纬控制刀；

5—双臂摇杆；6—凸轮；7—转子；8—摇杆

2. 电磁式选纬机构

图 8-34 所示是电磁式选纬机构的执行机构示意图。有选纬信号时，电磁铁 1 通电，作用杆 2 受吸引下降，杠杆 5 头端被顶住，经凸轮 3 回转迫使轴 O_1 产生向右摆动，并克服弹簧 6 的作用使连杆 7 移动，带动选纬杆 8 绕 O_2 顺时针转动，完成选纬动作。无选纬信号时，电磁铁不通电，作用杆不被吸引，顶不到杠杆的头端，则杠杆在凸轮作用下绕轴 O_1 摆动，连杆和选纬杆保持静止。

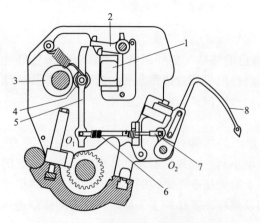

图 8-34　电磁式选纬机构的执行机构示意图

1—电磁铁；2—作用杆；3—凸轮；4—转子；

5—杠杆；6—弹簧；7—连杆；8—选纬杆

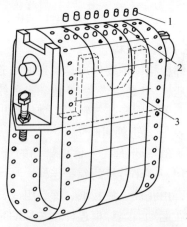

图 8-35　光电选纬信号装置示意图

1—光电管；2—发光二极管；3—纹板纸

电磁式选纬机构的信号发生装置有光电式和电脑式。图 8-35 所示为光电选纬信号装置。若纹板纸 3 上有指令孔，发光二极管 2 发出的光束通过指令孔被光电管 1 接收，经开关电路使电磁铁通电。相反，无指令孔，则电磁铁不通电。纹板纸首尾接成环状，纵向有 8 列指令孔，每列控制一根选纬杆的工作状态，横向每行仅有 1 列有孔对应相应的选纬位置。

电脑控制选纬信号发生装置，可在织机上直接输入，或由中央控制室输出到织机电脑，直接控制电磁铁的通电、断电，不仅使机构极大简化，也省去纹板纸打孔工序，选纬过程简便，为提高自动化程度和集中管理创造了条件。选纬控制功能一般包括花样代号显示、纬序显示等功能。

设置选纬机构时应注意，应使织物中相邻的不同纬纱尽可能穿入相隔的选纬杆孔中，以免纬纱间纠缠。此外，频繁引入的纬纱应穿在靠布边内侧的选纬杆中。

（四）剑杆织机的品种适应性

剑头夹持方式的剑杆织机属于积极式引纬方式，纬纱完全处于受控状态。在织造强捻纬纱时可抑制纬纱退捻和织物纬缩疵点的产生。

剑杆织机剑头通用性强，适应不同原料、不同粗细、不同截面形状的纬纱。尤其适合装饰织物中纬向采用粗特花式纱（如圈圈纱、结子纱、竹节纱等）或细特、粗特交替的粗细条，也适合配合经提花而形成不同层次和凹凸风格的高档织物。纬纱的握持和低张力引纬，使剑杆织机广泛应用于天然纤维和再生纤维长丝织物及毛圈织物的生产。同时，由于刚性剑杆引纬不接触经纱，不产生磨损，同时剑头的握持强、引纬运动规律理想，适合玻璃纤维、碳纤维等高性能纤维织物的加工。

剑杆织机具有极强的纬纱选色功能，可任意 8 色换纬，最多达 16 色，且换纬不影响车速。故极适合多色纬织造，在装饰织物、毛织物和棉型色织物生产中使用广泛，且适应小批量、多品种的生产。

此外，双层剑杆织机采用双层开口，每次引纬同时引入上、下各 1 根（或 2 根）纬纱，适应二重织物及双层织物的生产。叉入式引纬具有每次引入双纬的特点，特别适合帆布和带类织物的生产。

四、片梭引纬

片梭引纬是以片梭作为引纬器，将纬纱从固定筒子上引入梭口的方法。片梭只起到引纬器的作用，不装载纬纱卷装，具有体积小、重量轻的特点。按照织机使用的片梭数量分为单片梭织机和多片梭织机两类。单片梭织机需两侧投梭和供纬，且引纬后片梭的转向将限制车速提高，故使用极少。多片梭织机仅在织机一侧设有投梭机构和供纬装置，以多个片梭轮流引纬，属单向引纬。片梭在投梭侧夹持纬纱，依靠扭轴投梭机构作用，高速通过导梭片组成的通道，并在对侧被制梭装置制停，然后释放所夹持的纬纱头，然后被推到片梭输送链上，从布面下端返回投梭侧，以进行下一轮引纬。

（一）片梭的结构及其引纬过程

1. 片梭

图 8-36 所示是片梭结构示意图，片梭由梭壳 1 及其内部的梭夹 2 以铆钉 3 铆合，梭壳前端呈流线型，利于片梭飞行，梭夹用优质耐疲劳弹簧钢制成，梭夹端部形成具有一定夹持力的钳口 5。片梭一端开一圆孔 4，当梭夹打开钩插入或退出圆孔时，钳口相应张开或闭合。每引入一纬，梭夹开闭两次，第一次在织机投梭侧，钳口在引纬前夹住纬纱头，第二次在制

梭侧，钳口在引纬完毕后释放纬纱头。

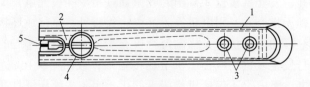

图 8-36　片梭结构示意图

1—梭壳；2—梭夹；3—铆钉；4—圆孔；5—钳口

2. 片梭的引纬过程

图 8-37 所示是片梭引纬过程示意图。片梭引纬过程有 10 个步骤。

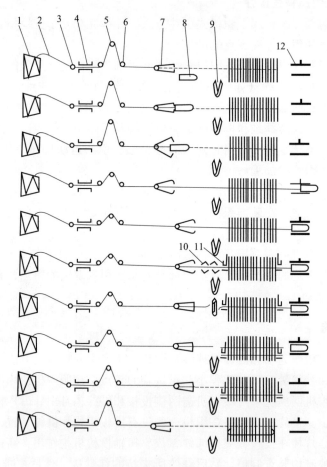

图 8-37　片梭引纬过程示意图

1—筒子；2—纬纱；3、6—导纱器；4—制动器；5—张力调节器；7—递纬器；

8—片梭；9—剪刀；10—定中心器；11—夹纱器；12—制梭器

（1）片梭 8 从输送链向引纬位置运动，递纬器 7 夹持纬纱停在左侧极限位置，张力调节器 5 处于最高位置，纬纱 2 由制动器 4 压紧。

（2）片梭钳口打开并向递纬器靠近。

（3）递纬器打开，片梭钳口闭合并夹持纬纱，制动器开始上升，张力调节器开始下降，准备引纬。

（4）击梭动作发生，片梭夹持纬纱飞越梭口，此时制动器上升到最高位置，张力调节器下降，递纬器打开并停留在左侧极限位置。

（5）片梭被右侧制梭箱的制梭器 12 制动，然后回退一段距离，以保证右侧布边外留有15～20mm 纱尾，为张紧因片梭回退而松弛的纬纱，张力调节器上抬，制动器压紧纬纱，递纬器向左侧布边移动。

（6）递纬器准备夹纱，定中心器 10 将纬纱移动至中心位置，布边两侧夹纱器 11 钳住纬纱。

（7）递纬器夹持纬纱，剪刀 9 上升准备剪断纬纱。

（8）左侧剪刀剪断纬纱，片梭钳口打开释放纬纱，片梭被推出梭箱，由输送链送回击梭侧。

（9）递纬器向左方极限位置移动，制动器压紧纬纱，张力调节器上抬拉紧因递纬器左移而松弛的纬纱，梭口中纬纱由夹纱器夹持被钢箍推向织口。

（10）递纬器夹持纬纱退回左侧极限位置，制动器压紧纬纱，张力调节器上升到最高位置，两侧由夹纱器夹持的纬纱头端被钩针钩入下一梭口，下一次打纬形成布边。

3. 片梭飞行轨道

片梭在梭口飞行速度一般为 30m/s，加上体积小、重量轻，须采用导梭片组成的通道控制飞行。图 8-38(a) 所示为导梭片构成的片梭飞行轨道示意图。因投梭机构和箍座分离，要求引纬时箍座静止在后止点，让片梭 1 在导梭片 2 组成的通道中飞行，导梭片等间距固装在钢箍 4 上，随钢箍摆动。片梭到达接梭箱后，箍座向机前摆动打纬，导梭片逐渐从下层经纱退出，纬纱从导梭片脱纱槽中脱出，并留在梭口，被钢箍打入织口。打纬后随着钢箍后摆导梭片又逐渐从下层经纱进入梭口，直至位于梭口中央并静止，供下一纬的片梭飞行。片梭飞行受导梭片的摩擦阻力、纬纱张力和空气阻力等的作用，飞行速度逐渐下降。有资料表明，出梭口末速度比进梭口初速度降低 10%～18%。

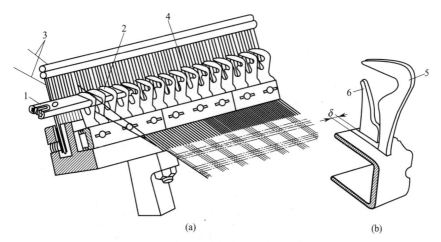

(a)　　　　　　　　　　(b)

图 8-38　片梭飞行轨道及导梭片结构示意图

1—片梭；2—导梭片；3—经纱；4—钢箍；5—上唇；6—下唇

为降低导梭片插入及退出梭口对经纱的磨损，新型导梭片已从原来的上下唇相对，改为图 8-38(b) 所示的上、下唇错开 δ 距离，从而使集中的经纱磨损得以分散，有利于高密织

物和不耐磨经纱的织造。

4. 扭轴投梭机构

片梭引纬动力来自扭轴扭转的恢复，故击梭后片梭初速度与织机车速无关，只取决于扭轴的变形能量，与扭轴直径和扭转角度有关。图8-39所示是片梭扭轴投梭机构示意图。扭轴投梭过程分为能量积聚、能量释放、系统稳定三个过程。

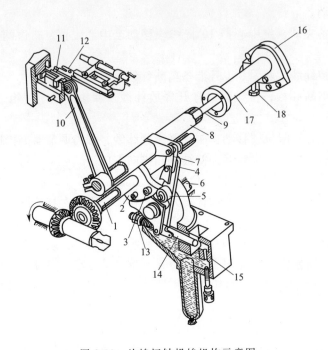

图 8-39　片梭扭轴投梭机构示意图

1—投梭凸轮轴；2—投梭凸轮；3—解锁转子；4—三臂杠杆；5—转子；6—三臂杠杆轴；
7—连杆；8—套轴；9—扭轴；10—击梭棒；11—击梭块；12—片梭；13—定位螺栓；
14—活塞；15—缓冲油缸；16—调节块；17—固定套筒；18—调节螺栓

（1）能量积聚过程。投梭凸轮轴 1 由一对圆锥齿轮传动，并带动固定在轴上的投梭凸轮 2 做顺时针方向转动并推动转子 5，使三臂杠杆 4 绕三臂杠杆轴 6 顺时针方向回转，并通过连杆 7 推动套轴 8 旋转。扭轴 9 的一端固定在套轴上，另一端经调节块 16 与固定套筒 17 连接。套轴旋转时，扭轴发生扭转变形，储存能量。当三臂杠杆轴与连杆上的两个铰链点处于同一直线时，机构达自锁状态。三臂杠杆下端正好与定位螺栓 13 相碰，并稳定在这一位置。此时，投梭凸轮和转子间有一个 0.1～0.2mm 的间隙。对应自锁状态，击梭块 11 已移动到左方极限位置，扭轴达到最大扭转角度，变形能积聚到最大值。扭轴扭转的角度可以通过调节螺栓 18 来改变，变化范围在 27°～35°。

（2）能量释放过程。随着投梭凸轮继续转动，当到达投梭位置时，凸轮上的解锁转子 3 压住三臂杠杆的中臂，使三臂杠杆沿逆时针方向转过一个微小角度。自锁状态解除，扭轴储存的能量迅速释放，击梭棒 10 迅速向织机内侧摆动，通过击梭块撞击片梭 12，使片梭获得必要的速度进入梭口。

（3）系统稳定过程。击梭后，投梭机构的剩余动能被三臂杠杆下端的油压缓冲装置吸收，使扭轴和投梭棒迅速稳定。油压缓冲装置由活塞 14、缓冲油缸 15 组成。其通过调节排油缝隙的大小，调节阻尼制动力的大小。

5. 制梭与退梭机构

片梭在出梭口时仍然具有很高的速度。片梭进入接梭箱后，由制梭机构吸收片梭的剩余动能，使片梭准确地制停在一定的位置上。图8-40所示为制梭机构示意图，片梭进入制梭箱前，连杆5向左推进，制梭脚3下降，直至下铰链板4和上铰链板6共线，即进入死点状态。下制梭板2和制梭脚间构成了制梭通道，片梭飞入制梭箱后，进入制梭通道，下制梭板和制梭脚的制梭部分采用合成橡胶材料，对片梭产生很大的摩擦阻力，使片梭制停在一定位置。

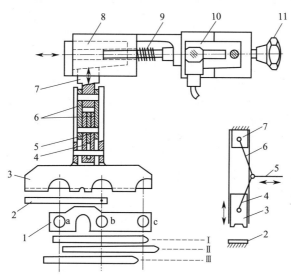

图 8-40　片梭制梭机构示意图

1—接近开关组；2—下制梭板；3—制梭脚；4—下铰链板；5—连杆；6—上铰链板；
7—升降块；8—滑块；9—调节螺杆；10—步进电动机；11—手柄

制梭脚前侧装有接近开关组1，上面有接近开关a、b、c。其中b用于检验片梭飞行到达时间，a、c用于检测片梭的制停位置。当片梭制停在位置Ⅰ时，接近开关a、c均有信号发出，说明制梭力正常，步进电动机10不发生作用。当片梭制停在位置Ⅱ时，接近开关a无信号，说明制梭力不足，步进电动机10立刻转动一步，滑块8右移1mm，升降块7下降，使制梭脚降低一定距离，几次调整后，片梭被制停在位置Ⅰ。当片梭制停在位置Ⅲ时，接近开关c无信号，说明制梭力偏大，电脑自动记录制梭力偏大的次数。如果27次引纬有10次制梭力偏大，则每27次引纬后，步进电动机反向转动一步，使制梭脚上升一定距离，几次调整后，直至片梭被制停到位置Ⅱ后，再自动调整到位置Ⅰ。这样的调整方式有利于消除机构间隙对制梭的影响。

连杆5向右回退时制梭脚上抬，解除对片梭的制动，有利于片梭的回退和推出制梭箱并进入输送链。

（二）片梭引纬的品种适应性

片梭引纬属于积极式引纬方式，对纬纱具有良好的控制能力。片梭对纬纱的夹持和释放在两侧梭箱静态进行，故障少，引纬质量好，纬纱引入梭口后，张力受到一次精确调节，适于生产高档产品。

片梭对纬纱夹持力好，原料适应范围广，如适用于各种天然、化纤的纯纺或混纺短纤纱、天然或化纤长丝、玻纤长丝、金属丝及各种花式线。但是，片梭启动时加速度大，其速度为剑杆引纬的10～20倍，故对弱捻及低强度的纬纱，易造成断头。

片梭引纬在2～6色能任意换纬，幅宽为190～540cm，能织制单幅或同时织多幅不同幅宽织物。单幅加工时，移动制梭箱位置，即可方便调节幅宽。可低速高产，转速470r/min，入纬率1400m/min，对提高产品质量，减少织机磨损和机械故障有重要意义。

片梭引纬能配备多臂开口和提花开口机构，加工高附加值的装饰织物和高档毛织物。此外，片梭引纬通常用折入边，在无梭织机各类布边中，经、纬纱回丝最少。

五、喷水引纬

喷水引纬和喷气引纬同属射流引纬，两者引纬原理和引纬装置相似。喷水引纬以水为引纬介质，通过水流对纬纱的摩擦力牵引纬纱飞越梭口，由于水流的集束性能好，没有设置复杂的防水流扩散装置，也无需辅助喷水嘴，其幅宽达2m以上。喷水织机可加工织物品种的局限性很大，主要用于加工疏水性合纤长丝产品，其对水质要求较高，需配备专门的水处理设备。

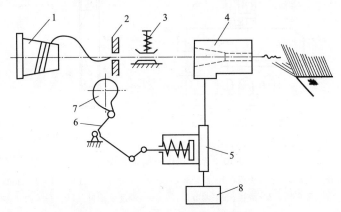

图 8-41　喷水引纬系统示意图

1—定长储纬器；2—导纱器；3—夹纬器；4—喷嘴；
5—喷射泵；6—双臂杆；7—喷射凸轮；8—水箱

（一）喷水引纬系统

图 8-41 所示是喷水引纬系统示意图。引纬时，夹纬器 3 打开，释放纬纱，喷射凸轮 7 从大半径转向小半径，导致喷射泵 5 内部活塞在压缩弹簧回复力作用下快速向右移动，将水流经管道压向喷嘴 4，并射出水流。在水流牵引作用下，纬纱从定长储纬器 1 上退绕，引入梭口。引纬后，夹纬器闭合夹持纬纱，喷射凸轮从小半径转入大半径，将水从水箱 8 吸入喷射泵内，供下次喷射。

（二）喷水引纬机构

1. 喷嘴

图 8-42 所示是喷水引纬的喷嘴结构示意图，它由导纬管 1、喷嘴体 2、喷嘴座 3 和衬管 4 等机件组成。压力水流进入喷嘴后，通过环状通道 a 和 6 个沿圆周方向均布的小孔 b、环状缝隙 c 以自由沉没射流的形式射出喷嘴。环状缝隙由导纬管和衬管构成，移动导纬管在喷嘴体中的进出位置，可改变环状缝隙的宽度，调节射流的水量。6 个小孔 b 对涡旋的水流进

行切割，减小其旋度，提高射流的集束性。射
流的扩散性取决于喷嘴的结构、水流通道工作
面的光洁度、导纬管和衬管的同心度等因素。

2. 喷射泵

喷射泵是喷水引纬的主要部件，喷水织机
主轴每回转一次，喷射泵提供可引入一纬的高
压水流。图 8-43 是卧式喷射水泵结构示意图。
凸轮 3 顺时针转动，凸轮从小半径转向大半径
时，角形杠杆 1 顺时针摆动，带动连杆 14 和
活塞 8 左移，弹簧内座 6 连同弹簧 5 一同左
移，弹簧 5 被压缩，同时水流吸入泵体。当凸

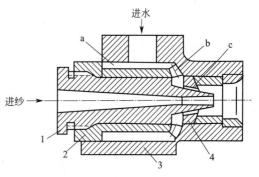

图 8-42 喷嘴结构示意图

1—导纬管；2—喷嘴体；3—喷嘴座；4—衬管

轮转至最大半径时，随凸轮继续顺时针转动，角形杠杆和凸轮脱离，活塞在弹簧回复力的作
用下迅速右移，缸套 7 内的水压增加，使出水阀 9 打开，射流从喷嘴射出，牵引着纬纱进入
梭口飞行。

进水阀 10 和出水阀 9 都是单向球阀，作用原理相同。当活塞左移，缸套内为负压状态，
出水阀的钢球与阀座下方密封，进水阀的钢球被顶起，水流进入缸套内。当活塞右移，缸套
内为正压状态，进水阀被密封，出水阀打开，水流经喷嘴射出。

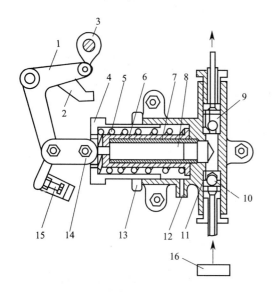

图 8-43 卧式喷射水泵结构示意图

1—角形杠杆；2—辅助杆；3—凸轮；4—弹簧座；
5—弹簧；6—弹簧内座；7—缸套；8—活塞；9—出
水阀；10—进水阀；11—泵体；12—排污口；
13—调节螺母；14—连杆；15—限位螺栓；16—水箱

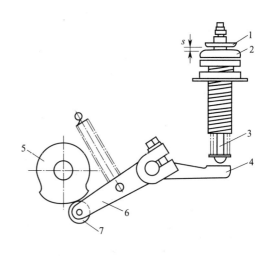

图 8-44 夹纬器示意图

1—压纬盘；2—下底盘；3—升降杆；
4—提升杆；5—凸轮；6—作用杆；7—转子

3. 夹纬器

夹纬器位于储纬器与喷嘴间，是纬纱的控制部件。图 8-44 所示是夹纬器的示意图。凸
轮 5 转速与主轴相同，当凸轮转到大半径与转子 7 作用时，通过作用杆 6、提升杆 4、升降
杆 3 使压纬盘 1 抬起，夹纬器释放纬纱。当凸轮作用点转到小半径时，压纬盘下降，夹持纬

纱。压纬盘开启时间（主轴位置角）为100°～120°，在喷嘴开始喷射时间之后；压纬盘闭合时间为260°～270°。夹纬器的开、闭时间通过移动凸轮在凸轮轴的位置来调节。

（三）喷水引纬的水处理系统

自来水或地下水中存在各种有机物、无机物的微粒和各种金属离子、微生物等物质。此外，经氯气处理的自来水中会残留游离氯和氯离子。未经处理的水直接用于喷水引纬，会因为微粒、各种金属离子、氯离子等损坏喷射泵活塞和缸套工作面，形成水垢，堵塞孔眼、腐蚀机件，微生物还会导致织物霉变等不良后果，因此引纬前需要进行水处理。

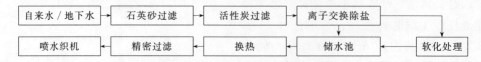

图 8-45　喷水引纬水处理系统示意图

图 8-45 所示为喷水引纬水处理系统示意图，它主要包括预处理、离子交换除盐和换热及精密过滤等过程，最终使处理后的水质符合下表各项指标的要求。

（1）预处理。自来水或地下水先经石英砂过滤其中的杂质微粒，使浊度降至 1mg/L，然后由活性炭吸附水中的有机物及氯离子、游离氯等物质。

（2）离子交换除盐过程。经离子交换后，去除了水中各种正负离子，其电导率小于 $10\mu S/cm$。为使电导率不低于 $80\mu S/cm$，需掺入部分软水，水软化采用钠离子软化设备。部分地区水的含盐量较低，当电导率符合标准时，可省去离子交换除盐过程，只需对超标项目进行处理。

（3）换热及精密过滤过程。使水温达到规定的范围，然后再次通过精密过滤，去除前道环节中可能混入的杂质。

喷水引纬对水质的要求

物理量	指标	备注
浊度/(mg/L)	<2	杂质微粒
pH 值	6.5～7.5	
铁、锰含量/(mg/L)	<0.2	Fe^{2+}、Mn^{2+}
总硬度/(mg/L)	<30	Ca^{2+}
碱度/(mg/L)	<60	
氯离子含量/(mg/L)	<20	
游离氯含量/(mg/L)	<0.3	Cl^-
电导率/($\mu S/cm$)	80～150	Cl_2
COD/(mg/L)	<3	微生物含量,以高锰酸钾法测定
水温/℃	12～20	
蒸发残留物/(mg/L)	<200	水中不纯物总量

（四）喷水引纬的品种适应性

喷水引纬属于消极引纬方式，以单向流动的水作为引纬介质，有利于织机高速，适用于大批量、高速度、低成本织物加工。常用于疏水性纤维（涤、锦纶和玻璃纤维）织物的加工，且需经过烘燥处理。纬纱由喷嘴的一次性喷射射流牵引，射流速度按指数衰减，限制了幅宽的扩展。目前幅宽最大约 2.3m，只适合窄幅或中幅织物。

喷水引纬可配备多臂开口机构，用于织制高经密原组织及小花纹组织，如绉纹呢、紧密缎类织物、席纹布等。其选纬功能较差，一般配置 2 只喷嘴，进行混纬或双色纬织造。

由于喷水引纬属消极引纬方式，梭口是否清晰影响引纬质量，且耗水较大、产生废水需净化，故环保要求高的国家逐渐以喷气和剑杆织机取代喷水织机。

六、无梭引纬辅助机构

（一）储纬器

现代无梭织机都采用大容量筒子供纬，纬纱引出速度很高，若纬纱直接从筒子上退绕，筒子的退绕半径、卷绕质量、纱线表面状态等因素都会影响退绕张力及其均匀程度。间歇性的退绕还会造成纬纱张力波动，过大的纬纱张力峰值将使纬纱断头并产生各种引纬疵点。为了适应无梭织机的高速，储纬装置已成为无梭引纬系统中必不可少的部分。织机上配备的储纬器数量，可按照织物配色要求选择单色、双色、四色、六色等，单色织物应用两个储纬器混纬织造，既可改善织物质量，又有利于高速引纬。

储纬器为表面光滑的圆柱体或锥体，将纱线卷绕在储纱鼓（鼓轮）上，纱线张力得以重新分配。引纬时纬纱从储纬器退绕下来，由于储纱鼓的退绕直径不变，故消除了因筒子直径变化造成的纱线张力波动，纬纱在引纬过程中张力小且均匀。适当调节储纬器的卷绕速度，可使纱线从筒子的退绕过程几乎连续进行，纬纱退绕速度下降为直接从筒子上（间歇性）引纬时的1/3～1/2。

储纬装置分为两大类。一类用于剑杆、片梭的积极式引纬，储纬装置仅起到储存纬纱的作用，故称普通储纬器。每次引纬时，运动的引纬器握持纬纱头端，从储纬器上拉下所需长度的纬纱。另一类用于喷气和喷水的消极式引纬，储纬器具有定长和储纬两种功能，故称定长储纬器。每次引纬时，流体从储纬器上引出一段纬纱，且都经过定长储纬器的精确测定。

1. 普通储纬器

根据储纱鼓是否转动，储纬器分为动鼓式和定鼓式两种。定鼓式储纬器以质量轻、体积小的绕纱盘作为绕纱回转件，代替转动惯量大的储纱鼓的绕纱功能，更有利于织机的高速。

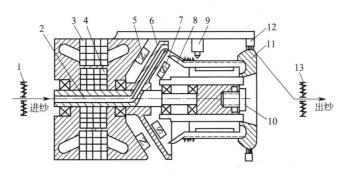

图8-46 定鼓式储纬器结构示意图

1—进纱张力器；2—空心轴；3—定子；4—转子；5—后磁铁盘；
6—绕纱盘；7—前磁铁盘；8—锥度导指；9—光电反射式检测装置；
10—锥度调节钮；11—储纱鼓；12—阻尼环；13—出纱张力

图8-46所示是定鼓式储纬器结构示意图。从筒子上退绕的纬纱，经过进纱张力器1、空心轴2，从绕纱盘6的空心管中引出。电动机转动时，空心轴带动轻质绕纱盘回转，将纬纱绕在储纱鼓11上。储纱鼓通过滚动轴承安装在空心轴上，为使储纱鼓不转动，在绕纱盘两侧的储纱鼓和机架上，分别安装了前磁铁盘7和后磁铁盘5，依靠磁铁的作用力，使储纱鼓"固定"在机架上。定鼓式储纬器依靠单点光电反射式检测装置9实现最大储纬量的检测。

有些定鼓式储纬器采用双点光电反射式检测装置，实现最大储纬量和最小储纬量的检测。用微机控制的双点检测装置，可达到储纬速度自动与纬纱需求量相匹配，使储纬的卷绕过程几乎连续进行。储纬器电动机的旋转方向要与纱线的捻向一致，使纱线卷绕到鼓轮上的过程为加捻过程，纱线从鼓轮上退绕时为退捻过程。对于单位长度纬纱，加捻和退捻的数量是相等的。

定鼓式储纬器的排纱方式有消极式和积极式两种，图 8-46 所示为消极式。圆柱形储纱鼓 11 的表面均匀地凸出 12 个锥度导指 8，纱线卷绕过程中自动沿鼓面向前滑移，形成整齐的纱圈排列。根据纱线的弹性、线密度、纱线与鼓面摩擦阻力等的差异情况，通过调整锥度调节钮 10，可改变锥度导指 8 的锥度，以适应不同纱线的排列要求。积极排纱方式，储纱鼓上的纱圈依靠专门的排纱机构完成前进运动，使纱圈以一定的间隔均匀排列在鼓轮上，纱圈间隔可根据品种调整。和消极式相比，积极排纱方式纱线从储纬器上退绕时不易脱圈，但机构比较复杂。

2. 定长储纬器

对于消极引纬方式的喷气、喷水织机，为保证每次引入纬纱长度准确一致，储纬器还必须具有定长功能。为适应高速，目前一般都采用定鼓式定长储纬器。纱线释放时间受积极控制，按控制方法不同，分为机械式和磁针式（电子式）两种。磁针式定长储纬器释放纬纱的时间由一电磁控制的针钩完成，在微机控制的织机上，纬纱释放时间可通过键盘设定，控制精确，调整方便，已成为现代喷射织机的主要储纬形式。

图 8-47 所示是磁针式定长储纬器结构示意图。纬纱 1 通过进纱张力器 2 穿入电动机 4 的空心轴 3 上，然后经过导纱管 6 绕在由 12 只指形爪 8 构成的固定储纱鼓上。摆动盘 10 通过斜轴套 9 装在电动机的轴上，斜轴套与电动机轴有一很小交角（3°～4°），电动机转动时，摆动盘不断摆动，将绕在指形爪 8 上的纱圈向前推移，起积极排纱作用。适当调节进纱张力器 2 所构成的纬纱张力，可使储存的纱圈储"满"，传感器 5 发出信号，电脑控制的电动机转速降低或停转。可通过改变传感器 5 的前后位置调节纬纱储存量大小。非引纬时间，磁针体 7 的磁针落在上方指形爪的孔眼中，使具有微弱张力的纬纱被磁针"握持"，阻止纬纱退绕。引纬时，磁针被提起，释放纬纱。从储纱鼓上退绕的纱圈，受磁针另一侧退绕传感器的检测并发送退绕纱圈信号，当达到设定的退绕圈数时，磁针放下，纱线停止退绕。磁针的提起和放下时间决定了纬纱释放和制动时间，其必须与织机的引纬控制同步，可通过程序设定予以实现。

（二）加固边机构

布边是织物的重要组成部分，在织造、染整和服装加工过程中，起着防止边经纱松散脱落、抵御外力、稳定织物组织结构的作用。有梭织机纬纱卷装在梭子内，可以连续双向投纬，只要选择适当的经纬交织方式，就可得到质量高的自然光边。无梭织机采用机外供纬，由于纬纱筒子固定在织机一侧引纬，纬纱在织物两侧（或一侧）不连续，为了防止纬纱与经纱在布边处脱散，无梭织机需使用锁边机构。常用的布边有绳状边、纱罗边、折入边。

1. 绳状边

绳状边是用两根相互盘旋的锁边经纱夹住纬纱形成，锁边经纱的运动犹如搓捻绳子。图 8-48 所示是绳状边结构示意图，锁边经纱 2 相互抱合，将纬纱 1 的头端牢牢地握持住，布边厚度与布身基本一致。

图 8-49 所示是采用周转轮系传动的绳状边成型机构。两根锁边经纱 1 从两个纱轴 2 上

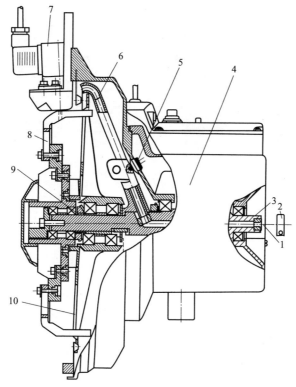

图 8-47　磁针式定长储纬器结构示意图

1—纬纱；2—进纱张力器；3—空心轴；4—电动机；5—传感器；

6—导纱管；7—磁针体；8—指形爪；9—斜轴套；10—摆动盘

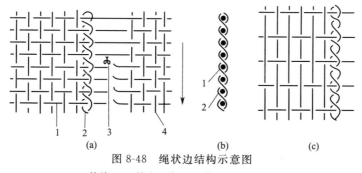

(a)　　　　　　　(b)　　　　　　　(c)

图 8-48　绳状边结构示意图

1—纬纱；2—锁边经纱；3—剪刀；4—假边经纱

引出，当转盘 3 回转时，两根纱轴轮流处于上下位置，使两根锁边经纱上下交换位置，将每次引入的纬纱头牢牢抱合。每引入一根纬纱，转盘旋转半周，形成如图 8-48(b) 所示的锁边结构，其适用于纬密较大的织物。每引入一根纬纱，转盘旋转一周，形成如图 8-48(c) 所示的锁边结构，其适用于纬密较小的织物。

　　绳状边成型机构适用于织机高速，常用于喷气、喷水织机，在绳状边外侧还设有假边（废边），假边经纱与纬纱通常按平纹交织，其作用是引纬结束后夹持纬纱头，避免纬缩疵点，保证锁边正常进行。假边在织物形成后由剪刀剪去，构成了织造过程的回丝，为此假边经纱通常采用成本低廉但有足够强度的纱线。

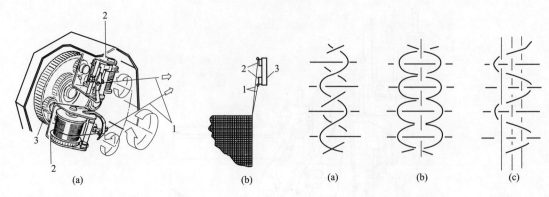

图 8-49　绳状边成型机构示意图　　　　图 8-50　纱罗边结构示意图
1—锁边经纱；2—纱轴；3—转盘

2. 纱罗边

图 8-50 所示是纱罗边结构示意图，一组或几组绞经纱与地经纱在布边处相绞，同时与纬纱交织，形成纱罗绞边，图 8-50(a)、(b)、(c) 分别表示二经、三经、四经的纱罗。由于绞经纱与地经纱相互交织，增大了布边经纱与纬纱间、绞经纱与地经纱间的包围角和挤压力，大大加强了经纬纱在交织点的相互控制能力，形成坚固的纱罗绞边。纱罗绞边有多种装置，其共同特点是，绞经纱和地经纱在进行开口运动的同时，绞经纱还需在地经纱两侧做交替的变位运动。

图 8-51 所示是片综绞边机构示意图，该装置结构简单，由两片基综和一片半综组成，基综 1、2 分别以综耳 b 固定在做平纹开口运动的一对综框（通常为第一、第二页综框）上，随综框做垂直上下运动，半综 3 穿过基综的导孔 a，并以综耳 c 固定在做升降运动的滑杆上，由于弹簧回复力作用，滑杆始终保持将半综上提的趋势。

图 8-51　片综绞边机构示意图

1、2—基综；3—半综；A—绞经纱；B—地经纱；a—导孔；b、c—综耳

片综绞边形成过程，可通过图 8-52 所示的四个步骤完成。绞经纱 A 穿入半综的综眼中，地经纱 B 穿在两片基综之间。当一对综框上下运动时，开口及绞经纱 A 做交替变位移动。

(1) 基综 1 上升，基综 2 下降，到达综平位置。由于弹簧回复力作用，半综 3 随基综 1 也上升到综平位置。

(2) 基综 1 继续上升，基综 2 继续下降。基综 2 克服弹簧回复力，将半综 3 拉向下方，绞经纱 A 成下层经纱，地经纱 B 滑到绞经纱左边由半综与基综 1 构成的缝隙处，由于后方导纱杆 4 上抬，地经纱随同基综 1 沿缝隙上升成梭口的上层经纱。

(3) 基综 1 下降，基综 2 上升，到达综平，半综也上升到综平位置。

(4) 基综 1 继续下降，基综 2 继续上升，半综被基综 1 拉向下方，绞经纱 A 再次成为下层经纱，地经纱 B 发生了位移，滑到绞经纱右边缝隙，因后方导纱杆 4 上抬，地经纱随同基综 2 上升，成为梭口的上层经纱。

片综绞边装置结构简单，占地小，成本低，适合粗特、高纬密、紧度大织物，但需占用两页综框做平纹开口，对增大织物花型不利，必要时可用凸轮独立传动边综框。

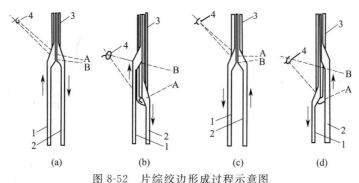

图 8-52 片综绞边形成过程示意图

1、2—基综；3—半综；4—导纱杆；A—绞经纱；B—地经纱

3. 折入边

图 8-53 所示是折入边结构示意图。折入边是把布边外的纱尾钩入下一纬的梭口，与边经纱交织形成类似有梭机织物的光边的布边形成方式，具有布边光滑、坚固，纬纱回丝量少的优点。

图 8-54 所示是片梭织机折入边形成示意图。与纬纱接触的部件有边纱钳 1 和钩纱针 2，两侧各一组，通过边纱钳和钩针的运动配合，形成折入边。如图 8-54(a) 所示，边纱钳 1 在引纬过程中已夹持上一纬纱，钩纱针 2 在打纬

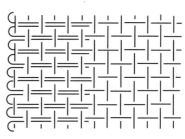

图 8-53 折入边结构示意图

后穿过下一纬梭口的下层经纱，然后向机外侧移动，接近边纱钳上的纬纱。图 8-54(b) 所示为钩纱针在返回时勾住纬纱，边纱钳释放纬纱。图 8-54(c) 所示为纬纱已被钩纱针勾入下一纬梭口。

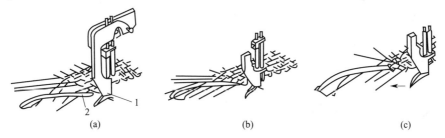

图 8-54 片梭织机折入边形成示意图

1—边纱钳；2—钩纱针

折入边装置用于喷气和剑杆织机成边时，需辅以假边。纬纱引入梭口后，两端由假边经纱握持，使纬纱处于张紧状态，边纱钳对纬纱的握持点位于边经纱和假边经纱之间。如采用图 8-55 所示的气动式折入边机构，则可省去假边，由织边产生的回丝问题得到完全解决。在图 8-55(a) 中，纬纱 1 被引入梭口后，剪刀 2 准备剪断纬纱。在图 8-55(b) 中，纬纱被打入织口后，剪刀架 7 带着剪刀 2 前移并剪断纬纱 1，下喷嘴 3 将纬纱头吹进握纱孔，同时钩针 4 从上层经纱插入梭口。在图 8-55(c) 中，当钩针 4 运动到极限位置时，其针眼正好处于握纱孔下方，上喷嘴 5 将纬纱头吹入针眼，当钩针 4 向回摆动时，纬纱头便折入下一梭口，剪刀架 7 同时退回原位。下一次打纬时，纬纱头随新入纬纱被打向织口，形成折入边。

折入边的双纬组织使得布边纬密较布身高一倍，导致布边发硬、厚度增加、染色易产生

色差等弊病，可适当降低边经纱密度，或通过减少边经纱线密度等措施予以改善。

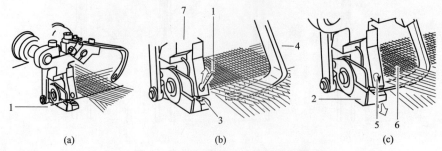

(a)　　　　　　　　　(b)　　　　　　　　　(c)

图 8-55　气动式折入边成型示意图

1—纬纱；2—剪刀；3—下喷嘴；4—钩针；5—上喷嘴；6—织物；7—剪刀架

第二节　引纬原理

一、有梭引纬

(一) 梭子在梭口中自由飞行

梭子在梭口中自由飞行时，受到经纱、钢筘、走梭板的摩擦阻力。若以筘座为运动的参考系，则梭子作入梭口时速度 v_j 到出梭口时速度 v_c 的匀减速运动。

1. 梭子的飞行速度

依据闪光灯测定的梭子进、出梭口时主轴位置角，可根据下式计算梭子飞越梭口的时间 t。

$$t = \frac{\alpha_c - \alpha_j}{6n}$$

式中　α_c、α_j——梭子出、入梭口主轴位置角，(°)；

　　　n——织机主轴转速，r/min。

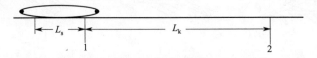

图 8-56　梭子进出梭口位置的示意图

梭子进出梭口的位置如图 8-56 所示，可根据下式计算梭子飞越梭口的平均速度 v_p(m/s)。

$$v_p = \frac{L_k + L_s}{t}$$

式中　L_k——上机筘幅，m；

　　　L_s——梭子长度，m；

　　　t——梭子飞越梭口的时间，s。

由梭子作加速度为 a 的匀减速运动，则

$$v_c = v_j + at$$

$$v_p = \frac{v_j + v_c}{2}$$

可求得梭子进入梭口的速度 v_j(m/s)。

$$v_j = \frac{L_k + L_s}{\alpha_c - \alpha_j} 6n - \frac{\alpha_c - \alpha_j}{12n}a$$

简化得到下式。

$$v_j = \frac{6n(L_k + L_s)\varepsilon}{\alpha_c - \alpha_j}$$

根据棉织机测定资料,式中系数 ε 可取 $1.02 \sim 1.15$。

上式表明,梭子进梭口速度 v_j 与织机主轴转速 n 成正比,与梭子出、入梭口的主轴位置角间隔 $(\alpha_c - \alpha_j)$ 成反比。

梭子进、出梭口时主轴位置角由梭口开启规律及梭子进、出梭口所允许的挤压度决定。若 v_j 减小,则 α_c 增加,引起梭子出梭口的挤压度增加,易导致边经纱断头和出现坏边疵点,严重时甚至造成轧梭。故在无电子护经装置时,可将 v_j 调节得略大于要求,以保证梭子实际出梭口时主轴位置角 α_c 不至于过大。

2. 梭子沿钢筘运动

文献表明,梭子飞越梭口时,使梭子紧贴钢筘的力主要源于筘座摆动的切向惯性力,其大小约为梭子质量的 2 倍。

现有的织机,除了受随筘座摆动的切向惯性力作用外,由于制梭铁将梭尾推向机前,投梭方向又在梭子重心前侧,且梭箱后板倾斜等原因,使梭子在离开梭箱后能沿钢筘向另一侧飞去。

(二) 击梭

1. 梭子的静态位移曲线和动态位移曲线

击梭由投梭机构完成,投梭机构是一个弹性系统,击梭过程机构由于受力而变形。图 8-57 所示是梭子位移与织机主轴位置角的关系。用电测法测定不同主轴位置角所对应的梭子位移,称为梭子的动态位移曲线,如图 8-57 中曲线 x。若用手缓慢转动主轴,排除投梭机构的变形影响,测定梭子的位移曲线称为梭子的静态位移曲线,如图 8-57 中曲线 s。在主轴任一位置角,动态位移曲线 x 和静态位移曲线 s 存在位置差异 f,反映了击梭过程投梭机构的变形,称投梭机构代表变形。从动态位移曲线 x 可知,击梭开始后的 β_0 时间内,由于梭箱等摩擦作用,使投梭机构产生变形,梭子并未随击梭运动的开始而立即启动,而是停

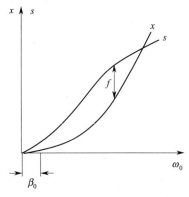

图 8-57　梭子(或皮结)位移
与织机主轴位置角的关系

留在原始位置。当变形力大于摩擦阻力后,梭子开始启动,并逐渐加速,投梭机构及梭子、皮结的惯性力等,迫使机构变形继续增加,变形能不断积累。当机构及梭子加速度达最大值时,投梭机构受最大负荷,机构变形也达到最大。随后,机构变形逐渐恢复,变形能逐步释放,大部分转化为梭子的动能。最后,当机构变形为零时,即动态、静态位移曲线交于一点时,梭子与皮结脱离,以最大速度飞向对侧梭箱。

2. 击梭工艺参数

击梭工艺参数主要包括投梭动程和投梭时间。投梭动程,又称投梭力,可确定梭子的飞行速度,使梭子按时出梭口。生产中有多种表示方法,它们都直接或间接反映了静态位移规

律中梭子（或皮结）的最大动程 s_{max}。梭子达到最大速度 x_{max} 并与皮结脱离后，在梭道中滑行一个很短的距离再进入梭口，其间梭子速度略有下降，故 v_j 略小于 x_{max}。投梭动程调整得越大，则 s_{max} 越大，从而 x_{max}、v_j 也大，从而引起机物料消耗、机台震动及噪声增大。故在满足梭子自由飞行对速度的要求的前提下，应尽量减小投梭动程，以缓和击梭过程。自动换梭织机新梭换入后，由于梭尖和皮结孔眼间存在一定间隙，造成换梭后第一纬击梭力略小，易造成轧梭。故换梭侧投梭动程要大于开关侧，GA615 型织机两者差值约 12mm。

投梭转子和投梭鼻作用弧接触时，主轴的位置角称投梭时间。投梭时间的迟早影响梭子进梭口时主轴位置角 α_j 的大小。在梭子出梭口主轴位置角 α_c 不变，出梭口的挤压度也不变的条件下，为减少投梭力、减少机物料消耗，可适当减小 α_j，投梭时间可适当提早。

α_j 的大小要和开口运动相配合，使梭子正常通过梭口。若投梭时间过早，α_j 过小，梭口有效高度小，下层经纱与走梭板距离过大（1.6mm 为宜），梭子进入梭口前方，梭尖上抬，梭子运动不稳定。此外，这时梭口尚未完全清晰，对经纱挤压度大，易引起飞梭及"三跳"织疵。

二、喷气引纬

（一）气流引纬原理

流体在管道内运动有层流和紊流两种状态，流动状态与雷诺数 Re 大小有关。Re 数计算式如下。

$$Re = \frac{vd\rho}{\mu}$$

式中　v——流体速度，m/s；

　　　d——流管直径，m；

　　　ρ——流体密度，kg/m^3；

　　　μ——流体动力黏性系数，Pa·s。

Re 小，意味着流体流动时各质点间的黏性力占主要地位，流体各质点平行于管路内壁有规则地流动，呈层流状态。Re 大，意味着惯性力占主要地位，流体呈紊流状态，一般管道雷诺数 Re<2300 为层流状态，Re>4000 为紊流状态，Re 介于 2300～4000 为过渡状态。喷气织机喷嘴射流 Re 数达 10^6，射流在管道片或筘槽引导下流动，流动状态属于紊流。喷气引纬气流分为主喷嘴内气流、主喷嘴外气流和辅助喷嘴气流三种。

1. 主喷嘴内气流

主喷嘴喷管内气流呈紊流状态，速度沿管道分布。

$$v = v_{max}\left(1 - \frac{r}{r_0}\right)^{\frac{1}{7}}$$

式中　v——距离管道中心为 r 点的气流速度，m/s；

　　　v_{max}——管道中心气流最大速度，m/s；

　　　r_0——圆管半径，m。

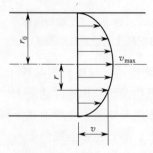

图 8-58　主喷嘴内气流沿横截面速度分布示意图

由于气流在管道中心速度最大，为使纬纱获得最大牵引力，穿越主喷嘴的纬纱应沿着喷管中心线飞行。此外，从图 8-58 所示气流速度分布图可看出，离开管壁很小距离后气流速度差异不大，可近似认为气流速度沿截面各处相等。

2. 主喷管外气流

压缩气流出喷管后，失去固体边界限制，在静止的大气空间扩张流动，称自由沉没射流。由于和周围静止空气存在速度梯度，发生掺混和动能传递而形成卷吸，并继续向外扩散，最终射流动量逐渐减小，速度越来越低，射流锥直径越来越大。

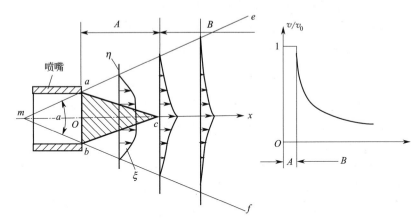

图 8-59　圆喷嘴射流结构示意图

图 8-59 所示为圆喷嘴射流结构示意图，射流以 Ox 为对称轴，沿边界 ae、bf 扩散成圆锥形，气流扩散角 α 一般在 $12°\sim15°$，减小 α 有利于射流集束，延长射程。射流初始段 A 由核心区和混合区组成，随射流向前发展，核心区逐渐缩小，混合区逐渐扩大，达射流基本段 B 后，核心区消失。曲线 ξ 是流速在截面 η 上的分布，核心区流速相等，混合区沿半径向外流速迅速下降。

核心区长度 S_0 计算公式：

$$S_0 = \frac{cD}{\delta}$$

式中　D——喷管直径，m；

　　　c——试验常数，圆射流为 0.335；

　　　δ——喷嘴紊流系数，圆形喷嘴为 0.07。

通过核心区后，射流在同一截面上速度分布规律是，越接近轴心速度越大，射流沿轴心线速度 v_s 可按下式计算。

$$v_s = \frac{0.97}{\dfrac{\delta S}{r_0} + 0.29} v_0$$

式中　v_s——距离喷嘴 S 处射流中心点流速，m/s；

　　　v_0——喷嘴出口的中心气流速度，m/s；

　　　δ——喷嘴紊流系数，圆形喷嘴为 0.07；

　　　S——距喷嘴出口距离，m；

　　　r_0——喷嘴半径，m。

3. 辅助喷嘴气流

主喷嘴气流主要是使纬纱克服所受阻力，获得必要的飞行速度，其对纬纱的输送能力有限，纬纱在筘槽内的飞行主要依靠辅助喷嘴的射流牵引。在各喷嘴的相互作用下，气流速度

呈锯齿状波动特征，各辅助喷嘴的速度波形不完全一致。辅助喷嘴对纬纱输送能力有限，间距不能太大，在整个织机上机幅宽上有几十个辅助喷嘴，纬纱飞行大部分依赖辅助喷嘴的射流牵引。

（二）气流对纬纱的牵引力

气流沿着纬纱轴向流动时，存在相对速度，由于流体的黏性作用，流体与纬纱表面之间产生黏性力，形成纬纱的飞行动力，即摩擦牵引力。微元纱段 dl 上牵引力 dF 可用下式表示。

$$dF = \frac{1}{2}C_f\rho\pi d \ (v-U)^2 dl$$

式中　C_f——气流与纬纱摩擦阻力系数；

$\quad\ \rho$——气流密度，kg/m^3，与气流速度存在函数关系；

$\quad\ v$——气流速度，m/s；

$\quad\ d$——纬纱直径，m；

$\quad\ U$——纬纱飞行速度，m/s。

根据上式，牵引力与气流和纬纱飞行相对速度差的平方成正比。引纬开始时，$U=0$，主喷嘴对纬纱牵引力大，随着 U 的增加，气流和纬纱飞行速度差 $(v-U)$ 降低，牵引力越来越小。为此，现代喷气织机采用串联主喷嘴技术增加气流对纬纱的牵引力，以适应纬纱高速飞行的要求。$\pi d \times dl$ 代表微元纱段的表面积，表面积越大，摩擦牵引力越大。

气流对纬纱的摩擦牵引力是主喷嘴内气流牵引力 F_1、主喷嘴外自由沉没射流牵引力 F_2 和辅助喷嘴气流牵引力 F_3 之和。

对整个喷管长度 L 积分，则主喷嘴内气流的牵引力 F_1 为：

$$F_1 = \int_0^L \frac{1}{2}C_f\rho\pi d \ (v-U)^2 dl$$

流体力学连续流动方程：

$$\rho v = \rho_2 v_2$$

式中　ρ——气流密度，kg/m^3；

$\quad\ \rho_2$——喷嘴出口的气流密度，kg/m^3；

$\quad\ v$——气流速度，m/s；

$\quad\ v_2$——喷嘴出口的气流速度，m/s。

由于主喷嘴喷管短，气流速度高，设 C_f 不受气流速度影响，则主喷嘴内气流对纬纱牵引力 F_1 的计算式。

$$F_1 = \frac{1}{2}C_f\rho_2 V_2\pi d \int_0^L \frac{(v-U)^2}{V} dl$$

主喷嘴射流对纬纱总牵引力 F_2 分为核心区内牵引力 F_{21}、核心区外牵引力 F_{22}。核心区气流速度处处相等，对纬纱的牵引力 F_{21} 可由下式计算。

$$F_{21} = \frac{1}{2}C_f\rho\pi d \ (v-U)^2 S_0$$

核心区外对纬纱牵引力 F_{22} 可由下式分段计算。

$$F_{22} = \frac{1}{2}C_f\rho\pi dh \sum_1^N (v-U)^2$$

式中　h——将核心区外轴心线分为 N 段，每段长度。

类似方法，分别计算多个辅助喷嘴射流对各段纬纱的牵引力，并相加得到 F_3。

喷气织机引纬气流对纬纱的总牵引力 F：

$$F = F_1 + F_2 + F_3$$

从引纬开始到结束，F 与进入梭口的纬纱长度和纬纱飞行速度有关。纬纱头端位置不同，气流对纬纱的作用长度不同。引纬开始时，只有主喷嘴内气流对纬纱具有牵引作用（F_1），随纬纱头离开主喷嘴出口，主喷嘴射流核心区内气流开始对纬纱具有牵引力（F_{21}），然后受射流基本段内气流的牵引（F_{22}），最后辅助喷嘴气流对纬纱的牵引（F_3）。

主喷嘴、辅助喷嘴射流对纬纱的牵引是纬纱长度（或纬纱位置）的函数。引纬开始，随纬纱长度增加，牵引力增加，但随着纬纱速度的增加，将减小气流速度和纬纱飞行速度的差，使气流对纬纱的牵引力减小。

三、剑杆引纬

（一）连杆与周转轮系组合的传剑机构

1. 送纬剑和接纬剑的运动规律

连杆与周转轮系组合的传剑机构（图 8-29）可用于非分离式筘座剑杆织机，剑杆运动由随筘座运动和传剑机构运动复合而成。剑杆位移 S、速度 v、加速度 a 可分别由下式确定。

$$S = K\theta_1'$$
$$v = K\omega_1'$$
$$a = K\varepsilon_1'$$
$$K = \frac{Z_1 Z_4 Z_6}{Z_2 Z_5 Z_7} r$$

式中　　　　　　θ_1'、ω_1'、ε_1'——内齿轮 1 对筘座的相对角位移、角速度和角加速度；

K——传动比；

Z_1、Z_2、Z_4、Z_5、Z_6、Z_7——齿轮 1、2、4、5、6、7 的齿数；

r——传剑轮节圆半径。

$$\theta_1' = \theta_1 - \theta_H$$
$$\omega_1' = \omega_1 - \omega_H$$
$$\varepsilon_1' = \varepsilon_1 - \varepsilon_H$$

式中　θ_1、ω_1、ε_1——摆臂 EO' 的摆动角位移、角速度和角加速度；

θ_H、ω_H、ε_H——筘座 JO' 的摆动角位移、角速度和角加速度。

图 8-60 所示是送纬剑和接纬剑运动规律的 S、v、a 曲线。纬纱交接期间，送纬剑 175° 进足，接纬剑 170° 进足，此时送纬剑、接纬剑速度很小（有利于平稳交接），但加速度最大，会引起柔性冲击。起始处剑杆运动缓慢，送纬剑更慢（六连杆最末一级摇杆在极限位置附近运动较接纬剑的四连杆更缓慢），有利于送纬剑在较短距离内正确夹持纬纱。送纬剑退出梭口较早，可以减少对经纱的摩擦，接纬剑退出梭口较迟，以便让综平时经纱夹持住纬纱，防止纬纱回缩。

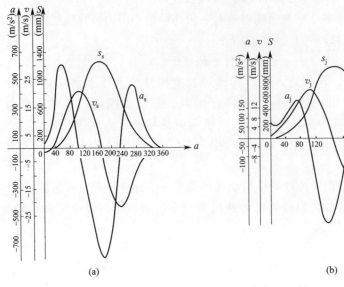

(a)   (b)

图 8-60　送纬剑、接纬剑的运动规律

2. 剑杆接力交接原理

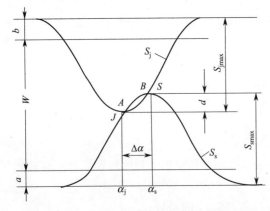

图 8-61　剑杆接力交接原理示意图

图 8-61 所示是剑杆接力交接原理示意图，S_s、S_j 分别是送纬剑和接纬剑的位移曲线；点 S、点 J 分别是送纬剑、接纬剑进程终点，对应主轴位置角分别是 α_s、α_j；W 是上机筘幅；a、b 分别是送纬剑、接纬剑幅外空程；点 A、点 B 之间的区域是交接过程。送纬剑最大动程 S_{smax} 和接纬剑最大动程 S_{jmax} 之和 S 满足下式。

$$S = a + b + d + W$$

式中　a、b——接纬剑和送纬剑退足时剑头距离边经纱的距离；

　　　d——在梭口中央交接纬纱时，剑头最大重叠，即交接冲程；

　　　W——上机筘幅。

上机时，改变剑带与传剑轮的初始啮合位置可调整剑头冲程 d 和交接位置；为适应不同织物的上机筘幅，可调节图 8-29 曲柄 OA 长度，从而改变剑杆最大动程 S_{smax} 和 S_{jmax}，筘幅外空程 a、b 也随之变化，空程大小影响剑头进梭口和退出梭口时主轴位置角和梭口高度，从而使剑头与经纱的挤压度改变。

如上机筘幅 W 不变，增加空程，剑头将进梭口时间推迟，出梭口时间提早，进出梭口的挤压度降低，但送纬剑和接纬剑速度、加速度将增加，纬纱回丝增多。因此，要适当选择空程。

（二）空间曲柄连杆传剑机构

空间曲柄连杆传剑机构用于分离式筘座织机，其原理见图 8-29。分析空间曲柄机构可知，摆杆 4 的往复摆动和曲柄 1 的转动间存在以下关系。

$$\varphi = \arctan\lambda - \arctan(\lambda\cos\omega_t)$$

$$\dot{\varphi} = \frac{d\varphi}{dt} = \frac{\lambda\omega\sin\omega_t}{(1+\lambda^2\cos^2\omega_t)}$$

$$\ddot{\varphi} = \frac{d^2\varphi}{dt^2} = \frac{d\dot{\varphi}}{dt} = \frac{\lambda\omega^2\cos\omega_t(1+\lambda^2+\lambda^2\sin^2\omega_t)}{(1+\lambda^2\cos^2\omega_t)^2}$$

$$\lambda = \frac{R}{D}$$

式中　φ、$\dot{\varphi}$、$\ddot{\varphi}$——摆杆 4 往复摆动的角位移、角速度、角加速度；

　　　　ω——曲柄 1 回转角速度；

　　　　λ——空间曲柄连杆机构的结构参数；

　　　　R、D——AB、OA 的长度。

　　曲柄 1 和织机主轴同步，即 ω 为织机转速。当主轴位置角 $\omega_t = 0°$ 时，摆杆 4 摆动到一方极端位置（$\varphi = 0$）；当 $\omega_t = 180°$ 时，摆杆 4 摆动到另一方极端位置（$\varphi = \varphi_{max}$）。

　　摆杆 4 的运动经四连杆机构 $OCDO_1$ 和扇形齿轮 6、齿轮 7 进行二级放大，经计算可得齿轮 7 角位移（传剑轮 8 的角位移）与摆杆 4 角位移间的放大比例 $i(\varphi)$。当杆 OC 和杆 O_1D 在垂直连杆 DC 的位置附近摆幅较小，可近似认为 φ 为常数。那么剑带位移 S、速度 v、加速度 a 可表示为：

$$S = i(\varphi)r\varphi$$
$$v = i(\varphi)r\dot{\varphi}$$
$$a = i(\varphi)r\ddot{\varphi}$$

式中　r——传剑轮节圆半径。

　　以空间曲柄连杆机构结构参数 $\lambda = 0.577$，设放大比例 $i(\varphi)$ 为常数 i，可计算出无量纲形式表达的剑带位移、速度、加速度变化，如图 8-62 所示，其中横坐标为织机主轴位置角 θ。

　　结构参数 λ 值影响剑带运动规律，按照 $\lambda = \frac{R}{D}$，曲柄 AB 长度 R 增加，则 λ 增加，在其他因素不变时，剑带位移 S、速度 v、加速度 a 的最大值都将增加。

　　在主轴回转角 0°附近，剑带速度接近于 0，延长了剑头在幅外空程运动时占用的时间，推迟了剑头进入梭口和提早了剑头退出梭口的时间，有利于减小剑头进出梭口的挤压度。在主轴转角 180°附近，剑带速度也接近于 0，有利于送纬剑和接纬剑交接纬纱的平稳。

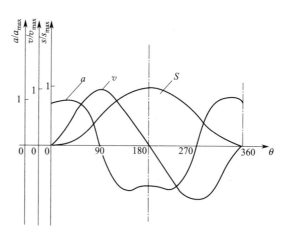

图 8-62　空间曲柄连杆机
构剑带位移、速度和加速度曲线

四、片梭引纬

　　片梭引纬动力来自扭轴扭转的恢复，故击梭后片梭初速度与织机车速无关，只取决于扭轴的变形能量，与扭轴直径和扭转角度有关。

图 8-63 显示扭轴释放弹性能期间击梭块速度、加速度的变化。

在Ⅰ区（加速区），击梭块加速运动，最大加速度（曲线 1）达 6630m/s²，速度（曲线 2）从 0 达到最大值，加速区末端，片梭脱离击梭块进入梭道；在Ⅱ区（缓冲区），油压缓冲机构对投梭机构进行制动，击梭块减速，最大加速度达 9920m/s²，速度从最大值降至 0。在加速区内，若忽略摩擦阻力等次要因素，投梭机构动力学方程如下。

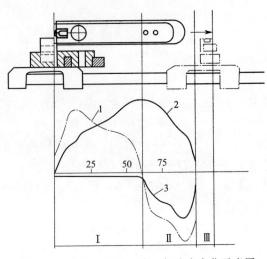

$$M_k + M_1 = 0$$

$$M_k = \frac{GJ_p}{l}\phi$$

$$M_1 = (I + m_0 l_0^2)\ddot{\phi}$$

$$J_p = \frac{\pi}{32}d^4$$

图 8-63 片梭击梭块速度、加速度变化示意图
1—加速度曲线；2—速度曲线；3—制动力曲线

式中 M_k——扭轴弹性恢复力矩；

M_1——投梭机构的综合惯性力矩；

G——扭轴材料的剪切弹性模量；

J_p——扭轴截面积惯性矩；

l——扭轴受扭部分长度；

I——投梭机构的综合转动惯量；

m_0——片梭、击梭块、击梭连杆、摆杆及缓冲活塞和连杆等质量集中在投梭棒顶端的相当质量；

l_0——投梭棒长度；

ϕ——扭轴的扭转角度；

d——扭轴直径。

投梭机构的综合转动惯量 I 由三部分组成。

$$I = I_1 + I_2 + I_3$$

式中 I_1——扭轴的相当转动惯量，等于扭轴自身转动惯量的 1/3；

I_2——扭轴套筒的转动惯量；

I_3——投梭棒相对扭转中心的转动惯量。

整理得：

$$(I + m_0 l_0^2)\ddot{\phi} + \frac{GJ_p}{l}\phi = 0$$

令投梭系统固有频率 k 为：

$$k = \sqrt{\frac{GJ_p}{l(I + m_0 l_0^2)}}$$

则化简为：

$$\ddot{\phi} + k^2\phi = 0$$

$$\phi = A\cos kt + B\sin kt$$

式中 A、B——积分常数。

击梭开始时，初始扭角为 ϕ_0，此时势能最大，动能为 0；当扭轴恢复到 ϕ_1 时，击梭块达最大速度，缓冲机构开始作用；随着缓冲油压加大，击梭块速度降至 0。根据初始条件，$t=0$，$\phi=\phi_0$，$\dot{\phi}=0$，代入通解，可得到 $A=\phi_0$，$B=0$，那么击梭时扭角变化为：

$$\phi = \phi_0\cos kt$$

那么角速度变化为：

$$\dot{\phi} = -k\phi_0\sin kt$$

$$\dot{\phi} = -k\phi_0\sqrt{1-\left(\frac{\phi}{\phi_0}\right)^2}$$

加速区终点，扭角已减小到 ϕ_1，此时片梭速度 v_1 为：

$$v_1 = |\dot{\phi}_1|l_0 = k\phi_0 l_0\sqrt{1-\left(\frac{\phi_1}{\phi_0}\right)^2} = v_0\sqrt{1-\left(\frac{\phi_1}{\phi_0}\right)^2}$$

上式反映了片梭速度 v_1 与扭轴扭角 ϕ_1 的关系。可见减小加速区终点扭角 ϕ_1，有利于增大片梭速度 v_1。当 $\phi_1=0$ 时，理论上片梭能达到的最大速度 $v_0=k\phi_0 l_0$。但当扭角恢复到 0°时，油压缓冲系统才开始起作用的话，投梭机构的剩余动能会使扭轴反向加扭，使投梭机构发生扭振，易造成疲劳损伤，且不利于击梭。计算表明，适当提早缓冲开始的时间，片梭速度降低并不大，即使 $\phi_1/\phi_0=0.5$，加速区终点的片梭速度也仅比最大值 v_0 降低 13.4%。

击梭过程中，片梭受到的击梭力 Q 为：

$$Q = m'\ddot{\phi}l_0 = m'k^2\phi_0 l_0\cos kt$$

式中 m'——片梭质量。

击梭开始时（$t=0$），最大击梭力满足下式。

$$Q_{\max} = m'k^2\phi_0 l_0$$

扭轴积累的最大弹性势能 U 满足下式。

$$U = \frac{GJ_p}{2l}\phi^2$$

五、喷水引纬

喷水引纬和喷气引纬同属射流引纬，两者引纬原理相似。喷水引纬以水为引纬介质，通过水流对纬纱的摩擦力牵引纬纱飞越梭口。与喷气织机主喷嘴的射流相似，图 8-64 是喷水织机的水射流断面结构示意图。射流在喷嘴轴线上的速度最高，在核心区内速度相等，按射流离开喷嘴的距离分为初始段、基本段和雾化段。

（1）初始段 L_A：即核心区长度，在该段轴线上，各点流速都等于喷嘴喷出的水流速度。

（2）基本段 L_B：该段由于射流周围的空气不断进入射流锥内，使射流的速度逐渐降低，截面逐渐扩大，但射流并未出现分离，仍能起到牵引纬纱的作用。

（3）雾化段 L_C：该段射流出现水滴分离现象，射流束解体，水滴雾化而消散在大气中，

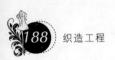

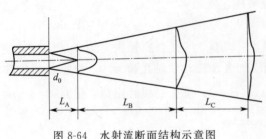

图 8-64　水射流断面结构示意图

失去对纬纱的牵引能力。

　　喷水引纬依靠的是初始段和基本段内的射流对纬纱的牵引作用，故引纬幅宽与 L_A 和 L_B 的长度有关。根据试验，各段长度与喷嘴孔直径 d_0 的关系如下。

$$L_A = (69 \sim 96)d_0$$

$$L_B = (150 \sim 740)d_0$$

　　引纬幅宽除受喷嘴孔直径 d_0 的影响，还取决于喷嘴水压大小。水压决定了射流的速度，影响纬纱获得的飞行速度和能飞行的距离。

　　射流中水滴在前进过程中所受的空气阻力 F 可由下式计算。

$$F = \frac{1}{2}\rho C \pi r^2 v^2$$

式中　ρ——空气密度；

　　　C——空气对水滴球体的阻力系数；

　　　r——水滴的半径；

　　　v——水滴相对于空气的速度，近似认为是水滴的速度。

　　水滴可近似为球，其质量 m 可由下式计算。

$$m = \frac{4}{3}\rho_w \pi r^3$$

式中　ρ_w——水的密度。

　　根据牛顿第二定律，$F = -m\dfrac{dv}{dt}$，负号表示减速，得：

$$\frac{dv}{dt} = -kv^2$$

$$k = \frac{3\rho C}{8\rho_w r}$$

　　根据初始条件 $t=0$、$v=v_0$，得：

$$v = \frac{v_0}{1+kv_0 t}$$

　　又根据速度和位移的关系有：

$$v = \frac{ds}{dt} = \frac{v_0}{1+kv_0 t}$$

　　根据初始条件 $t=0$、$s=0$，得：

$$s = \frac{\ln(1+kv_0 t)}{k}$$

　　则：

$$v = v_0 e^{-ks}$$

式中　v_0——喷嘴出口处射流速度；

　　　s——射流距离喷嘴出口的距离。

　　由上式可知，射流速度 v 随距离 s 呈负指数衰减关系。在射流基本段 L_B 内，射流对纬纱的牵引力随水流速度不断下降和纬纱质量不断增加而变得十分复杂。理论计算时，将整个引纬阶段分成若干微元时间区域 Δt，在 Δt 时间内，认为水流速度和纱线质量保持不变，于是射流对纬纱的牵引力为：

$$F = \frac{1}{2}\rho_{\mathrm{w}}C_1\pi dL\,(\Delta v)^2$$

式中　C_1——射流对纬纱的摩擦因数；

　　　Δv——Δt 内射流和纬纱速度差；

　　　d——纬纱直径；

　　　L——Δt 内射流牵引的纬纱长度。

根据射流速度以及射流对纬纱的作用力，可计算出纬纱的速度变化。图 8-65 所示是射流速度和纬纱飞行速度理论计算结果示意图，曲线 1 是射流速度，曲线 2 是纬纱飞行速度，在 A 点后的区域内，射流速度低于纬纱飞行速度，纬纱依靠自身惯性继续飞行，但飞行速度下降。

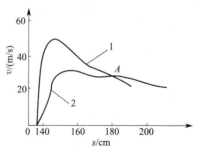

图 8-65　射流速度和纬纱飞行速度理论计算结果示意图

实验一　有梭、喷气和剑杆织机引纬机构认识实验

一、实验目的

（1）了解有梭织机引纬的工作原理、主要机构与作用。

（2）了解喷气引纬的工作原理、主要机构与作用。

（3）了解剑杆织机引纬的工作原理、主要机构与作用。

二、基本知识

1. 引纬的目的与要求

（1）目的：将纬纱引入经纱开口形成的梭口，并使纬纱与经纱相互交织形成织物。

（2）要求：引纬过程应与开口时间准确配合，避免引纬器对经纱的损伤。

2. 有梭引纬

（1）引纬原理：用携带纬纱卷装的梭子在梭口中往复引入纬纱。

（2）引纬过程：梭子在一侧梭箱由投梭机构投射出梭箱，穿越梭口，纬纱从梭子中退绕并纳入梭口。梭子到达对侧梭箱受制梭装置制停，完成一次引纬。下一次引纬受对侧梭箱的投梭机构投射，穿越梭口，纬纱再次退绕并纳入梭口，最终被本侧梭箱制梭装置制停。如此反复，纬纱被不断引入梭口。

3. 喷气引纬

（1）引纬原理：以空气为引纬介质，通过喷射压缩空气对纬纱产生摩擦牵引力，将储纬器释放的一定长度的纬纱引入梭口。

（2）引纬过程：从筒子上退绕的纬纱被卷绕在定长储纬器上。引纬时，定长储纬器释放一定长度的纬纱，通过导纱孔进入主喷嘴，经主喷嘴射出的空气射流将纬纱喷入梭口。梭口中沿筘座方向设置的多个辅助喷嘴接力补充高速气流，以保持气流对纬纱的牵引，直至纬纱穿越梭口，完成引纬。

4. 剑杆引纬

（1）引纬原理：利用轻质剑杆往复运动将纬纱引入梭口。

（2）引纬过程：常用的挠性双剑杆引纬，送纬剑、接纬剑两侧均设置传剑机构，储纬器设置在送纬剑一侧。引纬开始时，送纬剑夹持纬纱向梭口中央移动，同时接纬剑也向梭口中央移动。在梭口中部两剑进行纬纱交接，然后两剑各自回退，纬纱由接纬剑夹持并引出梭口，完成引纬。

三、实验准备

有梭织机、喷气织机、剑杆织机。

四、实验内容

（1）有梭织机引纬原理。

（2）有梭引纬梭子结构、投梭装置、制梭装置、自动补纬装置的结构及工作原理。

（3）喷气织机引纬原理。

（4）喷气织机主喷嘴、防气流扩散装置、辅助喷嘴、供气系统的构造及工作原理。

（5）剑杆织机引纬原理。

（6）剑杆织机剑杆、传剑机构、选纬机构的构造及工作原理。

实验二　梭子（纬纱）平均飞行速度的测试及分析

一、实验目的

（1）实测梭子进、出梭口的时间。

（2）计算梭子通过梭口的平均速度。

（3）了解梭子平均速度测试方法，掌握测定操作技能。

二、基本知识

1. 梭子在梭口的飞行时间 t(s)。

$$t = \frac{\alpha_c - \alpha_j}{6n}$$

式中　α_c、α_j——出、进梭口主轴位置角，(°)；

　　　　n——主轴转速，r/min。

2. 梭子飞行的平均速度 v(m/s)

$$v = \frac{s}{t} = \frac{6n(L + L')}{\alpha_c - \alpha_j}$$

式中　L——上机筘幅，m；

　　　L'——梭子胴体宽度，m。

三、实验准备

织机、有标记的梭子、织机主轴刻度盘、装有触点开关的圆盘及固定支架、钢卷尺、钢直尺、闪光灯、闪光测速仪。

四、实验内容

1. 用闪光测试仪测定织机转速

（1）测量经纱穿筘幅宽 L，梭子胴体长度 L'。

（2）将织机主轴刻度盘固装在织机主轴上，在机架上固装一指针，转动主轴到前止点，使指针指向刻度盘 $0°$。

（3）刻度盘外侧安装带有支架的圆盘，圆盘与主轴刻度盘基本同轴，其内侧装有一个触点开关，在刻度盘外侧装一触点。

（4）将圆盘触点开关的两个输出端和数字闪光测速仪的闪光触发端相接。

（5）在梭子胴体与梭尖交界处刻以标记线，一端为白线，另一端为红线，白线一侧靠近开关侧，红线一侧靠近换梭侧，红白线间距为梭子胴体长度。

（6）开动织机，启动闪光测速仪，调节闪光频率。在机前以闪光灯照射换梭侧梭口，观察到梭子的白线标记稳定地出现在换梭侧梭口某点为止，保持这一频率。

（7）将闪光频率换算为织机转速。

2. 用闪光灯测量梭子平均速度

（1）用手逆时针转动带触点开关的圆盘，继续用闪光灯观察，直至梭子上白色标记线稳定地与换梭侧最外侧经纱重合。然后将闪光灯拿到刻度盘一侧，照射刻度盘，观察指针所指刻度，该刻度值即为梭子进入梭口时织机主轴位置角 α_j。

（2）移动闪光灯到开关侧，用手转动带触点开关的圆盘，直到红色标记线稳定地与开关侧最外侧经纱重合。用闪光灯照射刻度盘，观察所指刻度，该刻度即为梭子出梭口时织机主轴位置角 α_c。

（3）根据测量数据计算梭子平均速度 v。

思考题 ▶▶

1. 引纬的目的及要求是什么？

2. 引纬的方式有哪几种？

3. 梭子的结构及其特点是什么？

4. 什么是有梭织机投梭力和投梭时间？该工艺参数的确定应考虑哪些因素？如何进行调节？

5. 试述有梭织机制梭各阶段的特点？

6. 常见的无梭引纬有哪几种，和有梭织机相比有哪些主要优点？

7. 喷气引纬的基本原理是什么？

8. 比较管道片和异形筘多喷嘴引纬系统的特点及应用性能上有何不同？

9. 试述喷气织机的品种适应性。

10. 试述剑杆织机的种类及其各自的特点。

11. 分析几种典型的剑杆织机传剑机构的组成及其工作原理。

12. 剑杆织机多色纬织造的主要机构及其原理是什么。

13. 试述剑杆织机的品种适应性。

14. 片梭织机引纬过程可分为哪几个阶段？

15. 试述片梭织机扭轴投梭机构投梭和制梭过程。

16. 试述片梭织机织造特点及其品种适应性。

17. 试述喷水引纬的原理及其与喷气引纬的异同。

18. 试述喷水引纬对水质的要求及水处理装置的组成。

19. 试述喷水织机织造特点及其品种适应性。

20. 无梭织机储纬机构的作用及其种类是什么。

21. 无梭引纬的布边有哪几种常用类型。

22. 试述常用无梭织机成边机构的种类和原理。

第九章

打 纬

在织机上，依靠打纬机构的钢筘做前后往复摆动，将一根根引入梭口的纬纱推向织口，与经纱交织，形成符合设计要求的织物的过程称为打纬运动。此机构称为打纬机构。

1. 打纬机构的主要作用

（1）将引入梭口的纬纱推入织口，使之与经纱交织形成织物。

（2）由钢筘筘号确定织物的幅宽和经纱排列的密度。

（3）钢筘兼有导引纬纱的作用。在有梭织机上钢筘与走梭板组成梭道，作为梭子稳定飞行的依托；在某些剑杆织机上，借助钢筘控制剑带的运行；在喷气织机上，异形钢筘起到防止气流扩散的作用。

2. 对打纬机构的要求

（1）钢筘及其筘座的摆动动程应能保证顺利引纬。在提供一定的可引纬角的情况下，应尽可能减小筘座的摆动动程。筘座的摆动动程一般是指筘座从后止点摆动到前止点，钢筘上的打纬点在织机前后方向上的水平位移，这个位移量也称打纬动程。对于短筘座脚的打纬机构，打纬动程一般以筘座脚的摆动角度表示。打纬动程大，钢筘筘齿与经纱的摩擦就大，不利于高速。

（2）在保证打紧纬纱的条件下，应尽量减小筘座的转动惯量和筘座运动的最大加速度，以减小织机的震动和动力消耗。

（3）筘座的运动必须与开口、引纬相配合，在满足打纬的条件下，尽量提供大的可引纬角，以保证引纬顺利进行。

（4）打纬机构应简单、坚固，操作安全。

第一节　打纬机构

打纬运动是钢筘沿织机前后摆动，引纬则是引纬器或引纬介质沿织机的左右运动。这就要求打纬与引纬协调配合，打纬机构的摆动应为引纬运动留有足够的空间和时间。常用的打纬机构按其结构形式的不同，可分为连杆式打纬机构、共轭凸轮式打纬机构以及筘片式打纬机构。打纬机构还可按其打纬动程变化与否分为恒定动程打纬机构和变化动程打纬机构。目前常用的主要有连杆式打纬机构和共轭凸轮式打纬机构，筘片打纬机构主要用于多梭口织机，恒定动程的打纬机构主要用于普通织机，变化动程的打纬机构主要用于毛巾织机。

一、连杆式打纬机构

连杆打纬机构是利用连杆机构把织机主轴的回转运动转变为钢筘的往复打纬运动。连杆式打纬机构是织机上使用最为广泛的打纬机构,常用的有四连杆打纬机构和六连杆打纬机构。为了适应某些织物品种,还有一些特殊的多连杆打纬机构。

(一) 四连杆打纬机构

1. 四连杆打纬机构作用原理

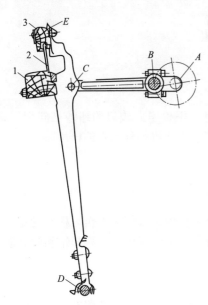

图 9-1 所示为国产 GA615 型有梭织机的四连杆打纬机构。通常,把钢筘摆动到前止点,即打纬时刻作为织机工作圆图的主轴位置角 0°,后止点约为 180°。沿着主轴转向,根据工艺要求,便可设定织机各机构的工作时间转角。

图 9-2 所示为某喷气织机四连杆打纬机构的运动简图。A 为主轴,AB 为曲柄,BC 为连杆(也叫牵手),D 为摇轴,它们共同构成一曲柄摇杆机构,完成摇杆 DC 的摆动,联动筘座脚 DE 绕摇轴 D 作前后方向的往复摆动,完成打纬运动。

传统有梭织机四连杆打纬机构的摇杆同时兼作筘座脚,无梭织机四连杆打纬机构则将摇杆与筘座脚分为两个刚性件,并以一定的夹角固装在摇轴上形成一个整体。摇杆与筘座脚分离的设计,将四杆打纬机构分成了产生往复摆动的曲柄摇杆机构和完成打纬动作的筘座摆动系统。这种分离是无梭织机四连杆打纬机构的主要特点,它可缩小摆动机构的体积,并可密封于箱体内,利于机构的油浴润滑,并有利于打纬系统的动态平衡,为机构各杆件重量的合理分布和动态设计提供了手段;同时,筘座摆动系统的打纬刚度增强,织物更为丰满并硬

图 9-1 GA615 型有梭织机
的四连杆打纬机构

A—织机主轴;AB—曲柄;C—牵手栓;
BC—连杆;D—摇轴;DC—筘座脚;
1—筘座;2—钢筘;3—筘帽

挺,打纬工艺越趋完善。

2. 影响四连杆打纬机构运动性能的因素

四连杆打纬机构是目前织机上应用较为广泛的打纬机构,其运动性能取决于连杆长度(包括结构尺寸)和轴向偏度。

在四连杆结构尺寸中,曲柄半径 R 与牵手长度 L 的比值大小对筘座运动有显著影响。一般,按照比值的大小,将打纬机构分为长牵手打纬、中牵手打纬和短牵手打纬机构。当 $R/L < 1/6$ 时,称为长牵手打纬机构;当 $R/L = (1/6 \sim 1/3)$ 时,称为中牵手打纬机构;当 $R/L > 1/3$ 时,称为短牵手打纬机构。如图 9-3 所示,短牵手打纬机构中牵手栓中心 C 点的运动规律曲线 2 允许纬纱通过梭口时主轴的工作时间转角为 α_s,大于长牵手 1 的主轴工作时间转角 α_1。同时,牵手越短,曲柄处于前止点 (0°) 附近时,筘座的运动加速度就越大,对打紧织物有利,并且牵手越短,打纬加速度也越大,在依靠惯性力打纬的情况下,这对形成紧密织物也是有利的。所以,短牵手打纬机构适宜于宽幅、厚重织物的织造。

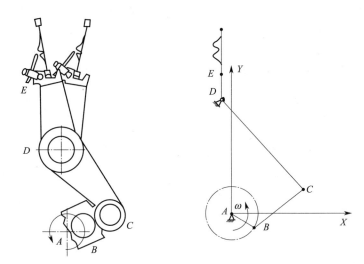

图 9-2　无梭织机四连杆打纬机构的运动简图

A—织机主轴；AB—曲柄；C—牵手栓；

BC—连杆；D—摇轴；DC—摇杆；DE—筘座脚

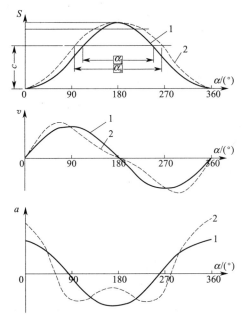

图 9-3　四连杆打纬机构牵手栓中心运动规律

1—长牵手；2—短牵手

　　在有梭织机发展到当代无梭织机的进程中，四连杆打纬机构的结构形式逐步演变，如喷气织机上一般 $R/L>1/2$。为适应高速，筘座脚的长度也越来越短。但是，牵手越短，钢筘运动的加速度变化就越大，加剧了织机的震动，一般配以轻质筘座加以弥补，以适应高速。同时，为了提高刚度，如图 9-4 某喷气织机打纬机构所示，摇轴 9 采用整体式大直径中空长圆轴，并沿轴排列多根筘座脚 5 或采用整体筘座脚形式。为了达到高速低震效果，现代无梭织机还应用了打纬机构减震技术，主要是在摇轴上安装平衡块，平衡掉筘座、钢筘等零件摆动产生的惯性力矩，由此减少震动。

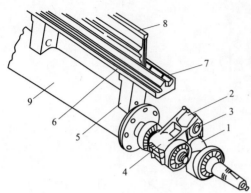

图 9-4 某喷气织机打纬机构

1—曲轴；2—牵手；3—牵手栓；4—摆杆；5—筘座脚；

6—筘座；7—筘座定位条；8—异形筘；9—摇轴

影响筘座运动性质的参数还有牵手栓极端位置与曲轴中心的关系。当筘座脚摆动至最前、最后位置时，相应位置上牵手栓中心 C 点的连线若通过曲轴中心，则该打纬机构被称为轴向打纬机构。轴向打纬机构具有筘座脚向前摆动和向后摆动各占织机主轴工作时间转角的 $180°$，即平均速度相等的特性。若筘座脚摆动至最前、最后位置时，相应位置上牵手栓中心的连线不通过曲轴，则该打纬机构称为非轴向打纬机构。曲轴中心到这根连线的距离称为非轴向偏度，用 e 表示。非轴向偏度有正、负之分。若曲轴和摇轴处在牵手栓中心极限位置连线的同一侧，则 e 为负值；若曲轴和摇轴处在牵手栓中心极限位置连线的两侧，则 e 为正值。非轴向打纬机构具有筘座脚向前摆动和向后摆动占织机主轴转角不相等的特性。非轴向偏度 e 使钢筘运动最大加速度增大，当 $e>0$ 时，最大加速度出现在前止点之前，当 $e<0$ 时，最大加速度出现在前止点之后。在非轴向打纬机构上，牵手栓运动动程较大，速度和加速度随着非轴向偏度 e 的增加而增加，运转的不均匀性加大。由此可见，在高速织机上应采用轴向打纬机构。

四连杆打纬机构结构简单，容易制造，广泛用于有梭织机和部分无梭织机。但是，当曲柄在后止点附近时，筘座运动相对静止时间较短，引纬期间筘座运动使织机的可引纬工作时间转角较小，所以织机幅宽受到了限制。

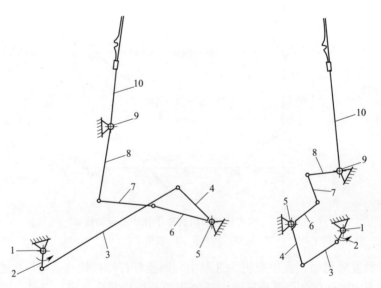

图 9-5 六连杆打纬机构示意图

1—主轴；2—曲柄；3、7—连杆；4、6、8—摇杆；

5—摇杆支撑轴；9—摇轴；10—筘座脚

（二）六连杆打纬机构

随着织机幅宽的增加及车速的提高，对摇轴的相对静止时间及停歇质量提出了更高的要求。为了增加筘座在后方的相对静止时间，让引纬器从容通过梭口，许多织机中选用了六连杆打纬机构。六连杆打纬机构的形式有多种，图9-5所示为某喷气织机所采用的六连杆打纬机构示意图。图中，曲柄2装在织机主轴1上，随着曲柄回转，通过连杆3使摇杆4摆动，再通过摇杆6、连杆7使摇杆8往复摆动，从而带动筘座脚10绕摇轴9往复摆动，完成打纬。

六连杆打纬机构可以看作是由两个串联的四连杆机构组合而成。其筘座运动曲线如图9-6所示。由图可知，筘座在后心附近相对静止时间较长。这一特性主要由第二个四连杆机构决定。以图9-5所示的六连杆打纬机构为例，当六连杆打纬机构中的杆件尺寸确定后，摇杆6与连杆7之间的夹角对其后心运动缓慢特性是关键影响因素。当曲柄2位于后心位置时，若能使摇杆6与连杆7呈一直线，并与摇杆8垂直，则可使摇轴9获得最大的相对静止时间（图9-6）。

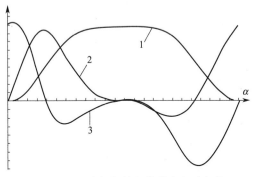

图9-6　六连杆打纬机构筘座摆动规律
1—位移；2—速度；3—加速度

六连杆打纬机构具有筘座在其前后极限位置的运动较四连杆机构更为缓慢的特性，这有利于延长引纬时间。同时，六连杆打纬机构经合理的设计又具有良好的动态性能及良好的制造安装性能。所以，六连杆打纬机构主要用于筘幅较宽的织机上，以提供较大的允许纬纱飞行角。

二、凸轮打纬机构

共轭凸轮打纬机构是利用凸轮、转子等部件将主轴的运动传递给钢筘而完成打纬动作的。其打纬推程和回程由主、副两个凸轮分别控制，凸轮的轮廓曲线以及机构完全可以根据打纬工艺要求进行设计，实现预定的筘座运动规律，是目前在高速无梭织机上应用较多的打纬机构。

图9-7所示为某织机上的共轭凸轮式打纬机构。在织机主轴1上装有一副共轭凸轮。2为主凸轮，它驱动转子4实现筘座由后向前的摆动，3为副凸轮，它驱动转子7实现筘座由前向后的摆动。共轭凸轮回转一周，筘座脚6绕摇轴5往复摆动一次，通过筘夹8上固装的钢筘9向织口打入一根纬纱。同时，共轭凸轮的位置处于摇轴的前面，这样可使前综尽可能接近钢筘，以减小综框的动程。这类凸轮打纬机构在打纬时钢筘稍向前倾，于是经位置线也随之而倾斜一小的角度，这也是减小织机纵向深度的措施之一。

共轭凸轮打纬机构筘座的运动分为三个时期，即打纬进程、打纬回程和筘座静止期。这些时期如用主轴回转角来表示，则分别为进程角、回程角和静止角。打纬是在打纬进程期内完成的，引纬则在筘座的静止期内进行。由此可见对不同的织机，这三个时期的分配有所不同，织机筘幅越宽，筘座的静止角就应越大。

共轭凸轮打纬机构运动规律应满足如下要求。

（1）筘座从静止到运动、从运动到静止时，其加速度应逐渐变化，变化要缓和，峰值要小，以减少机器震动。

（2）打纬时刻筘座加速度的大小应满足惯性力打纬的要求。

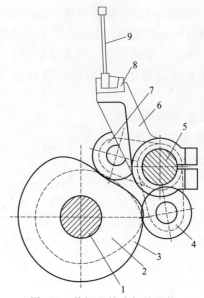

图 9-7 共轭凸轮式打纬机构

1—主轴；2—主凸轮；3—副凸轮；4、7—转子；

5—摇轴；6—筘座脚；8—筘夹；9—钢筘

为了同时满足上述要求，使共轭凸轮打纬机构能够适应高速运行条件以及各种织物的工艺特点，设计合适的筘座运动规律就显得特别重要。单用一种运动曲线方程是不能同时满足所有要求的。常采用两种或三种运动曲线来组合。例如正弦和余弦分段组合的加速度规律，三角函数和直线交替 7 段组合的加速度规律，三角函数 1/4 周期和水平直线组成的 9 段加速度规律，用 4 段光滑曲线拼接的三次 Hermite 多项式加速度规律等。无论何种组合运动曲线，都在追求接点处两种或三种运动规律的速度、加速度及加速度斜率相等且光滑连续，以避免机构的刚性冲击和柔性冲击。

在共轭凸轮打纬机构中，只要更换凸轮便可改善打纬机构的运动性质、获得不同打纬力的工艺效果，较连杆式打纬机构方便易行，再加上它可以获得长达 200°～255°的筘座绝对静止角，从而不仅为延长纬纱飞行时间，而且为筘座分离创造了必要的条件，同时又充分利用了梭口高度，减小了打纬动程。目前宽幅无梭织机越来越多地采用了共轭凸轮打纬机构，例如在筘幅 216cm 的片梭织机上，静止角为 220°，筘座打纬的进程角为 70°，打纬回程角为 70°。筘幅愈宽，则筘座静止角可设计得愈大。但由于共轭凸轮打纬机构的性能与共轭凸轮的外轮廓线直接相关，故在织机长期运行过程中因磨损而引起的凸轮外轮廓线的任何改变都会带来严重的布面质量问题，因而对共轭凸轮的制造精度、耐磨特性、加工工艺以及工作环境有很高的要求。目前先进的无梭织机中，共轭凸轮除选择优质材料、提高加工精度并采用先进的加工工艺提高共轭凸轮的耐磨性能外，打纬机构采用多凸轮驱动，并使整个共轭凸轮传动机构在油浴中运动，以进一步改善共轭凸轮的受力状况，并延长其工作寿命。

三、筘片打纬机构

连杆打纬机构和凸轮打纬机构均存在筘座的往复运动，其加速度较大且变化剧烈，运动稳定性较差。为适应高速及多梭口织机等的要求，出现了圆筘片打纬机构。它取消了筘座的往复运动，而用旋转的多角形筘片直接将纬纱推入织口，如图 9-8 所示。

在主轴 1 上排列着多角形的筘片 2，经纱 3 和 4 嵌在相邻筘片之间的缝隙中，筘片随主轴回转时，其打纬半径就将纬纱 5 推向织口。其传动机构简单，运转平稳，适宜于高速运转，但异型筘片制作成本高。

在 M8300 型经向多梭口织机上，织物是依靠织造滚筒而形成的，如图 9-9 所示。在织造滚筒的圆周上均匀安装有 12 组开口片和筘齿片，开口片和筘齿片分别组成梳齿状，开口片在前，筘齿片在后。在织造滚筒回转过程中，开口片的作用是顶起经纱，形成梭口，开口片中部的凹槽构成纬纱飞行的通道。筘齿片的作用是打纬，使经纱与纬纱交织形成织物。

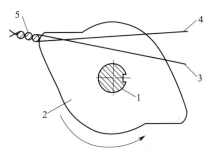

图 9-8　筘片打纬机构

1—主轴；2—筘片；3、4—经纱；5—纬纱

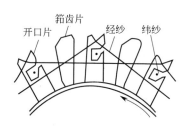

图 9-9　经向多梭口织机筘片打纬示意图

四、变动程打纬机构

变动程打纬机构的特点是在一定的打纬次数范围内，钢筘打到前心时的动程是变动的，即根据产品设计的要求，前几次打纬时，钢筘摆动的动程较短，只有在织入某根纬纱时，钢筘摆动的动程增大，到达真正的织口位置。变动程打纬机构主要用于生产起圈织物，如毛巾织物等。采用筘座脚式起毛机构织制毛巾织物时，为了形成毛圈，打纬终了时钢筘不是每次都打到织口位置，而是按毛巾组织需要，使钢筘的打纬动程作周期性的变化。

（一）小筘座脚式起毛机构

图 9-10 所示为小筘座脚式毛巾打纬机构。它采用四连杆打纬机构，并在打纬机构中增设了起毛曲柄转子和小筘座脚等构件。

小筘座脚式毛巾织机打纬机构可通过改变起毛撞嘴的前后位置来调节长、短动程的差异，动程差越大，毛圈高度越高。起毛曲柄转子所在的辅助轴与主轴的速比由毛巾组织结构

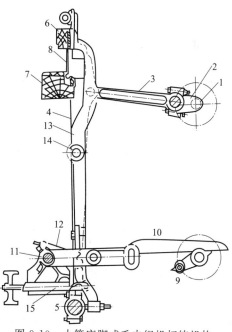

图 9-10　小筘座脚式毛巾织机打纬机构

1—主轴；2—曲柄；3—牵手；4—筘座脚；5—摇轴；6—筘帽；7—筘座；8—钢筘；9—起毛曲柄转子；10—摆杆；11—摆杆轴；12—起毛撞嘴；13—小筘座脚；14—转轴；15—弹簧

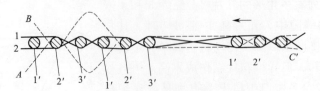

图 9-11　三纬毛巾组织结构的形成

1、2—地经纱；1′2′3′—纬纱；A、B—起毛经纱

决定，织制三纬毛巾时，速比为 1∶3，织制四纬毛巾时，速比为 1∶4。图 9-11 所示为三纬毛巾组织结构形成的示意图。

（二）筘座动态变动程式起毛机构

目前在采用凸轮打纬无梭毛巾织机上运用的最典型的起毛机构是筘座动态变动程式起毛机构，其最大特点是每打一根纬纱时筘座的打纬动程可动态变化，如图 9-12 所示。其控制打纬动程变化的一套机构由控制凸轮和连杆构成（图中未示出），使推拉杆 7 按要求左右运动。短打纬时，推拉杆 7 向左运动，筘座脚 9 实现小动程。需要长打纬时，推拉杆 7 向右运动，使连杆 6 和连杆 8 成一条直线，筘座摆动时到达织口位置，实现长打纬。

凸轮打纬变动程起毛机构运动可靠。织制三纬或四纬毛巾时，可以通过更换控制凸轮来实现。毛圈高度也可以通过推拉杆 7 动程进行调节。

在现代毛巾织机上，常将打纬动程固定，而采用边撑、织口板与起毛圈同步的布移动方式，用伺服电动机连续变换长、短毛圈及毛圈高度，实现毛巾织物的时尚化。

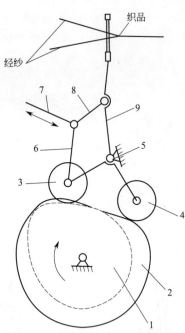

图 9-12　凸轮打纬变动程起毛机构

L—主凸轮；2—副凸轮；3—主凸轮转子；
4—副凸轮转子；5—筘座；6—连杆；
7—推拉杆；8—连杆；9—筘座脚

第二节　打纬与织物的形成

在钢筘把引入梭口的新纬纱推向织口与经纱交织形成织物时，纬纱和经纱之间有一个比较复杂的受力过程，对织物形成有较大影响。

一、打纬开始阶段

在综平后的初始阶段，经纬纱开始相互屈曲抱合，产生摩擦作用，因而出现了阻碍纬纱移动的阻力。随着纬纱移动阻力的出现，经纱张力亦稍稍增加，但由于此时钢筘至织口的距离大且梭口高度小，这种相互屈曲和摩擦的程度并不很显著。随着纬纱继续被推向织口，经纬纱线间相互屈曲和摩擦的作用就逐渐增加。当纬纱被钢筘推到离织口第一根纬纱一定距离时，就会遇到开始显著增长的阻力，这一瞬间被称为打纬开始。对于不同的织物品种，因经纬纱交织时的作用激烈程度不同，故打纬开始时间也不同。

二、钢筘打纬到最前方及打纬阻力

打纬开始以后，打纬作用波及织口，随着钢筘继续向机前方向移动，织口将被推向前方，同时新纬纱在钢筘的打击下，将压力传给相邻的纬纱。如图 9-13(a) 所示，使织口处原第一根纬纱 A 向第二根纬纱 B 靠近，而第二根又向第三根纬纱 C 靠近，如此等等，相对于经纱略做移动。与此同时，经纬纱线间产生急剧的摩擦和屈曲作用，当钢筘到达最前方位置时，这些作用最为剧烈，因而产生最大的阻力，这个最大阻力称为打纬阻力。此刻，钢筘对纬纱的作用力也达到最大，称为打纬力。打纬力与打纬阻力是一对作用力与反作用力。打纬时，钢筘必须施加与打纬阻力大小相等、方向相反的打纬力，才能有效地将纬纱打入织口。

织造织物时的打纬阻力或打纬力的大小，表示其纬纱打紧的难易程度。一定的织物在一定的上机条件下，打紧纬纱并使纬密均匀所需的打纬力是不变的。在织机开车和运转过程中，打纬力的变化会引起纬纱打紧程度的变化，严重时会使织物纬密发生改变，产生纬向稀密路织疵。

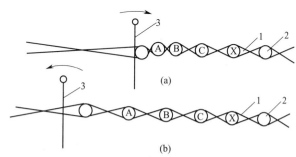

图 9-13 织物形成区的纬纱变化
1—经纱；2—纬纱；3—钢筘

打纬阻力由打纬时经纬纱之间的摩擦阻力和经纬纱变形产生的弹性阻力叠加而成。在整个打纬过程中，摩擦阻力和弹性阻力所占的比例是变化的，在打纬的开始阶段，摩擦阻力占主要分量，随着打纬的进行，经纱对纬纱的包围角越来越大，纬纱之间的间距越来越小，弹性阻力迅速增加，对于大多数织物而言，弹性阻力往往超过摩擦阻力。

打纬阻力在很大程度上取决于织物的纬密，纬密越大，打纬阻力也越大。在低纬密情况下，打纬阻力随纬密的变化成线性关系变化；在高纬密阶段，打纬阻力随纬密的变化成指数关系变化，即纬密的微小变化导致打纬阻力的明显增加。增加经密也会增加打纬阻力，但其影响不及纬密的影响大。在其他条件相同，平纹组织的织物因经纬纱的交织次数多，因而其打纬阻力较斜纹、缎纹组织的织物大。纱线表面摩擦因数大、纱线刚性好的织物，其打纬阻力大；经纬密相同时，纱线直径大，打纬阻力也大。

三、打纬过程中经纬纱的运动

自打纬开始至打纬结束，经纬纱的移动也是一个复杂的过程，可用图 9-14 的模型说明。

在打纬开始之前，纬纱相对经纱的移动阻力可忽略，即打纬阻力 R 很小，经纱张力 T_w 等于织物张力 T_f。打纬开始以后，随着纬纱向前移动，打纬阻力显著增加。当打纬阻力 R 大于经纱张力 T_w 与织物张力 T_f 之差时，纬纱将和经纱一起移动，结果经纱被拉伸而产生伸长，经纱张力增加。同时，织物回缩，其张力下降，使经纱和织物的张力差（T_w-T_f）变大。当打纬阻力小于经纱和织物的张力差时（$R<T_w-T_f$），纬纱将作相对于经纱的移动。随着纬纱推向前方，经纬纱间摩擦作用及屈曲程度显著增加，使阻碍纬纱移动的阻力也大为增加，当这个阻力又超过经纱与织物的张力差时，经纱将重新和纬纱一起向织口移动，这种

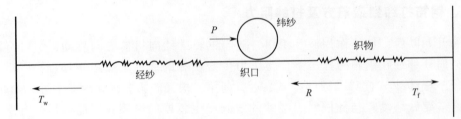

图 9-14　打纬时经纱和纬纱的移动

移动又引起经纱张力的增大和织物张力的减小，随后又将出现纬纱相对于经纱的移动。由此可见，在打纬期间，经纬纱线运动的性质是不断变化的，即纬纱和经纱一起移动及纬纱相对于经纱移动是相互交替地进行的。

　　筘座到达最前方以后便向机后移动，在最初阶段，织口是随着钢筘向机后移动的，这种移动直到经纱张力和织物张力相等时为止。然后钢筘便离开织口，在钢筘停止对织口作用后，织口处的纬纱在经纱的压力作用下，便离开已稳定的纬纱向机后方向移动，如图 9-13（b）所示，刚打入的新纬纱移动最大，原织口中第一根纬纱 A 次之，第二根纬纱 B 又次之，如此等，待以后逐次打纬时，这时纬纱将紧密靠拢，逐渐依次过渡为结构基本稳定的织物的一部分。

　　由上述可见，织物的形成并不是将刚纳入梭口的纬纱打向织口后即告完成。而是在织口处一定根数纬纱的范围内，继续发生着因打纬而使纬纱相对移动和经纬纱线相互屈曲的变化，只有在这个范围以外，织物才获得基本确定的结构。也就是说，织物是在织物形成区内逐渐形成的。

　　在织物形成过程中，织口的前后移动如图 9-15 所示。图中线段 1～2 为织口在钢筘推动下向机前方移动，它在纵坐标上的投影，称为打纬区宽度；线段 2～3 为织口随钢筘向机后方向移动。由于织机工作区内存在着一定长度的经纱和织物，并且它们的刚度不同，往往在张力作用下织口移向后方，待下次打纬时再被迫推向前方。线段 3～4 为综框处于静止时期，织口的位移不大，由于经纱的放送，曲线略有波动。线段 4～5 为梭口闭合时期，经纱张力逐渐减小。线段 0～1 表示综平后梭口逐渐开启，经纱张力增大，织口向机后移动的情况。由此可见，织口的位移表示了经纱和织物张力的变化情况。

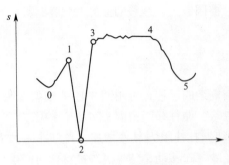

图 9-15　织口的前后移动

　　打纬区宽度是指从打纬开始到打纬结束，织口移动的距离。织口的移动量，对织造工艺能否顺利进行有很大的影响。如果织口的前后移动，超过综丝在其支架上的前后摆动以及综丝发生弯曲变形的范围，将产生纱线相对于综眼的移动；加上打纬时经纱通常具有最大张力，便引起综眼对纱线以摩擦功表现出来的较大的摩擦作用。织口移动越大，这种摩擦作用也越剧烈，在多次作用下，使粗细节处的纱线结构变坏，最后出现断头。相反，如果织口移动量太小，减轻了经纱变形，但造成打纬力不足，打不紧纬纱，使织物不够丰满。因此，打纬区宽度是实际生产中控制打纬过程的重要工艺参数之一，它是反映织物织造难易程度以及织机上机工艺参数（上机张力、开口时间、后梁高低等）是否合适的标志。在工厂中，常以目测打纬区宽度的大小，来判别有关工艺参数是否合理。

在生产实际中，打纬阻力的大小随织物结构、纱线性能等因素而异。例如在织制紧密度较小的轻型织物时，纱线间的相互阻力也较小，可以在较小的经纱张力下进行打纬。此时，织物形成区内所包含的纬纱数较少，打纬区宽度亦较小，甚至织物形成的过程，有以打入此根纬纱为终结的。

织制紧密度较大的织物时，纱线相互间的作用加强，打纬阻力增大，打纬区宽度亦较大，经纱张力增加。在这种情况下，织物形成区内所含的纬纱数较多，换句话说，打入的纬纱要经过较大的织物形成区，才能与经纱稳定地交织。

在其他情况相同而织物组织不同时，打纬时经纱张力将有变化。织造平纹织物时，打纬时经纱张力最大，织造缎纹组织时则较小，这是因为织造平纹织物时，经纬纱交织点多，打纬阻力较大，打纬区宽度亦较大，而织造缎纹织物时，经纬纱交织点少，打纬阻力和打纬区宽度也较小之故。

在纱线线密度相同的情况下，由于毛经的弹性比棉经大，制成同种结构的织物时，毛织物的打纬区宽度将比棉织物的大。

因此，在以目测打纬区宽度的大小来鉴别有关工艺参数是否合理时，还应顾及原纱性能和织物结构的因素。

第三节　织机工艺参数与织物形成的关系

一、经纱上机张力与织物形成的关系

经纱上机张力是指综平时的经纱静态张力。上机张力大，打纬时织口处的经纱张力亦较大，经纱屈曲少，而纬纱屈曲多。交织过程中，经纬纱的相互作用加剧，打纬阻力增加。反之，如果上机张力小，则打纬时织口处的经纱张力亦较小，此时纬纱屈曲少，而经纱屈曲多，交织过程中经纬纱的相互作用减弱。生产中，应选择适宜的上机张力，若经纱张力过大，因其强力不够，将增加断头；若经纱张力过小，打纬使织口移动量增大，因经纱与综眼摩擦加重，也会增加断头。

上机张力的大小对织造过程中打纬区宽度的影响很大。从上述分析构成打纬区宽度的基本原因可知，打纬区宽度将随不同上机张力所引起的织物刚度和张力的变化而变化，例如在织机上织制 14.5tex/14.5tex 纱府绸时，随着上机张力 K 的增加，打纬区宽度有所减小，如图 9-16 所示，其呈负指数曲线的规律变化。由图可见，从减少织造过程中经纱断头率来考虑，织制该纱府绸时宜采用适当大一点的上机张力，这与高密织物上机张力应大些以满足开清梭口和打紧纬纱的要求是一致的。但织制其他织物时，应根据具体情况确定上机张力。

从改善织物的平整度考虑，宜采用较大的上机

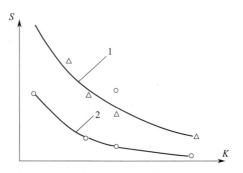

图 9-16　上机张力与打纬
区宽度和织口位移的关系
1—织口最大位移；2—打纬区宽度

张力。例如织制大多数棉织物时，如上机张力较小，织物表面便不够平整，有粗糙的手感。当被加工的织轴上经纱张力不匀时，可适当加大上机张力，使织物较为平整，同时还可以减少纱线与纱线之间的张力差异，从而在一定程度上弥补片纱张力的不匀，使条影减少，织物匀整。又如在织制 50124 有光纺时，若用较小的上机张力，则形成的绸面不够平整，且产生松紧边，适当提高上机张力后，绸面质量大为改善，平整而有光泽。

但是从织物的力学性能来看，不宜采用较大的上机张力，增加上机张力时，织物的厚度、质量、强力以及经纬向密度的变化较小，但经向织缩和断裂伸长的减小却较大。研究表明，织物的服用牢度与其经向断裂功和经纬纱显露于织物表面的支持面的大小有关。经向断裂功和支持面大的，往往其服用牢度亦大。采用较小的上机张力时，织物的经向断裂功较大；在采用适当较小的上机张力后，经纬纱的屈曲波高便接近于 1，经纬纱同时显露于织物表面，增加了支持面，克服了上机张力较大时纬纱屈曲较多、经纱在织物表面显露较少，因而支持面较小的缺点。图 9-17 所示是织制 29tex/29tex 中平布时织物经向断裂功和平磨牢度随不同上机张力的变化。由图可见，如果采用中等偏小的上机张力，织物经向断裂功和平磨牢度都是比较大的。还必须指出，采用较大的上机张力后，下机织物的缩水率也较大，对直接用于衣着类的市布织物来说，这将给服用者带来损失。

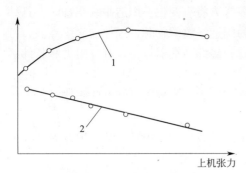

图 9-17　上机张力与织物经
向断裂功和平磨牢度的关系
1—平磨牢度；2—织物经向断裂功

究竟采用何种大小的上机张力，需视具体情况而定。例如，在织造总经根数多的紧密织物时，为了开清梭口和打紧纬纱，可适当加大上机张力；织造稀薄织物或黏纤织物时，要适当减小上机张力，以利于降低经纱断头率。织造斜纹织物时，考虑到斜纹线需有一定凹凸程度的特有风格，不宜采用过大的上机张力。织造平纹织物时，在其他条件相同的情况下，为打紧纬纱，应选用较大的上机张力。

二、后梁高低与织物形成的关系

织造时，织物中经纱的平均密度基本上由钢筘确定。由于筘齿厚度的存在，当每筘齿间穿入的经纱数在 2 根及 2 根以上时，各根经纱之间的距离便不尽相同，筘齿间诸经纱之间的距离较小，而筘齿两侧相邻经纱之间的距离却较大。当织制经纱密度不很高的平纹织物时，经纱在幅宽方向（也就是横向）的这种有规律的不均匀排列情况，在与纬纱交织过程中如不加以改变，所得织物将呈现出筘路疵点。当然，这种坯布上显现的筘路疵点往往通过织物后整理可以得到消除。

在织造过程中，利用上下层经纱张力不等，也能避免布面上这种筘路的出现。因为不等张力梭口中相邻经纱一根比较紧，一根比较松，交织中，由于紧层经纱迫使纬纱作较多的屈曲，从而纬纱对松层经纱产生较大的压力，在压力作用下，使松层经纱获得较大的横向移动，以消除经纱不均匀排列的缺点，避免出现筘路疵点，达到布面均匀丰满的要求。

后梁位置的高低，决定着打纬时上下层经纱张力的差异状况，如采用高后梁的不等张力梭口，因上下层经纱张力有差异，同时配合小于 90° 的打纬角（钢筘与织口处布面的夹角），有利于打紧纬纱，减少钢筘回退时的纬纱反拨量，纬纱较易于织入，易形成紧密厚实的织物。但若后梁过高，会造成上层经纱张力过于松弛、梭口不清、下层经纱张力过大等缺点。

织制平纹织物，一般采用较高的后梁高度，可以获得外观丰满的织物。但在加工经纱线密度较低、经纱密度较大的棉布，如 14.5tex/14.5tex 纱府绸时，由于经纱密度大，所以后梁高度可略低些，不致因上层经纱张力过小而引起开口不清、造成跳花等织疵，也不致因下层经纱张力过大而引起大量断头。同样原因，织制化纤混纺织物时，由于化纤纱容易起毛造成开口不清，所以后梁高度可比织造纯棉的低些。

实际上，织制斜纹织物常采用低后梁工艺，使上下层经纱张力接近相等，这主要是由织物特有的外观质量决定的。这种特有的外观质量，表现在织物表面的斜纹线条具有深而匀直的清晰效应上。在织机上，为了获得这种清晰效应，除应避免过大的上机张力，以保证纹路深度，达到凹凸分明外，尚需采用上下层经纱张力接近相等的办法来获得匀直的条纹。这对双面斜纹来说，尤其重要。但是织制单面斜纹时，为使正面斜纹线条具有较大的深度，可使后梁比织制双面斜纹时少许高些。同时，织制紧密度较高的双面斜纹时，为有利于打紧纬纱，亦常使后梁高些。

织制缎纹和花纹织物时，一般将后梁配置在上下层经纱张力接近相等的位置上，使经纱断头率减小，花纹匀整。但织制较紧密的缎纹织物时，后梁亦应略为提高。

三、开口时间与织物形成的关系

开口时间（综平时间）的早迟，决定着打纬时梭口高度的大小，而梭口高度的大小，又决定着打纬瞬间织口处经纱张力的大小。开口时间早，打纬时织口处经纱张力大，反之则小。在采用高后梁工作的情况下，打纬时梭口高度的大小，还决定着打纬时上下层经纱张力的差异。因此，在一定范围内提早开口时间，打纬时织口处上下层经纱张力差会较大；反之则小。

所以，开口时间与织物形成的关系，基本上与前面上机张力和后梁高低与织物形成的关系一样。

但是应该指出，开口时间对织造工艺能否顺利进行有着独特的影响。由于打纬时梭口高度不同，织口处上下层经纱的倾斜程度也不同，因此，虽钢筘摆动的动程不变，但经纱层受到的摩擦长度却不一样。开口时间越早，摩擦长度越大，所加张力也越大，便容易破坏纱线结构而产生断头，所以随着开口时间的或早或迟，经纱将有不同的断头率变化。同时，由于梭口开启程度不同，打纬时两层经纱的交叉角也不同，因而经纱对纬纱的包围角有所变化，其结果，打纬阻力和钢筘回退时的纬纱反拨量也将随之发生变化。开口时间早，打纬阻力大，纬纱反拨量小，易织成紧密厚实的积物。反之，则相反。此外，开口时间的早迟，还影响梭口中的纬纱被经纱夹住的早迟，以及梭子进出梭口时经纱对梭子的挤压程度，前者关系到是否出现纬缩，后者关系到是否出现错纹和轧梭。因此，确定开口时间时，应兼顾与引纬时间的配合。

在实际生产中，织制平纹织物时，根据不同品种的要求，一般采用较早的开口时间。织制斜纹和缎纹织物时，遇到经纱密度大的，则必须采用较迟的开口时间，以减少经纱的张力和摩擦长度，防止过多的经纱断头。另外，从纹路清晰和花纹匀整考虑，通常织制斜纹和缎纹织物时，宜采用迟开口。

织制纬密较大的织物时，为防止钢筘对经纱摩擦过分而引起断头，在不影响坚实打纬的条件下，应采用较迟的开口时间。

实验一　打纬机构认识实验

一、实验目的与要求

（1）了解打纬机构的工作原理。

（2）了解四连杆打纬机构和共轭凸轮打纬机构的结构以及主要机件的作用。

二、实验仪器、设备和用具

（1）有梭织机。

（2）剑杆织机、喷气织机。

三、实验内容

仔细观察各类织机打纬机构的运动，记录机构的形式，以及各部分主要机件的形状、结构和作用，分析两种打纬机构的工作原理。

四、实验记录

织机	打纬机构形式	结构简图	主要安装要求	机构主要特点

五、结果与分析

实验二　织机打纬区宽度的测定及分析

一、实验目的与要求

（1）综合运用所学的基础技术知识与织造专业理论知识，学习非电量电测的一般方法，提高综合、分析和解决实际测试问题的能力。

（2）加深理解织造工艺中打纬区宽度对织物形成和外观质量的重要性。

（3）了解上机张力、开口时间对打纬区宽度的影响。

二、实验仪器、设备和用具

（1）喷气织机。

（2）电子式片纱张力仪、钢板尺。

三、实验内容

（1）测试经纱动态张力，并标记打纬开始和结束时间。

（2）估算打纬区宽度。

（3）在织机其他工艺参数不变的条件下，调整上机张力，比较打纬区宽度的变化。

（4）在织机其他工艺参数不变的条件下，调整综平时间，比较打纬区宽度的变化。

四、实验记录

（1）实验条件。

织机型号：　　　　　　　织机转速（r/min）：　　　　经纱线密度（tex）：

织物组织：　　　　　　　总经根数：　　　　　　　　织物幅宽（mm）：

织物经密（根/10cm）：　　筘号（公制）：　　　　　　钢筘穿入数（根/筘）：

（2）记录。

测试条件	上机张力/N	开口时间/主轴角度	打纬开始时间/主轴角度	打纬结束时间/主轴角度	打纬区宽度/mm
水平一					
水平二					
水平三					

五、结果与分析

对实验结果进行分析。

思考题　▶▶

1. 何谓织物形成区？何谓打纬区宽度？打纬区宽度和哪些因素有关？

2. 叙述改变工艺参数而引起的打纬区的变化对织物形成的影响。

3. 打纬机构有何作用？织造时对打纬机构有何工艺要求？

4. 简述四连杆打纬机构和共轭凸轮打纬机构的工作原理及其运动规律。

5. 打纬机构有何作用？织造时对打纬机构有何工艺要求？

6. 试述打纬机构的种类及各自的特点。各种无梭织机常采用什么形式的打纬机构，为什么？

7. 四连杆打纬机构和凸轮打纬机构各有什么特点？各适用什么场合？

8. 四连杆打纬机构的牵手长度对筘座运动有什么影响？它们各适用于什么场合？

9. 打纬时，纬纱相对于经纱是如何移动的？这种移动对织物纬密有什么影响？

10. 什么是经纱的上机张力？它对织物形成有何影响？生产中一般如何确定和调节上机张力？

11. 后梁高度对织造生产和织物质量有何影响？试说明织制细平布、府绸、斜纹织物时后梁位置应如何配置？

12. 生产中是如何避免筘路以达到布面均匀丰满的？

13. 开口时间对织造生产和织物质量有何影响？平纹织物和斜纹织物的开口时间如何配置？

14. 简要阐述现代无梭织机所采用的打纬新技术。

第十章

卷取和送经

纬纱被打入织口形成织物之后，必须不断地将这些织物引离织口，卷绕到卷布辊上，同时从织轴上放送出相应长度的经纱，使经纬纱不断地交织，以保证织造生产过程持续进行，织机完成织物卷取和经纱放送的运动分别称为卷取和送经。卷取和送经分别由卷取机构和送经机构协作完成。

第一节 卷 取 机 构

卷取机构的作用是将在织口处初步形成的织物引离织口，卷绕到卷布辊上，同时与织机上其他机构相配合，确定织物的纬纱排列密度和纬纱在织物内的排列特征。

一、卷取机构形式

卷取机构形式很多，可以归纳为消极式卷取机构和积极式卷取机构两大类。

1. 消极式卷取机构

在消极式卷取机构中，从织口处引离的织物长度不受控制，所形成织物中纬纱的间距比较均匀。这种机构比较陈旧，但适宜于纬纱粗细不匀织物的加工，如废纺棉纱、粗纺毛纱等织造加工，所形成的织物具有纬纱均匀排列的外观。

2. 积极式卷取机构

在积极式卷取机构中，从织口处引离的织物长度由卷取机构积极控制，所形成的织物中纬纱同侧间距相等，但纬纱间距却因各纬纱的粗细不匀而异，织制条干均匀的纬纱时，织物可以取得均匀外观，加工提花织物，也能取得比较规整的织物图形。

二、积极式卷取机构及其工作原理

积极式卷取机构有连续卷取和间歇卷取两类，在织造过程中又可分为卷取量恒定和卷取量可变两种形式。

1. 积极式连续卷取机构

新型织机通常采用积极式连续卷取机构，在织造过程中，织物的卷取工作连续进行。部分积极式连续卷取机构以改变齿轮齿数来调节加工织物的纬密，存在纬密控制不够精确的弊病。随着织机技术的发展，产生了以无级变速器来调节加工织物纬密的机构，使纬密的控制精度得以提高。电子式卷取机构的出现，不仅简化了机械结构，实现了纬密精确控制，而且在织造过程中可以随时改变卷取量，调整织物的纬密。

（1）改变齿轮齿数来调节加工织物纬密的机构。以改变齿轮齿数来调节加工织物纬密的积极式连续卷取机构如图10-1所示。

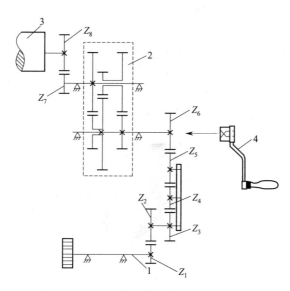

图 10-1　改变齿轮齿数调节纬密的卷取机构
1—辅助轴；2—减速齿轮箱；3—橡胶糙面卷取辊；4—手柄口；Z_1、Z_2……Z_8—齿轮

辅助轴1与织机主轴同步回转，辅助轴通过轮系 Z_1、Z_2、Z_3、Z_4、Z_5、Z_6 和减速齿轮箱2、齿轮 Z_7 和 Z_8 传动橡胶糙面卷取辊3，对包覆在辊上的织物进行卷取。根据机械原理可知，织机主轴回转一周，织入一根纬纱，所对应的织物卷取长度为：

$$L = \frac{Z_1 Z_3 Z_7}{Z_2 Z_6 Z_8} i \pi D$$

式中　　　　　　　　　L——织机主轴回转一周（织入一根纬纱）所对应的织物卷取长度，mm；

　　　　　　　　　　　i——减速齿轮箱的传动比；

Z_1、Z_2、Z_3、Z_6、Z_7、Z_8——各齿轮齿数；

　　　　　　　　　　　D——橡胶糙面卷取辊直径，mm。

纬密是指单位长度（10cm）内所织入的纬纱根数，于是，织物在织机上的纬密为：

$$P_w' = \frac{100}{L}$$

式中　P_w'——织物机上纬密，根/10cm。

织物在织机上，处于经向张紧状态，待其下机之后，经向张力消失，织物产生经向收缩。织物下机缩率 a 为：

$$a = \frac{P_w - P_w'}{P_w} \times 100\%$$

式中　P_w——织物机下纬密，根/10cm。

织物下机缩率随织物原料种类、织物组织和密度、纱线线密度、经纱上机张力以及车间

温湿度等因素而异，一般的棉织品下机缩率为 2%～3%，高密、高张力织造时大于 3%。

根据不同织物的下机缩率，可以求得织物纬密（即机下纬密 P_W）。

$$P_W = \frac{P_W{}'}{1-a}$$

在图 10-1 所示的机构中，Z_7、Z_8、i、D 是固定常数，于是织机主轴回转一周，织入一根纬纱，所对应的织物卷取长度可写为：

$$L = \frac{Z_1 Z_3}{Z_2 Z_6} \times \frac{Z_7}{Z_8} i \pi D = 2.00145 \frac{Z_1 Z_3}{Z_2 Z_6} (\text{mm})$$

更换 Z_1、Z_2、Z_3、Z_6 四个齿轮（又称变换齿轮），改变它们的齿数，可使织物纬密在一个很大的范围内变化。由于齿轮齿数是有级变化的，因此，根据所选择的齿轮齿数得到的织物纬密与织物设计要求的纬密会有差异，但这种差异应小于纬密误差所允许的范围。

以改变齿轮齿数来调节加工织物纬密的积极式连续卷取机构存在纬密精确程度不高、机械结构复杂、变换齿轮储备量较大等缺点。

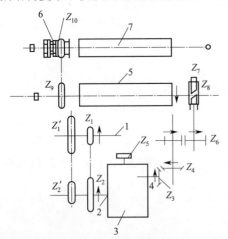

图 10-2 PIV 无级变速器
调节纬密的卷取机构
1—主轴；2—输入轴；
3—PIV 无级变速器；
4—输出轴；5—卷取辊；
6—摩擦离合器；7—卷布辊轴

（2）以无级变速器来调节加工织物纬密的机构。以无级变速器来调节加工织物纬密的积极式连续卷取机构如图 10-2 所示。织机主轴通过齿形带传动主轴 1，经链轮 Z_1、Z_2（或 $Z_1{}'$、$Z_2{}'$）传动 PIV 无级变速器 3 的输入轴 2。无级变速器的输出轴 4 再经过齿轮 Z_3、Z_4、Z_5、Z_6 以及蜗杆 Z_7、蜗轮 Z_8 使卷取辊 5 转动而卷取织物。卷取辊轴对卷布辊轴 7 的传动则是通过一对链轮 Z_9、Z_{10} 和摩擦离合器 6 实现的。

在这一套卷取装置中，对纬密的调节首先由一对链轮分成高、低两档，高纬密时用链轮 Z_1、Z_2 传动，低纬密时用 $Z_1{}'$、$Z_2{}'$ 传动。低纬密为 25～150 根/10cm，高纬密为 130～780 根/10cm，高低档的切换通过操作手柄实现。纬密的细调是由 PIV 无级变速器完成的，其可调速比为 6，上机时只要将 PIV 无级变速器的指针指在相应的读数上即可。以无级变速器调节纬密，不仅使纬密的控制精确程度得以提高，而且不需储备大量的变换齿轮，翻改品种、改变纬密也很方便，但翻改品种后要对织物纬密进行验证。

（3）电子式卷取机构。电子式卷取装置一般应用在新型无梭织机上。图 10-3 所示为喷气织机上的电子卷取装置的原理框图。控制卷取的计算机与织机主控制计算机双向通讯，获得织机状态信息，其中包括主轴信号。它根据织物的纬密（织机主轴每转的织物卷取量）输出一定的电压，经伺服电动机驱动器驱动交流伺服电动机转动，再通过变速机构传动卷取辊，按预定纬密卷取织物。测速发电机实现伺服电动机转速的负反馈控制，其输出电压代表伺服电动机的转速，根据其与计算机输出的转速给定值的偏差，调节伺服电动机的实际转速。卷取辊轴上的旋转轴编码器用来实现卷取量的反馈控制。旋转轴编码器的输出信号经卷取量换算后可得到实际的卷取长度，与由织物纬密换算出的卷取量设定值进行比较，根据其

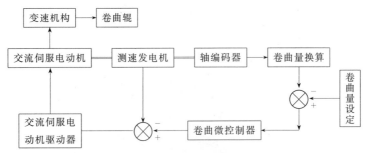

图 10-3　电子卷取装置的原理框图

偏差，控制伺服电动机的启动和停止。由于采用了双闭环控制系统，该卷取机构可实现卷取量精密的无级调节，适应各种纬密变化的要求。

电子卷取装置可以通过织机键盘和显示屏十分方便地进行纬密设置。在屏幕提示下，同时输入纬密值及相应的纬纱根数，在其一个循环中可设置 100 种不同的纬密。电子式卷取机构的优点是，不需要变换齿轮，省略了大量变换齿轮的储备和管理，使翻改品种、改变纬密变得十分方便；纬密的变化是无级的，能准确地满足织物纬密的设计要求；织造过程中不仅能实现定量卷取和停卷，还可根据要求随时改变卷取量，调整织物的纬密，形成织物的各种外观特色。可在织纹、产品颜色、织物手感及紧度等方面产生独特的效果。

2. 积极式间歇卷取机构

(1) 典型的积极式间歇卷取机构。典型的积极式间歇卷取机构如图 10-4 所示。织机主轴回转一周，织入一根纬纱，卷取杆 1 往复摆动一次，通过卷取钩 2 带动棘轮 Z_1 转过一定齿数（1 齿），然后再经轮系 Z_2、Z_3、Z_4、…、Z_7，驱使卷取辊 3 转动，卷取一定长度的织物。这段织物长度可用下式计算。

$$L = \frac{1}{Z_1} \times \frac{Z_2 Z_4 Z_6}{Z_3 Z_5 Z_7} \pi D$$

式中　　　　　　L——织机主轴回转一周（织入一纬）所对应的织物卷取长度，mm；

Z_1、Z_2、Z_3、…Z_7——各齿轮的齿数；

D——卷取辊直径，mm。

在上述机构中，齿轮齿数 Z_1、Z_4、Z_5、Z_6、Z_7 和直径 D 均为固定常数，于是可以得到：

$$L = \frac{1 \times 24 \times 15}{24 \times 89 \times 96} \pi \times 128.3 \frac{Z_2}{Z_3} = 0.7076 (\text{mm})$$

$$P_w = \frac{100}{L(1-a)} = \frac{141.3}{1-a} \times \frac{Z_3}{Z_2} (\text{根}/10\text{cm})$$

改变变换齿轮的齿数 Z_2、Z_3，可以实现织物的纬密调节。

间歇卷取机构的卷取运动是断续进行的，在图 10-4 所示的机构中，卷取作用发生在筘座由后方向前方的运动过程中。与连续卷取机构相比，间歇卷取机构的断续运动带有冲击性，容易引起机件磨损、动作失误，产生织物的纬向稀密路疵点，织机高速时，这种缺点尤为显著。另外，布面游动较大，容易造成断边纱。这是由于卷取钩 2 拉动棘轮到达终点之前，保持棘爪 4 早已落下，造成保持棘爪与棘轮齿根间有一间隙。当卷取钩作反向运动时，棘轮因织物张力而倒转一个角度，于是卷取辊 3 的卷取运动有图 10-5 所示的正反游动特征。

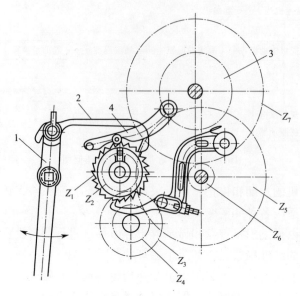

图 10-4 典型的积极式间歇卷取机构

1—卷取杆；2—卷取钩；3—卷取辊；4—保持棘爪；Z_1—棘轮；Z_2、Z_3、…Z_7—齿轮

（2）蜗轮蜗杆积极式间歇卷取机构。蜗轮蜗杆积极式间歇卷取机构是一种织造过程中卷取量可变的机械式卷取机构，它的结构如图 10-6 所示。

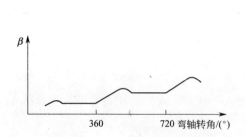

图 10-5 通过测定卷取辊正反向
转动角度来表示的织物游动图

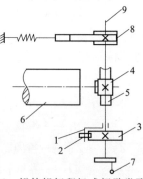

图 10-6 蜗轮蜗杆积极式间歇卷取机构

1—推杆；2—棘爪；3—变换棘轮；4—单线蜗杆；
5—蜗轮；6—卷取辊；7—手轮；8—制动轮；9—传动轴

卷取机构的动力来自筘座运动，当筘座由后方向前方运动时，连杆传动推杆 1，经棘爪 2 推动变换棘轮 3 转过 m 个齿，再通过单线蜗杆 4、蜗轮 5 带动卷取辊 6 回转，卷取一定长度的织物。安装在传动轴 9 一端的制动轮 8 起到握持传动轴的作用，防止传动过程中由惯性而引起的传动轴过冲现象，保证卷取量准确、恒定。

根据机构的传动关系可知，织机主轴回转一周（织入一纬）所对应的织物卷取长度：

$$L = \frac{mZ_4}{Z_3 Z_5} \pi D$$

式中　　　　L——每织入一纬所对应的织物卷取长度，mm；

　　　　　　m——每织入一纬，变换棘轮转过的齿数；

　Z_3、Z_4、Z_5——变换棘轮 3、蜗杆 4、蜗轮 5 的齿数；

D——卷取辊直径，mm。

根据纬密定义可得织物机上纬密 P_W' 和织物机下纬密 P_W（织物纬密）。

$$P_W' = \frac{Z_3 Z_5}{m Z_4 \pi D} \times 100 (根/10cm)$$

$$P_W = \frac{P_W'}{1-a} (根/10cm)$$

在缎条手帕等织物生产时，为产生一段纬密较大的织物，要求卷取机构有时停止卷取。在织机上，通过杠杆、吊链等有关机构，使棘爪 2 抬起，可以实现停卷的目的。因此，这是一种由机械控制完成时而等量卷取、时而停卷的卷取量可变的卷取机构。

在这种卷取机构中，由于机构间歇运动，棘轮棘爪的冲击依然存在。蜗轮与蜗杆的自锁可防止变换棘轮倒转，但蜗轮与蜗杆的啮合齿隙仍不可避免地引起变换棘轮少量的倒转，造成布面游动。

三、边撑

1. 边撑的作用

在织物形成过程中，经、纬纱线相互交织，产生了纱线的屈曲现象。纬纱的屈曲使织物幅宽收缩，以致织口处织物宽度小于经纱穿筘幅度，经纱排列发生倾斜，两侧布边处经纱倾斜程度最大。钢筘运动时，倾斜的边经纱与钢筘摩擦，容易造成边经纱断头和钢筘两侧筘齿过度磨损。为了保持织口处织物幅宽不变，等于经纱穿筘幅度，使织造过程正常进行，在织物两侧的织口附近安装了起伸幅作用的边撑。

2. 边撑的形式

边撑主要有刺环式、刺辊式、刺盘式和全幅边撑等形式，如图 10-7 所示。其中以刺环式应用最多。

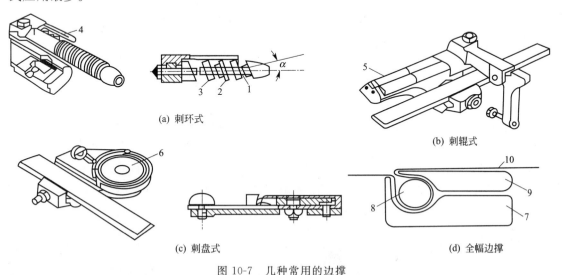

(a) 刺环式

(b) 刺辊式

(c) 刺盘式

(d) 全幅边撑

图 10-7　几种常用的边撑

1—边撑轴；2—偏心颈圈；3—刺环；4—边撑盖；5—刺辊；
6—刺盘；7—槽形底座；8—滚柱；9—顶板；10—织物

（1）刺环式边撑。如图 10-7(a) 所示，在边撑轴 1 上依次套入若干对偏心颈圈 2 和刺环 3。偏心颈圈在边撑轴上固定不动，刺环套在偏心颈圈的颈部，可以自由转动，其回转轴线

与边撑轴线夹角为 α，呈向织机外侧倾斜的状态。每个刺环上通常植有两行刺针，最靠织机外侧的刺环植有三行刺针，以加强伸幅能力。织物依靠边撑盖 4 包覆在刺环上，随着织物的逐步卷取，带动刺环旋转，对织物产生一个伸幅作用。

根据所加工织物的纬向收缩程度，边撑上的刺环数可做相应的变化，必要时还可采用两根平行排列的边撑，以满足对织物的伸幅要求。

(2) 刺辊式边撑。如图 10-7(b) 所示，刺辊 5 上植有螺旋状排列的刺针，刺针在刺辊上向织机外侧倾斜 15°。刺辊略呈圆锥形，外侧一端的直径稍大些，使外侧的刺针先与织物布边接触，能有效地控制布幅的收缩。织物的伸幅方向决定了刺辊上刺针的螺旋方向。织机右侧的刺辊为左螺旋，左侧的为右螺旋。

(3) 刺盘式边撑。如图 10-7(c) 所示，刺盘 6 将织物布边部分握持，对织物施加伸幅作用。其握持区域较少，伸幅作用较小，一般用于轻薄类织物，如丝绸等织物。刺盘式边撑的优点是刺针不会损伤织物的组织。

上述三种边撑的作用原理相同，都是依靠刺针对织物产生伸幅作用，刺针的长短、粗细和密度应与所加工织物的纱线线密度和织物密度相适应。织制粗而不密的织物时，采用粗、长和密度小的针刺；织制细而密的织物时，采用细、短和密度大的针刺。

刺环式边撑的伸幅强度可调范围很大，适用于棉、毛、丝、麻各类织物的加工。刺辊式边撑的伸幅强度较刺环式差，不适于重厚织物，多用于一般棉织物的加工。刺盘式边撑伸幅强度最弱，常应用在丝织生产中。

(4) 全幅边撑。依靠刺针伸幅的边撑会对织物两侧产生不同程度的刺伤，有些织物要求完全不受刺针影响，如安全气囊织物、降落伞织物等，在这种情况下可以采用如图 10-7(d) 所示的全幅边撑。全幅边撑由槽形底座 7、滚柱 8 和顶板 9 构成。织物 10 从槽形底座和顶板的缝口处进入，绕过滚柱，然后又从缝口处引出。当钢筘后退时，在经纱张力作用下，滚柱被抬高而拉紧织物。打纬时，由于钢筘对织口的压力，织物略微松弛，在重力作用下滚柱下落，并在织物重新被拉紧以前进行卷取。在滚柱两端还可设以螺纹，左端用右旋螺纹，右端用左旋螺纹，以增加对织物的伸幅作用。

第二节　送　经　机　构

为保证织机织造过程的持续进行，在经纱和纬纱交织形成的织物被引离织口时，织轴上还应送出一定长度的经纱，使织机上的经纱张力严格控制在一定的范围内，此运动称为送经运动。送经运动是由送经机构完成的。送经机构若按织轴驱动方式进行分类，有传统的机械式和现代的电子式两类。对送经的工艺要求是，保证从织轴上均匀地送出经纱，以适应织物形成的要求；给经纱以符合工艺要求的上机张力，并在织造过程中保持张力稳定。

一、送经方式

送经方式有很多，从作用原理上分，有非调节式送经和调节式送经两种。送经机构经纱张力调节性能的优劣，直接影响织物的下机质量。传统的机械式送经机构，当织制稀薄织物时，为达到较高的经纱张力调节灵敏度要求，往往不得不采用很多机械调节部件，造成机构复杂、惯性大以及机件间摩擦多，从而使经纱张力调节滞后、失真，调节性能达不到预期效果，并且还不具有防开关车稀密路的功能，当织机转速增高，织疵增多，问题会更加严重。

电子送经机构是采用非电量电测手段采集经纱张力信号，用电子技术对此信号进行处理和控制，用独立的送经电动机驱动织轴转动，送出经纱，保证经纱张力始终恒定。

1. 非调节式送经

织轴在经纱张力的作用下克服制动力矩回转，让经纱从织轴上放送出来，完成送经动作，在送经过程中送经量不做调节控制的送经方式称为非调节式送经。非调节式送经方式的送经量可由人工通过改变织轴制动力矩来调节。人工调节增加了挡车工的劳动强度，并且经纱张力均匀程度得不到保证，因此被逐渐淘汰。

2. 调节式送经

织轴在经纱张力的作用下克服制动力矩回转，让经纱从织轴上放送出来，完成送经动作，在送经过程中送经量由专门的调节式送经机构调节，这种送经方式称为调节式送经。

调节式送经的送经量多少受当时的经纱张力状态决定。因此，调节式送经机构，一般以后梁作为张力传感件来感知经纱张力的变化，进而调节织轴的回转量，使经纱送出量作相应变化。

二、调节式送经机构

调节式送经机构以控制经纱张力均匀为目标，根据织造过程中受各种因素综合影响的经纱张力来调节经纱送出量。调节式送经机构又分为机械式和电子式两类，从作用原理讲，它们都是由经纱放送传动部分和送经量自动调节部分组成的。

（一）机械式调节送经机构

1. 外侧式送经机构

外侧式送经机构常用于有梭织机。在有梭织机的技术改造中，出现了多种外侧式送经机构。这些送经机构的共同特征是，通过两个感应元件分别对经纱张力和织轴直径的检测进行送经量调节，从而经纱张力控制更加合理，织造过程中经纱张力更为均匀。同时，送经机构被移到织机外侧，维修保养比较方便。典型的外侧式送经机构如图10-8所示。

（1）经纱放送传动部分。在经纱张力的作用下，织轴始终保持着放出经纱的趋势，但蜗杆和蜗轮的自锁作用阻止织轴边盘齿轮带动齿轮转动，阻止了经纱的自行放出，使经纱保持必需的上机张力。

安装在织机主轴上的偏心盘回转时，通过一系列传动，使织轴在经纱张力作用下作逆时针转动，放出经纱。挡圈向右移动时，依靠三臂杆上扭簧的作用，让三臂杆和双臂撑杆复位。

在高经纱张力或一般经纱张力织造时，经纱完全依靠自身的张力从织轴上放出，送经机构仅起着控制经纱放出量的作用。只有在较低张力织造时，才有可能是经纱张力和送经机构的驱动力共同发生作用，即以推拉结合的方式送出经纱。

（2）送经量计算。在主轴回转一周，织入一根纬纱的过程中，送经机构送出的经纱量 L_j 为：

$$L_j = \frac{mZ_2Z_4}{Z_1Z_3Z_5}\pi D$$

式中　　　　　　　　　　L_j——每纬送经量，mm；

　　　　　　　　　　　　m——主轴回转一周过程中棘轮10转过的齿数；

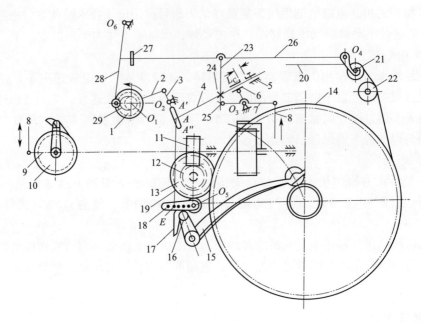

图 10-8 典型的外侧式送经机构

1—偏心盘；2—外壳；3—摆杆；4—拉杆；5—挡圈；6、25—挡块；7—三臂杆；8—小拉杆；9—双臂撑杆；

10—棘轮；11—蜗杆；12—蜗轮；13—齿轮；14—织轴边盘齿轮；15—转臂；16—转子；17—双曲线凸轮板；

18—调节转臂；19—连杆；20—经纱；21—活动后梁；22—固定后梁；23—调节杆；24—挡圈；

26—扇形张力杆；27—制动器杆；28—制动杆；29—开放凸轮

Z_1、Z_2、Z_3、Z_4、Z_5——棘轮 10、蜗杆 11、蜗轮 12、齿轮 13、织轴边盘齿轮 14 的齿数或头数；

D——织轴直径，mm。

如将 $Z_1=60$、$Z_2=3$（蜗杆头数有 1、2、3 三种，现以 3 为例）、$Z_3=20$、$Z_4=23$、$Z_5=116$ 代入公式，则得：

$$L_j=0.00156mD$$

空轴的织轴直径 $D_{min}=115mm$，满轴的织轴直径 $D_{max}=595mm$。在织轴从满轴到空轴的变化过程中，为保持每纬送经量 L_j 不变，主轴回转一周时间内棘轮转过的齿数 m 应逐渐增加，由公式可知，m 与 D 之间应成双曲线关系。

该送经机构（当 $Z_2=3$ 时）能满足织物所要求的最大每纬送经量 L'_{jmax} 和最小每纬送经量 L'_{jmin} 分别为：

$$L'_{jmax}=L_j=0.00156 \times m_{max} \times D_{min}=1.794(mm)$$

$$L'_{jmin}=L_j=0.00156 \times m_{min} \times D_{max}=0.186(mm)$$

进而，可以计算该送经机构（$Z_2=3$）的可织纬密范围为（为使计算最大纬密值留有余地，一般高密织物取 a_j 为 7%，低密织物 a_j 为 2%）：

$$P_{wmin}=\frac{100}{L'_{jmax}(1-a_j)}=\frac{100}{1.794 \times (1-0.02)}=57(根/10cm)$$

$$P_{wmax}=\frac{100}{L'_{jmin}(1-a_j)}=\frac{100}{0.186 \times (1-0.07)}=578(根/10cm)$$

在实际使用中，可改变蜗杆 11 头数，以适应不同的织物纬密。

$Z_2=3$，粗档纬密：57～157 根/10cm。

$Z_2=2$，中档纬密：157～315 根/10cm。

$Z_2=1$，细档纬密：315～787 根/10cm。

由此可见，外侧式送经机构具有比较宽的纬密覆盖面。

（3）送经量自动调节部分。当经纱张力因某种原因而增加时，由图 10-8 中的传动关系可以得出，织轴送出经纱量增多，使经纱张力下降，趋向正常数值，扇形张力杆和三臂杆也恢复到正常位置。当经纱张力因某种原因而减小时，情况相反，使织轴送出经纱量减少，让经纱张力朝着正常数值方向增长，张力调节机构也逐渐恢复正常位置。

经纱张力调节装置满足了织轴由满轴到空轴送经量一致的要求，使经纱张力均匀稳定，让扇形张力杆自始至终处在一个正常位置上，或由于其他随机张力波动的原因，在这个正常位置附近作小量的上下偏移，对张力波动做出补偿。

为适应不同纬密织物的加工，调节转臂 18 的作用半径要做相应调整。由计算可知，作用半径越大，A 点的移动距离 $A'A''$ 越大，可加工织物的纬密就越小。

图 10-9 所示为外侧式送经机构的经纱动态张力测定结果，三条曲线表明，在织轴直径由小到大的变化过程中，经纱张力是比较均匀的，其差异在 2%～8%。

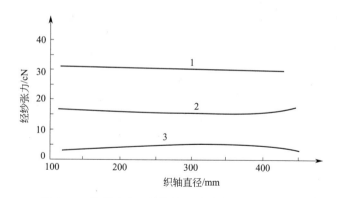

图 10-9　外侧式送经机构的经纱动态张力变化曲线

1—打纬时刻经纱动态张力；2—梭口满开时刻经纱动态张力；3—综平时刻经纱动态张力

当活动后梁处于正常位置时，静态综平时刻的经纱张力被定义为工艺设计规定的织机上机张力。可以通过改变张力重锤的质量、张力作用的力臂长度，调节经纱的上机张力，达到工艺设计规定的数值。

2. 带有无级变速器的调节式送经机构

带有无级变速器的调节式送经机构能连续平稳地送出经纱，适应高速。它的基本结构是含有能作无级变速的减速传动环节，可以按照经纱调整减速比，保持经纱张力稳定。这种送经机构有多种形式，有些采用张力弹簧、弹簧和张力重锤；部分送经机构具备以后梁作为感应元件的送经调节装置，部分有和外侧式送经机构相似的织轴直径感触装置，用以感应织轴直径的变化，维持恒定的送经量。亨特（Hunt）式送经机构是其中一种，用于剑杆织机，如图 10-10 所示。

（1）经纱放送传动部分。主轴转动时，通过传动轮系，允许织轴在经纱张力作用下放出经纱。这是一种连续式的送经机构，在织机主轴回转过程中始终发生着送经动作，它避免了间歇送经机构的零件冲击等弊病，因此适用于高速织机。

(2) 送经量计算。该送经机构的经纱送出量可以变化，变速轮系21的四个齿轮为变换齿轮，改变变换齿轮的齿数，可以满足不同范围送经量的要求。在变速轮系所确定的某一个送经量变化范围内，通过改变无级变速器的速比，又可在这一范围内对送经量做出细致、连续的调整，确保机构送出的每纬送经量与织物所需的每纬送经量精确相等。

(3) 送经量自动调节部分。这种送经机构能根据经纱张力的变化自动调整经纱送出量，经纱张力维持恒定数值。当经纱张力增大时，通过传动系统，使每纬送经量 L 增大，经纱张力下降，回复到正常数值。相反，当经纱张力减小时，则输入轴9上锥形盘的传动半径 D_1 减小，输出轴20上锥形盘的传动半径 D_2 增大，每纬送经量 L 减小，从而经纱张力增大，恢复到正常数值。

与外侧式送经机构相比，带有无级变速器的调节式送经机构能保持织机上机张力，在织轴从满轴到空轴的过程中，经纱上机张力变化量为5%～8%。

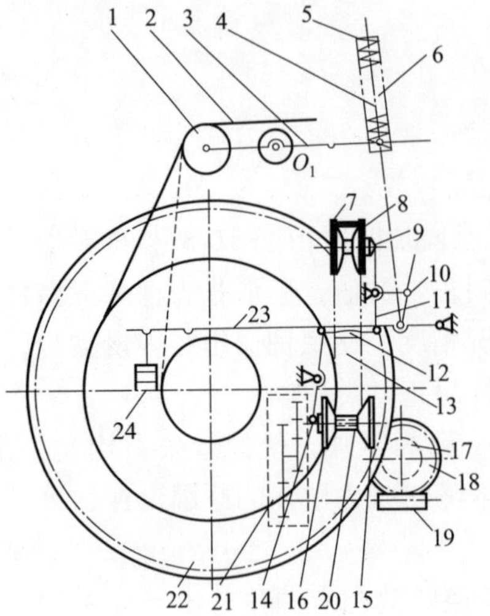

图10-10 亨特式送经机构

1—后梁；2—摆杆；3—感应杆；4—弹簧杆；5—螺母；6—弹簧；7、8、15、16—锥形轮；9—输入轴；10—角形杆；11、14—拨叉；12—连杆；13—橡胶带；17—送经齿轮；18—蜗轮；19—蜗杆；20—输出轴；21—变速轮系；22—织轴齿轮；23—重锤杆；24—重锤

3. 摩擦离合器式送经机构

摩擦离合器式送经机构如图10-11所示，它的送经量可以做无级变化的调整，故经纱张力控制的准确性较好。该送经机构在片梭织机、喷气织机和有梭织机上都有应用。

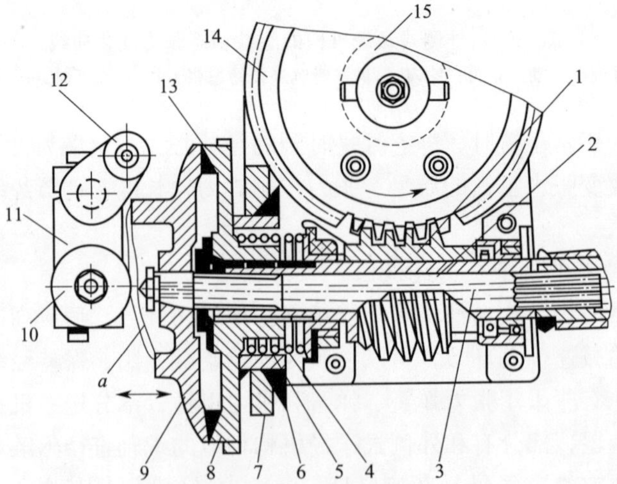

图10-11 摩擦离合器式送经机构

1—蜗杆；2—轴管；3—送经侧轴；4—弹簧；5—制动圈；6—摩擦环；7—机架；8—从动摩擦盘；9—主动摩擦盘；10—转子；11—转子杆；12—连杆；13—摩擦环；14—蜗轮；15—送经齿轮；a—主动摩擦盘凸轮面

（1）经纱放送传动部分。送经侧轴与织机主轴同步转动，带动固定在轴端的主动摩擦盘。当主动摩擦盘开始转入凸轮面的凹陷部分与转子接触时，被压缩了的弹簧得到恢复，推动主动和从动摩擦盘向左移动，一旦制动圈被机架挡住，则主动和从动摩擦盘分离，在弹簧力作用下，从动摩擦盘通过摩擦环紧靠在机架上，并立即停止转动，放出经纱动作终止。由此可见，从动摩擦盘的转动发生在主轴回转一周的部分时间区域内，它的转动角 θ 取决于转子与主动摩擦盘凸轮面的接触区段长度。转子锁定的位置越靠近主动摩擦盘，则接触区段长度越长，转动角 θ 越大，送经量也越多。

（2）送经量计算。摩擦离合器送经机构每纬经纱的送出量 L_j：

$$L_j = \frac{\theta Z_1 Z_3}{360 Z_2 Z_4} \pi D$$

式中　　　　　　　θ——主轴回转一周过程中从动摩擦盘转过的角度，（°）；
　　Z_1、Z_2、Z_3、Z_4——蜗杆1、蜗轮14、送经齿轮15、织轴边盘齿轮的齿数或头数；
　　　　　　　　D——织轴直径，mm。

从理论上讲，θ 的最小值可以为无穷小，θ 的最大值能接近 360°，并可据此计算送经机构的可织纬密范围。但是，选用这些极限状态会产生不良后果，θ 过小，摩擦盘将严重磨损；θ 过大，第一次送经后摩擦盘尚未制停，第二次送经又要开始，容易造成送经不匀。因此，生产实际中 θ 的范围一般为 25°～329°，通常根据 Z_1 和 Z_2 四种不同的传动比合理选择纬密范围。

（3）送经量自动调节部分。在图 10-12 中，当经纱张力由于某种随机原因而增大时，经纱迫使装有后梁的摆臂绕摆轴作逆时针转动，通过传动系统，使转子与主动摩擦盘的凸轮面距离缩小，送经量增加。送经量的增加促使经纱张力逐渐恢复到正常数值，后梁也回归到正常的平衡位置。相反，当经纱张力因某种因素而减小时，机构动作相反，送经量减小，并逐渐恢复到正常数值，后梁也回到正常位置。

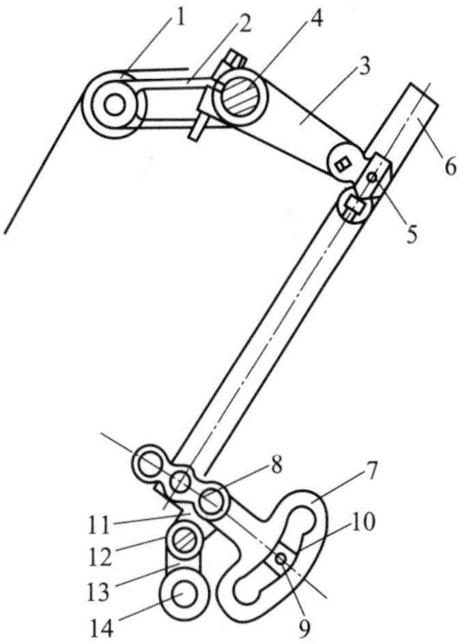

织轴送出经纱，其直径不断减小，在张力调节装置尚未做出响应之前，经纱送出量显得不足，经纱张力增加，迫使后梁下压，于是从动摩擦盘转角增大，与直径 D 的减小相适应，符合 $\theta D =$ 常数的原则，使送经量恢复到正常数值。

这时后梁在一个新的位置上达到新的受力平衡，新的平衡位置下经纱张力总比原平衡位置时大。因此，织轴由满轴到空轴的变化过程中，后梁高度逐步下降了 10mm，弧形杆的圆弧槽也下移了 16mm，经纱张力则有所增长。

经纱的上机张力可以通过改变上机张力弹簧力和作用力臂的长度进行调节，在单后梁结构条件下，织轴从满轴到空轴的变化过程中，经纱上机张力不仅受到前述的后梁平衡位置不断更新的影响，还受到织轴直径减小的影响。转子与主动摩擦盘的凸轮面 a 凸出部分接触时（图 10-11），迫使主动摩擦盘向右移动，此转子轴心必

图 10-12　经纱张力调节装置
1—后梁；2—摆臂；3—摆杆；4—摆轴；
5—螺钉；6—连杆；7—弧形杆；
8—支持轴；9—滑块芯轴；10—滑块；
11—连杆；12—转子杆轴；
13—转子杆；14—转子

须被锁定在某一位置上，这一锁定作用由弧形杆圆弧槽产生。

（二）电子式调节送经机构

根据对信号处理、控制所用方式不同，电子式送经机构有电子控制和微机控制两大类。

在电子式调节送经机构中，经纱放送传动部分由送经电动机驱动，并受送经量自动调节部分控制。送经量自动调节部分是根据经纱张力设定值和实际张力检测的结果进行控制的。通过对送经电动机转速和转向的控制，放送出所需的经纱并维持适宜的经纱张力。电子式调节送经机构的机械结构比较简单，作用灵敏，适应高速，是织造技术进步的一个方向。电子式调节送经机构可分解为经纱张力信号采集系统、信号处理和控制系统、织轴驱动装置三个部分。

1. 经纱张力信号采集系统

能否准确地得到经纱张力动态和静态电信号，直接影响整个控制系统的经纱张力调节性能，现在常用的张力信号采集模式有机械电子组合式（接近开关式）和电阻应变片式两类。在机械电子组合式（接近开关式）模式中，经纱张力信号的获得方式是采用活动后梁、弹簧加压的方法，加上位移传感器或角位移传感器测量后梁摆动量的大小来取得经纱张力的变化状况。在电阻应变片式模式中，由于后梁固定，其张力大小、经纱张力调节特性只和控制部分有关，动态调节性能好，并且所取张力信号包括各个时期的张力信号，便于控制单元分析及处理，故较适用织制稀薄织物时对经纱张力要求高的送经。由于应变片、悬臂梁有老化和塑性变形，检测与转换电路中使用的放大器有零漂问题，所以在控制单元应有校零、校张力及电压转换系数装置。织机运动一段时间后，就需要进行校正。经纱张力信号采集系统主要有后梁位置检测方式和后梁受力检测方式两种。

（1）后梁位置检测方式。以接近开关判别后梁位置，进而间接地对经纱张力信号进行判断、采集，是典型的后梁位置检测方式。它的经纱张力采集系统工作原理和机械式送经机构基本相同，即利用经纱张力与后梁位置的对应关系，通过监测后梁位置控制经纱张力。如图 10-13 所示，从织轴上退绕出来的经纱 9 绕过后梁 1，经纱张力使后梁摆杆 2 绕 O 点沿顺时针方向转动，对张力弹簧 3 进行压缩。通过改变弹簧力，可以调节经纱上机张力，并使后梁摆杆位于一个正常的平衡位置上。织造过程中，当经纱张力相对预设定值增大或减小时，后梁摆杆从平衡位置发生偏移，固定在后梁摆杆上的铁片 4、5 相对于接近开关 6、7 作位置变化。阻尼器 8 可以消除高频张力波动。

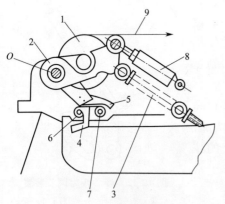

图 10-13　接近开关方式经纱
张力采集系统

接近开关 1 是一种电感式传感器（图 10-14）。当铁片遮住传感器感应头时，由于电磁感应使感应线圈 2 的振荡回路损耗增大，回路振荡减弱。当铁片遮盖到一定程度时，耗损大到使回路停振，此时晶体管开关电路输出一个信号。

铁片 4 遮盖接近开关 6 的感应头时，开关电路输出一个信号，送经电动机回转，放出经纱。正常运转时，铁片 5 总是在接近开关 7 的上方。若经纱张力超出允许范围过大，铁片 5 就会遮盖接近开关 7，开关电路输出信号，命令织机停车。当张力小于允许范围时，铁片 4 会遮住接近开关 7，也使织机停车。

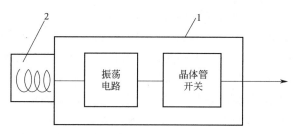

图 10-14　接近开关原理

后梁摆杆根据经纱张力变化不断调整铁片 4 与接近开关 6 的相对位置，使送经电动机时而放出经纱、时而停放，让后梁摆杆始终在平衡位置上下作小量的位移，经纱上机张力始终稳定在预设的上机张力附近。

由于后梁系统具有较大的运动惯量，当经纱张力发生变化时，后梁系统不可能及时地做出位移响应，于是不能及时地反映张力的变化并匀整经纱张力。这是后梁位置检测方式的弊病。

在高经纱张力或织造中厚织物时，开口、打纬等运动引起经纱张力快速、大幅度的波动，会导致后梁跳动，造成打纬力不足，织物达不到设计的密度，并影响经纱张力调节的准确性。为避免这一缺点，在后梁系统中安装了阻尼器 8（图 10-13）。阻尼器的两端分别与机架和后梁摆杆铰接。由于阻尼器的阻尼力与后梁摆杆上铰接点 A 的运动速度平方呈正比，因此，开口、打纬等运动造成的经纱张力大幅度、高速度波动不可能引起阻尼器工作长度相应的变化，阻尼器如同一根长度固定的连杆，对后梁摆杆、后梁起到了强有力的握持作用，阻止了后梁跳动。但是，对于织轴直径减小或某些因素引起的经纱张力慢速的变化，阻尼器几乎不产生阻尼作用，不影响后梁摆杆在平衡位置附近作相应的偏移运动。

（2）后梁受力检测方式。与后梁位置检测方式相比，后梁受力检测方式的经纱张力采集系统工作原理有了明显改进。

① 一种应变片传感器对经纱张力进行采集的结构如图 10-15(a) 所示，经纱 8 绕过后梁 1，经纱张力的大小通过后梁摆杆 2、杠杆 3、拉杆 4 施加到应变片传感器 5 上。这里采用了非电量电测方法，通过应变片微弱的应变来采集经纱张力变化的全部信息，相对于通过后梁系统的位置（位移）来感受经纱张力变化，它的优点是可以十分及时地反映经纱张力的变化。曲柄 6、连杆 7、后梁摆杆 2 组成了平纹织物织造的经纱张力补偿装置，对经纱开口过程中经纱张力的变化进行补偿调节。改变曲柄长度，可以调节张力补偿量的大小。

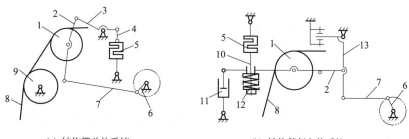

(a) 结构简单的系统　　　　(b) 结构稍复杂的系统

图 10-15　应变片方式经纱张力采集系统

1—后梁；2—后梁摆杆；3—杠杆；4—拉杆；5—应变片传感器；6—曲柄；7—连杆；
8—经纱；9—固定后梁；10—弹簧杆；11—阻尼器；12—弹簧；13—双臂杆

②图 10-15(b) 所示为一种结构稍复杂的利用应变片工作的经纱张力信号采集系统。经纱张力通过后梁 1、后梁摆杆 2、弹簧 12、弹簧杆 10 施加到应变片传感器 5 上，其电测原理与前一种方式是完全相同的。它们都不必通过后梁系统的运动来反映经纱张力数值的变化，从而避免了后梁系统运动惯性对经纱张力采集的频率响应影响，保证送经机构能对经纱张力的变动做出及时、准确的调节。这有利于对经纱张力要求较高的稀薄织物的加工。

在经纱张力快速变化的条件下，阻尼器 11 对后梁摆杆起握持作用，阻止后梁上下跳动，使后梁处于"固定"的位置上。但是，当经纱张力发生意外的较大幅度的慢速变化时，后梁摆杆通过弹簧 12 的柔性连接可以对此作出反应。弹簧会发生压缩或变形恢复，后梁摆杆会适当上下摆动，对经纱长度进行补偿，避免了经纱的过度松弛和过度张紧。

2. 信号处理和控制系统

(1) 后梁位置检测方式。图 10-16 显示了经纱张力采集、处理和控制原理。当经纱张力大于预定数值 F_0 时，如图 10-17(a) 中虚线所示，铁片对接近开关的遮盖程度达到使振荡回路停振，于是，开关电路输出信号 V_1，如图 10-17(b) 所示。F_0 的数值由调整张力弹簧刚度和接近开关安装位置来设定。信号 V_1 经积分电路、比较电路处理，如图 10-17(c) 所示。当积分电压 V_2 高于设定电压 V_0 时，输出信号 (V_2-V_0) 通过驱动电路使直流送经伺服电动机转动，织轴放出经纱。输出信号 (V_2-V_0) 越大，电动机转速越高，经纱放出速度越快。当 $V_2<V_0$ 时，电动机不转动，织轴被锁定，经纱不能放出。

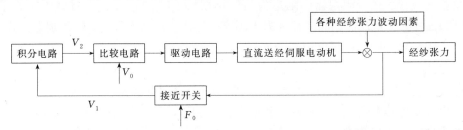

图 10-16 电子送经机构的经纱张力控制原理

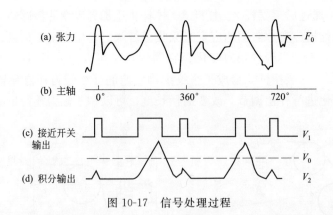

图 10-17 信号处理过程

在上述这种方式中，经纱不是每纬都送出的，因此送经量调节的精确程度稍差些，较适于织制中、厚型织物。但是，它的电路结构比较简单、可靠，有较强的实用性。

(2) 后梁受力检测方式。后梁受力检测方式的经纱张力信号处理与控制系统中采用了微型计算机。该方式应用在不同电子式送经机构中，信号处理和控制的方法各有特点，所使用的织轴驱动伺服电动机也有交流和直流之分。因此，经纱张力信号处理与控制系统有多种不同的形式，它们的基本原理如图 10-18 所示。

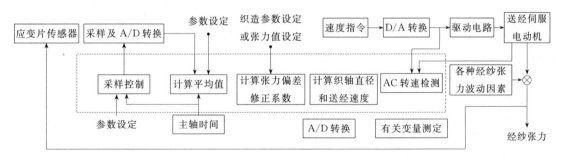

图 10-18 应变片方式电子送经机构的经纱张力控制原理

计算机按照程序设定的采样时间间隔，根据主轴时间信号，对应变片传感器输出的模拟电量进行采样，并做模拟量到数字量的转换（A/D 转换），然后将经纱张力变化一个周期内各采样点的数值作算术平均或加权平均（周期为预设参数）。计算出的平均张力与预设定的经纱张力值 进行比较，或者与计算机根据预设的织造参数（纱线线密度、织物密度、幅宽等）所算得的经纱张力值进行比较，由张力偏差所得的修正系数进入速度指令环节。

速度指令通过数字量到模拟量的转换（D/A 转换），输入到驱动电路，进而驱动交流或直流伺服电动机。

使用交流伺服电动机时，还需测出电动机的当前转速，信号反馈到驱动电路，使驱动输出作出相应的修正。

3. 织轴驱动装置

织机是一种主轴一转动就要织布的机械，所以对织机上经纱张力的控制，不光是在织机正常运转时，而且在刚开车和停车时，对经纱张力也有一定要求。织轴驱动装置一般由放大器、电动机、减速器和织轴四部分组成。根据控制系统传输来的送经信号，通过放大器放大，推动电动机旋转，由减速器减速，再传动织轴送出经纱。减速器一般由齿轮、蜗轮、蜗杆、防惯性回转的阻尼器等机件组成，起大减速比作用，减少由于电动机回转误差造成的送经不匀或失误。

织轴驱动模式的主导是电动机。电动机一般采用直流伺服电动机、交流伺服电动机或变频电动机等多种形式。由电动机特性曲线可知，直流伺服电动机，其机械特性较硬，线性调速范围大，易控制，效率高。从这些方面看比较适用于作送经电动机。但直流伺服电动机存在电刷，长时间运转将产生磨损，需要经常维护，并且在低速时，由于电刷和换相器易产生死角，电刷产生火花将干扰控制单元正常工作，另外直流放大器体积较大。故一些厂家常采用交流伺服电动机。

交流伺服电动机无电刷和换向器引起的弊病，但它的机械特性较软，线性调速区小。为此，在交流伺服电动机上装有测速发电机，检测电动机转速，并以此检测信号作为反馈信号，输入到驱动电路，形成闭环控制，保证送经调节的准确性。

送经传动轮系由齿轮、蜗轮、蜗杆和制动阻尼器构成，如图 10-19 所示，执行电动机 1 通过一

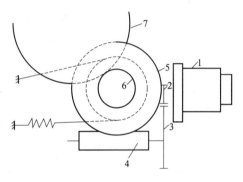

图 10-19 电子送经的织轴驱动装置

对齿轮 2 和 3、蜗杆 4、蜗轮 5 起到减速作用。装在蜗轮轴上的送经齿轮 6 与织轴边盘齿轮 7 啮合，使织轴转动，放送出经纱。为了防止惯性回转造成送经不精确，在送经执行装置中都含有阻尼部件。图 10-19 中是在蜗轮轴上装有一只制动盘，通过制动带的作用，使蜗轮轴的回转受到一定的阻力矩作用，当电动机一旦停止转动，蜗轮轴也立即停止转动，从而不出现惯性回转而引起的过量送经。

由以上分析可知，相对于机械送经控制模式，现代电子送经控制模式能使织机在织造过程中，保证织轴从满轴到空轴，经纱张力变化小，在各种条件下，也能保持经纱张力稳定，防止产生横档，即使经纱张力有短周期的变化，也能适时检测经纱张力脉冲信号变化，消除不良影响，在经纱张力出现反常时，送经装置能马上起作用，必要时能自动制动，还可以简便地设定经纱张力和防止横档等工艺条件。

三、双轴制送经机构

在公称筘幅 2300mm 以上的宽幅无梭织机上，一般可采用并列双轴送经方式。其结构形式有以下几种。

(1) 一套机械式送经机构通过周转轮系差速器控制两只织轴，协调两只织轴的经纱放出量。

(2) 使用两套电子式送经机构，分别独立地控制两只织轴，这种形式常用于重厚织物的加工。

(3) 一套电子式送经机构通过周转轮系差速器控制两只织轴的经纱放出量，加工轻薄、中厚织物时采用这种形式。

思考题 ▶▶

1. 试述送经、卷取运动的作用和要求。

2. 试述常用的卷取、送经机构的类型，比较其优缺点。

3. 比较间歇卷取机构和连续卷取机构，它们的区别是什么？

4. 比较机械卷取和电子卷取的区别是什么？

5. 比较机械送经方式和电子送经方式的区别是什么？

6. 何谓织物的机上纬密和下机纬密？影响织物下机缩率的因素有哪些？

7. 不同的卷取机构上，如何进行织物的纬密调整？如何根据卷取机构计算织物纬密？

8. 边撑有什么作用？常用边撑形式有哪几种？各适用于什么场合？

第十一章

织机其他机构

织物的织造除了开口、引纬、打纬、送经和卷取五大机构外，还需要传动以及其他辅助机构来共同完成。由于织机的引纬形式以及各个机构的工艺要求不同，其传动方式以及其他机构的形式也各不相同。

第一节　传动机构

一、织机传动机构的要求

织机是相对较为复杂的设备，其五大运动和其他的辅助机构之间都有严格的时间和工艺配合。所以一般织机的开口机构、引纬机构、卷取机构等的传动都采用齿轮或齿形带的形式。打纬机构采用主轴传动，送经机构一般采用三角皮带传动，送经量则通过经纱张力进行调节。高档无梭织机则采用多电动机分别传动各个机构的方式，其运动配合由中央处理器控制，保证各运动之间的时间协调。

二、传动系统

（一）有梭织机的传动系统

在有梭织机上，主轴的回转是由电动机通过皮带传动的，其他机构则再通过主轴传动。

如图 11-1 所示，电动机通过两三根 A 型三角皮带传动织机主轴 1，再由主轴通过主轴齿轮 2 及中心轴齿轮 3 传动中心轴 4。主轴与中心轴的转速比为 2∶1。主轴通过牵手 5 使筘座脚 6 摆动，带动钢筘打纬。同时，由打纬筘座脚传动送经机构和卷取机构，由织机的中心轴驱动开口机构、投梭机构、断经自停机构以及断纬自停机构。这样就带动了全机的运转。

（二）无梭织机的传动系统

相对于有梭织机来说，无梭织机的传动系统由于其机构功能较多而更为复杂。各种不同的无梭织机也采取相类似的传动方式，但是根据织机的种类、型号、性

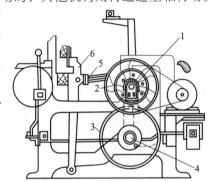

图 11-1　有梭织机的传动装置

1—主轴；2—主轴齿轮；3—中心轴齿轮；4—中心轴；5—牵手；6—筘座脚

能、生产厂家的不同而有所区别。

1. 喷射织机传动系统

喷射织机指通过高压流体进行引纬的无梭织机,包括喷气织机和喷水织机。典型的喷气织机的传动系统如图 11-2 所示。

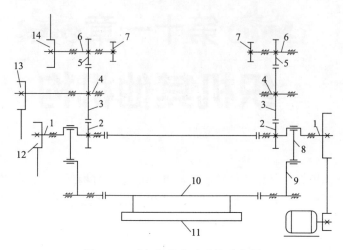

图 11-2 喷气织机传动系统示意图

1—主轴;2—主轴齿轮;3—中心轴齿轮;4—中心轴;5—绞边轴齿轮;
6—绞边传动轴;7—绞边传动齿轮;8—牵手;9—摆臂;10—摇轴;
11—筘座;12—卷取皮带轮;13—开口皮带轮;14—送经皮带轮

喷气织机的引纬系统采用与织机分离、但由织机主控制装置同步控制运行的电子储纬器供纬,引纬供气机构一般通过电磁阀控制主喷嘴和辅助喷嘴。断经和断纬采用电子自停装置。

当寻纬或开慢车时,通过变频器使电动机慢速运转,安装在织机主轴上的感应器则使织机每次仅回转一转。

适于加工重厚织物的喷气织机(特别是宽幅喷气织机),通常采用共轭凸轮打纬机构,以满足打纬力的要求,其普遍采用了电子送经装置和电子卷取装置。

织机在微机控制系统的控制下,以主轴编码器信号为时间基准,协调地完成各机构的运动。

一般来说,喷水织机的主传动与喷气织机相似,见图 11-2。其主要区别在于开口、引纬和打纬机构。喷水织机引纬采用水泵加压喷射水流来引导纬纱飞越梭口。喷水织机一般采用四连杆打纬机构,其引纬载体(水流)的集束性比喷气织机的引纬载体(气流)好得多,但品种局限性较大,仅适合在疏水性合纤长丝织物的加工中使用。喷水织机通常采用连杆开口机构或多臂开口机构,生产平纹织物、斜纹织物或小提花织物。现在,也有采用凸轮开口形式的,但使用还不普遍。由于喷水织机在接力引纬方面存在困难,所以在织物幅宽上受到一定限制。

新型喷气织机的主传动采用 AC 电动机加变频传动或者 SUMO 电动机直接传动方式。AC 电动机加变频传动采用高力矩启动电动机,变频器用于控制慢车。SUMO 电动机直接传动方式则取消了皮带、皮带轮、刹车装置和离合器,其慢车、速度调整、刹车均由主电动机承担。另由多个电动机分别传动开口机构、送经机构、卷取机构及绞边机构。传动形式如图

11-3 所示。

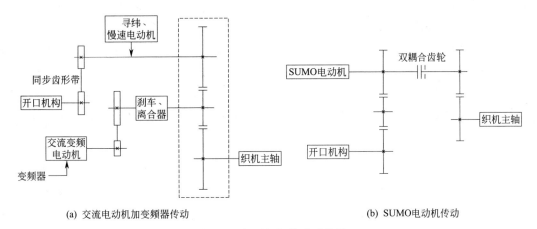

(a) 交流电动机加变频器传动   (b) SUMO电动机传动

图 11-3　新型织机传动系统图

2. 剑杆织机传动系统

剑杆织机是无梭织机中应用最广泛的一种织机，某型剑杆织机的传动机构如图 11-4 所示。

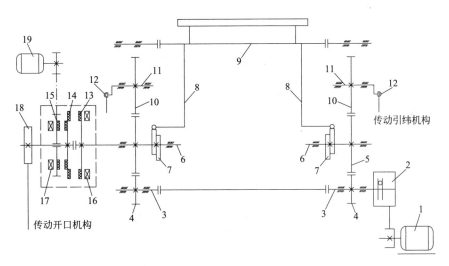

图 11-4　某型剑杆织机的传动机构示意图

1—主电动机；2—电磁离合器；3—主轴；4—主轴齿轮；5—打纬凸轮轴齿轮；
6—打纬凸轮轴；7—打纬凸轮；8—摆臂；9—筘座；10—传剑驱动轴齿轮；
11—传剑驱动轴；12—空间曲柄；13、14—离合器；15—离合器（链轮）；
16、17—线圈；18—齿型带轮；19—寻纬电动机

寻纬功能和慢车功能则通过以下机构完成。当织机正常运转时，线圈 16、17 均不导通，使离合器 13、14 啮合，离合器 14、15 分离，通过齿型带轮 18 驱动开口机构。当寻纬时，线圈 16、17 均导通，此时，离合器 14、15 啮合，寻纬电动机 19 通过链轮 15 传动齿型带轮 18 驱动开口机构；离合器 13、14 分离，打纬机构与传剑机构均保持静止。当打慢车时，线圈 16 不导通，线圈 17 导通，此时离合器 13、14、15 均保持啮合状态，寻纬电动机 19 带动整机慢速回转。同时，通过安装在离合器上的定位销，使得寻纬和开慢车时，每次织机仅回

转一转。

新型高速剑杆织机一般采用电子送经机构、电子卷取机构、共轭凸轮打纬机构，开口机构则可配置凸轮、多臂或大提花机构。其主传动与新型喷气织机相似。

与喷气织机相同，剑杆织机各机构的运动，也在微机控制系统的控制下，以主轴编码器信号为时间基准，协调地完成的。

3. 片梭织机传动系统

早期的片梭织机主传动系统如图 11-5 所示。主电动机通过皮带轮传动主轴 1，安装在主轴 1 上的共轭打纬凸轮 2 驱动筘座 3 进行打纬。

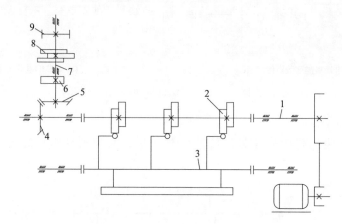

图 11-5　片梭织机传动系统示意图

1—主轴；2—共轭打纬凸轮；3—筘座；4、5—圆锥齿轮；
6—投梭凸轮；7—直轴；8—三槽凸轮；9—齿轮

同时，主轴 1 通过一对圆锥齿轮 4、5 传动直轴 7。引纬机构通过安装在直轴 7 上的投梭凸轮 6 传动。递纬夹打开机构、升梭机构、梭夹打开机构通过直轴 7 上的三槽凸轮 8 传动。直轴 7 上的齿轮 9 则通过一系列的过桥齿轮驱动片梭输送链轮。

送经和卷取机构都由电子装置控制。开口机构可配置凸轮装置，也可由积极式电子装置控制多臂机，或者电子控制的提花机，通过独立的微型电动机单独传动，从而简化机械结构，提高可靠性。

第二节　自停机构

织机在运转过程中，经、纬纱线有时会处于不正常的工作状况，这时织机必须立即停车，以免在织物上形成残疵，影响织物质量。织机上，这些断头自停的动作是由经纱和纬纱断头自停装置完成的。

一、断经自停装置

在织机上织制织物时，当某根经纱断头或过分松弛时能使织机自动停车的装置称为断经自停装置。有了这种装置可以防止织物上形成缺经、经缩及跳花等织疵，使织物品质有所改进，织布工不需要经常注视着经纱，从而可以减轻劳动强度，增加看台能力，并使织机的生产率有所提高。断经自停装置能使织机停在一定的主轴位置上，同时发出断经指示信号。常见的断经自停装置有机械式和电气式两类，无梭织机通常使用后者，有梭织机使用前者。经纱断头电气式自停装置有接触式和光电式两种。技术先进的电气自停装置由微电脑控制，对经纱断头或经纱过度松弛执行十分及时、准确的停车动作。目前，以微电脑控制的接触式经纱断头电气自停装置在无梭织机上使用较为普遍。

（一）机械式断经自停装置

有梭织机通常使用机械式的经纱断头自停装置，其工作原理是，在每根经纱上套有一片经停片，当经纱断头时，经停片下落，阻碍了活动齿杆的运动，再通过杠杆系统拨动开关柄而发动关车。

图 11-6 所示为一种机械式经停装置。这种经纱断头自停装置的机构比较复杂，而且断经自停动作容易失灵，更不适宜宽幅织机。在织机主轴回转一周时间内，摆动齿杆作一次单向摆动，仅对一半经纱进行检测，因此检测工作不够及时。

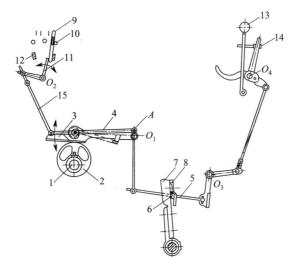

图 11-6 机械式经纱断头自停装置

1—中心轴；2—经停凸轮；3—联合杆；4—回复杆；5—经停杆；

6—经停杆籁；7—筘座脚；8—卷取指挂脚；9—经停片；10—经停棒；

11—摆动齿杆；12—刻齿杆；13—开关柄；14—停机杠杆；15—连杆

这种机械式的经纱断头自停装置也有改进型。在改造后的装置中，拆除了自 A 点到停机杠杆 14 的一系列杆件，刻齿杆 12 和摆动齿杆 11 改装成为电气自停装置的两个电极，经停片下落时导通这两个电极，织机关车。改造后的电气自停装置的机构得到简化，经停动作可靠性有所提高。

（二）旋转式断经自动停车装置

由于喷水织机织造经丝断头较少，一般不配备断经自动停车装置。但随着国际上化纤行业向超细化、功能化方面发展的趋势，利用超细纤维生产高密度等织物的越来越多。由于超细纤维在纺丝过程中稳定控制线密度均匀的工艺难度很大，在单喷喷水织机上容易出现纬斑条纹，因此通常在双喷喷水织机上织造。双喷喷水织机开口量大，钢筘运动幅度大，造成经丝与钢筘及综丝的摩擦剧烈，容易引起断经。此类喷水织机通常配备旋转式断经自动停车装置。

旋转式断经自动停车装置主要由电动机、旋转机构、感应机构、停车机构组成。其工作

原理是，将电动机与断经装置安装在墙板上，电动机电源与织机主电动机电源同步。电动机通过主动轮、从动轮、O形带带动整个装置旋转，探针对经纱进行梳理，捕捉断经。当经纱断头时，断经即被铜丝刷缠绕。随着装置的旋转，断经纱就被缠绕到张力丝上，张力丝拉动往复控制，使感应触点与往复控制器闭合，主机壳体产生回路，使主控板工作，切断接触器电源，使织机停机。

（三）电气式断经自停装置

经纱断头电气式自停装置由信号检测、控制和执行两部分组成。

1. 电气式自停装置的信号检测部分

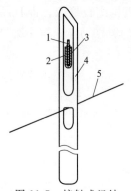

图11-7　接触式经纱
断头电气自停装置
1、2—电极；3—绝缘层；
4—经停片；5—经纱

接触式经纱断头电气自停装置以经停片4和相互绝缘的正、负电极1、2组成检测部分，如图11-7所示。当经纱5断头或过度松弛时，经停片4下落，使电极1、2导通，产生经停信号。

光电式经纱断头电气自停装置以经停片和成对设置的红外发光管、光电二极管组成检测部分。经停片下落，使红外发光管通往光电二极管的光路阻隔，光电二极管不再受光，于是产生经停信号。

接触式和光电式检测部分都对日常清洁工作有比较严格的要求。当飞花和油污堆积在接触式检测部分的电极上或堆积在光电式检测部分的光学元件上时，会发生经纱断头自停失灵现象，造成织物的经向织疵。

2. 电气式自停装置的控制和执行部分

接触式和光电式经纱断头电气自停装置的控制和执行部分基本相同，有微电脑控制和不带微电脑控制两种方式。

（1）微电脑控制方式。图11-8为微电脑控制的经纱断头电气自停装置工作原理图。由检测部分输出的经停信号经计数器转变为微处理器的中断申请信号，微处理器接受中断申请信号之后，立即转入对经停信号的采样和判断工作，这一工作将持续一段时间。在这段时间内，经停信号如一直维持，则微处理器将根据设定的停车主轴位置角以及内存中记录的最后一次经停制动时间角（由于制动片的磨损，该时间角会逐渐增大），在相应的主轴时刻发出停车指令，驱动电路开始工作，使电磁制动器对织机实施制动，并制停在预定的停车主轴位置角上。然后，慢速电动机动作，将织机停车位置调整到工艺设定的经停主轴角度，通常为300°。在这一角度上，经纱处于综平或接近综平位置，经纱张力最小，有利于减少停机过程中的经纱塑性变形，从而避免织物上纬向横档疵点。

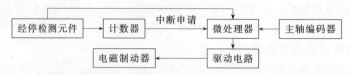

图11-8　微电脑控制的经纱断头电气自停装置工作原理图

有时，因某种偶然的随机原因会引起接触式检测部分正、负电极的瞬时或短时导通，由于经停信号持续时间不足，微处理器不会做出"断经"的错误判断，从而避免无故关车而造成的织机效率下降。

主轴位置角信号（又称同步信号）由主轴上的编码器发出，经接口输入到微处理器，作为各种动作控制的时间依据。

(2) 不带微电脑控制方式。不带微电脑控制的经纱断头电气自停装置的工作原理如图11-9 所示。

图 11-9 不带微电脑控制的经纱断头电气自停装置工作原理图

检测部分发出的经停信号被输入逻辑控制门,当主轴上安装的同步信号发生器在主轴特定位置上发出的同步信号来到时,逻辑控制门就输出电压,触发驱动电路开始工作,使电磁制动器在预设的主轴位置角上制停织机。

这种控制和执行方式显然不如前述方式完善、合理,无故关车的可能性会大一些,经停位置的准确程度会差一些。

(四) 经停架

经停架用于安放经停片和检测部分的其他组件。一般经停架上可以安放四列或六列经停片,经停片的排列密度应符合工艺设计的要求,排列过密不仅会磨损纱线,而且会造成经停失灵。

为方便断经找头操作,织机上配备了断经分区指示信号灯,部分经停架上还装有找头手柄,摇动手柄便可看到断经下落的经停片位置。

二、断纬自停装置

织造过程中当引纬不正常时(如纬纱断头、缺纬、纬纱长度不足、双纬误入等),使织机停车的装置称为纬纱断头自停装置。纬停时,织机主轴及时地制停在与故障原因相应的位置上,并且纬纱断头指示灯发出信号。织机上这一自停动作由纬纱断头自停装置完成。织机上安装了这种装置,挡车工就不必经常注意纬纱是否断头,因此可以提高看台数量,减少缺纬织疵。

纬纱断头自停装置有很多种类,有梭织机采用机械式自停装置,无梭织机通常采用电气式自停装置。改造后的有梭织机,一般为电气与机械相结合的纬纱断头自停装置。

(一) 机械式断纬自停装置

有梭织机通常采用机械式纬纱断头自停装置。图 11-10 所示为使用较多的点啄式断纬自停装置。

在点啄式纬纱断头自停装置中,撑头之后的关车运动传递机构比较复杂,影响关车动作的准确性。老机改造时,对这套机械式纬纱断头自停装置作了改进,以行程开关代替碰头之后的机械部件。当碰头转动时,推动行程开关发动关车。这种机械与电气相结合的纬纱断头自停装置的可靠程度有所提高。

(二) 电气式断纬自停装置

纬纱断头电气自停装置在无梭织机上使用时,自停装置的检测元件必须和各种无梭引纬方式相适应。因此,纬纱断

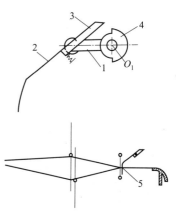

图 11-10 点啄式断纬自停装置
1—摆杆;2—钢针;
3—撑头;4—碰头;5—织口

头自停装置的纬纱检测形式也就多种多样。主要有压电陶瓷传感器、光电传感器和电阻传感器三种检测方式。

1. 压电陶瓷传感器检测方式的纬纱断头自停装置

剑杆织机和片梭织机上，纬纱断头自停装置通常采用压电陶瓷传感器的纬纱检测方式。

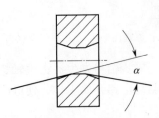

图 11-11　纱线对压电陶瓷传感器导纱孔的作用

纬纱从储纬器引出后，经过压电陶瓷传感器的导纱孔，张紧状态的纱线以包围角 α 压在传感器的导纱孔壁上，如图 11-11 所示。当纱线快速通过导纱孔时，孔壁带动压电陶瓷晶体发生受迫振动，产生交变的电压信号。对传感器输出的交变电压信号有多种不同的判别并进而控制自停的方式。

（1）微电脑控制方式。以微电脑控制的纬纱断头自停工作原理如图 11-12 所示。传感器产生的微弱检测信号先经放大，然后输入到电平比较器进行电平比较及逻辑判断。当纬纱断头或缺纬时，压电陶瓷晶体不受纱线作用，传感器输出的电压信号（实为电路噪声信号）经放大后幅值很小，低于比较电路所设置的下限电平；当双纬误入时，由于陶瓷晶体振动过剧，传感器输出的电压信号经放大后幅值高于比较电路所设置的上限电平。检测信号由比较电路进行电平比较并经逻辑电路判断，最后，电平比较器输出对应于正常引纬状态的高电平"1"或对应于断纬、缺纬、双纬误入等非正常引纬状态的低电平"0"。主轴编码器发出的主轴角度信号经接口输入到微处理器，微处理器在设定的主轴角度区域内（对应引纬阶段）对电平比较器输出的电平信号进行采样及鉴别。当检出非正常引纬的低电平"0"时，微处理器根据设定的停车主轴位置角以及最近一次纬停制动时间角，在相应时刻发出停车指令，驱动电路启动电磁制动器，使织机在预定的主轴位置角上停车。然后，慢速电动机带动开口机构完成自动找梭口动作，并最终将织机停在工艺设定的纬停主轴角度上。

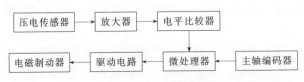

图 11-12　微电脑控制的纬纱断头自停工作原理图

为避免机架振动引起的压电陶瓷晶体振动，保证纬纱断头自停装置正确工作，传感器的安装应采取良好的隔振措施。用于剑杆织机时，由于送纬剑启动和中途两剑交接的纬纱速度很低，传感器输出的检测信号过弱，因此微处理器对检测信号的采样和鉴别区域应不包括这些时间。否则，微处理器会做出"断纬"的误判，引起空关车，影响织机效率。

织机投入工作之前，要向微电脑控制系统输入所加工纬纱的线密度和滤波时间等参数。微处理器将按照纬纱线密度自动设置放大器的放大倍数，并在织机工作时根据滤波时间参数对电平比较器输出的电平作数字滤波（进行算术平均）。滤波的目的是为了防止纱疵通过或纱线偶然跳动等因素引起的电平比较器短暂的低电平输出所造成的空关车。

（2）不带微电脑控制方式。不带微电脑控制的纬纱断头自停装置对压电陶瓷传感器输出的检测信号进行处理并控制自停的原理与前述原理基本相同。但是，它以集成电路构成的逻辑电路来完成前述的电平比较器和微处理器的功能；用接近开关和主轴上安装的凸轮片作为同步信号发生器来产生主轴位置角信号。当纬纱断头、缺纬或双纬误入时，随着主轴特定位置的角度信号到来，驱动电路启动电磁制动器，使织机制停在设定的主轴角度上。

由于逻辑电路不具备微处理器的部分功能（如数字滤波、放大倍数自动设置等），因此使用时纬纱速度不宜过低，并不应有纬纱跳动现象；织制过粗或过细的纬纱时，应适当调整纬纱对传感器导纱孔眼的包围角 α，使传感器产生的检测信号达到适当的强度，以保证纬纱断头自停装置的正确工作。

2. 光电传感器检测方式的纬纱断头自停装置

喷气引纬是一种消极引纬方式，纬纱飞行时张力较弱、张力波动较大，因此，压电陶瓷传感器的检测方式就显得不适用了。通常，喷气织机采用光电传感器的纬纱检测方式，光电传感器检测元件如图 11-13 所示。

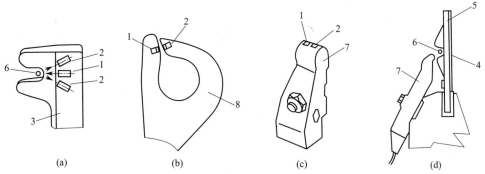

图 11-13　几种光电传感器的纬纱检测元件

1—光源；2—光电元件；3、7、8—探头；4—黑色遮光膜；
5—异型筘；6—纬纱

图 11-13(a) 所示为一种异型筘筘齿形状的探头 3。安装探头时，凹槽部分应与异型筘的凹槽平齐。异型筘式喷气引纬时，纬纱准确地飞行于狭小的槽形区域，这为应用光电传感器检测方式创造了条件。在探头上装有一个光源 1 和两个光电元件 2，纬纱 6 飞过探头上的凹槽时，对光源发出的光线进行反射，光电元件接受反射光后，输出一个纬纱到达信号。光电元件的斜向设置有利于克服外界光线的直射干扰，避免产生误信号和误动作。

图 11-13(b) 所示的探头 8 用于管道式喷气引纬。探头外形与管道片一致，在脱纱槽上嵌有光源 1 和光电元件 2。打纬之前，纬纱从脱纱槽中脱出，将光源到光电元件的光路切断，传感器产生一个纬纱到达信号。

图 11-13(c)、(d) 所示的探头 7 为异型筘式喷气引纬使用的另一种光电式传感器纬纱检测元件，它的工作原理和探头 3 相同。在异型筘 5 的后面，贴有黑色遮光膜 4，用于隔离射向光电元件的外界光线。织机主轴一转期间，光电元件依次接收到钢筘反射光、纬纱反射光和经纱反射光，产生了如图 11-14 所示的高频调幅检测信号。

对光电传感器检测元件输出的检测信号作进一步处理，并控制织机自停，这一过程的工作原理和压电陶瓷传感器检测方式的纬纱断头自停装置相似。织机停车后，慢速电动机将织机停在主轴转角 300° 位置上，等待操作工修补纬纱，这项措施有利于减小待机过程中的经纱张力，从而避免织物横档疵点。

在多色引纬时，不同色纱对光的反射能力不同，会引起纬纱断头自停失误，因此部分光电自停装置还具有增益自动控制功能，能根据纬纱的颜色自动改变光电传感器的灵敏度，保正纬纱断头自停装置高度的可靠性。

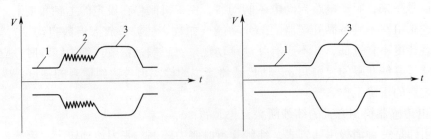

图 11-14　高频调幅检测信号

1—钢筘反射光信号；2—纬纱反射光信号；3—经纱反射光信号

通常，在纬纱飞出梭口的一侧装有两只探头 1、2，如图 11-15 所示，它们分别位于延伸喷嘴 3 的两侧。探头 1 装在正常引纬时纬纱能到达的位置，如探知纬纱没有到达，则说明缺纬或短纬；探头 2 装在正常引纬时纬纱不可到达的位置，如探知纬纱到达了，即可判断为断纬。

光电传感器检测元件会受灰尘和油污的污染，从而灵敏度下降，造成纬纱断头自停动作失误。为此，要用无水乙醇定期清洗光源和光电元件的光学表面。部分喷气织机还具有探头自动清洁功能和探头污染警示功能。

3. 电阻传感器检测方式的纬纱断头自停装置

喷水引纬也是一种消极引纬方式，它以带有一定量电解质的水作为引纬工质。被引入梭口的纬纱浸润在水中，于是就产生了一定的导电性能，喷水引纬的纬纱断头自停装置正是利用了这一纬纱导电原理。

电阻传感器检测元件如图 11-16 所示。电阻传感器 2 上装有两个电极 1，电极位置对准钢筘 3 的筘齿空当。引纬工作正常时，纬纱能达到筘齿空当位置，梭口闭合后，处于筘齿空当处的一段纬纱被织物边经纱和假边经纱夹持，随着钢筘将纬纱打向织口，张紧着的湿润纬纱将电极导通。引纬工作不正常时，筘齿空当处无纬纱，于是电极相互绝缘。对应着电极的导通和绝缘，电阻传感器发出纬纱到达（高电平"1"）或纬纱未达（低电平"0"）的检测信号。微处理器在织机主轴某一角度区域中，对电阻传感器输出的检测信号进行积分、平均，并据此判断纬纱的飞行状况，避免纬纱与电极瞬间接触不良等原因造成的无故关车。引纬工作不正常时，微处理器按照判断结果，通过驱动电路和电磁制动器执行织机的停车动作。

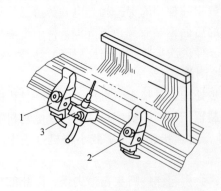

图 11-15　探头和延伸喷嘴的安装位置

1、2—探头；3—延伸喷嘴

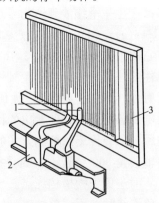

图 11-16　电阻传感器检测元件

1—电极；2—电阻传感器；3—钢筘

第三节 储 纬 机 构

无梭织机的入纬率通常都在 1000m/min 以上，最高已超过 2000m/min。而且引纬过程仅占织机主轴一回转中的 1/3～1/2 时间，因此纬纱从筒子上的引出速度很高，相当于入纬率的 2～3 倍。若纬纱直接从筒子上退绕，将导致纬纱张力峰值过大，纬纱易发生断头。为了适应无梭织机的高速引纬，需将纬纱预先从筒子上退绕下来，即进行所谓的储纬，储纬是由储纬器完成的。

储纬器的储纱鼓是一个具有光滑表面的圆柱体，或者是锥角很小的圆锥体、棱柱体等。储纬时纱线以均匀的低张力平行地卷绕到储纱鼓的表面，适当调节储纬器的纱线卷绕速度，可以使纱线从筒子上退绕的过程几乎连续地进行，纬纱的最大退绕速度下降为原来的 1/3～1/2，于是纬纱退绕张力大大降低。加之储纱鼓直径不像筒子直径会发生变化，则可获得非常均衡的纬纱张力。因此，采用储纬器后，引纬过程中的纬纱张力小而均匀，储纬器已经成为引纬系统中一个必不可少的部分，它对降低纬纱断头率、减少织物纬向疵点起着重要作用。

储纬器分为两大类。一类用于积极式引纬——剑杆引纬和片梭引纬，因通过引纬器引纬，纬纱始终受引纬器控制，所以储纬器仅用作储存纬纱，每次引纬时，引纬器握持纬纱头端，从储纬器上拉下所需长度的纬纱。另一类用于消极式引纬——喷气织机和喷水织机用。在喷气或喷水织机上，纬纱受射流的牵引向前飞行。而射流的启闭时间或压力稍有变化，将导致引入纬纱的长短不一。为解决这一问题，必须控制每次引入纬纱的长度。目前普遍使用的是将定长和储纬功能合二为一的定长储纬器。

一、不带定长装置的储纬器

根据储纱鼓是否转动，该储纬器可分为动鼓式储纬器和定鼓式储纬器两种。

1. 动鼓式储纬器

早期的储纬器大多为动鼓式，如图 11-17 所示。储纱鼓 6 绕其轴线做回转运动，把纬纱卷绕在鼓上，完成动鼓式储纬器的纱线卷绕，纬纱的卷绕张力由进纱张力器 3 调节。采用这种绕纱方法的储纬器结构比较简单，储纱鼓前方的阻尼环 5 用鬃毛或尼龙制成。阻尼环在对纬纱施加退绕张力的同时，又起到控制鼓面上纱圈的作用，使纱绕在储纱鼓上的卷绕运动正常进行。阻尼环还阻止了纬纱退绕时抛离储纱鼓形成气圈的可能性，防止纬纱缠结。在退绕终了时，阻尼环约束着鼓面上纬纱分离点，使纬纱不至过度送出。阻尼环有"S"向和"Z"向之分，适用于"S"捻或"Z"捻的纬纱。鬃毛或尼龙的毛丝直径也按纬纱的细度分为粗、细两种。

储纬量检测装置 4 用于控制储纱鼓上纬纱的储存量。当纱线储存到光电反射式检测装置所对准的位置时，反射镜面被遮盖，检测装置发出信号使储纱鼓停止转动。储存量的大小通过移动检测装置的位置来调节。储存量影响储纱质量，储纱鼓的储纱量过小会导致储纱鼓上纱线被拉空，储量过大则会出现卷绕困难、纱线排列不匀或纱线相互重叠等不良现象。

纬纱卷绕到储纱鼓上时，首先被卷绕在储纱鼓的圆锥部分，然后在张力的作用下滑入圆柱部分。对圆锥面的锥顶角大小有一定要求，以便圆锥面上纱线在滑入圆柱部分的过程中，

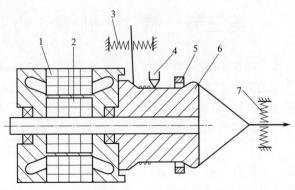

图 11-17 动鼓式储纬器

1—定子；2—转子；3—进纱张力器；4—检测装置；5—阻尼环；

6—储纱鼓；7—出纱张力器

能推动圆柱面上的几圈纬纱向前移动，形成有规则的纱圈紧密排列。由于排纱工作不是依靠专门的排纱机构完成的，因此这种排纱方式被称为消极式排纱方式。消极式排纱的效果和储纱鼓外形有密切的关系，理论研究证明，当储纱鼓的锥体部分的锥顶角为 135°时，排纱效果较佳。同时，进纱张力器对纬纱施加的张力也影响储纱鼓的排纱效果，张力过大会导致圆柱面上纱圈向前移动的阻力增加，张力过小则使圆锥面上的纱线对圆柱面上纱圈的推力不足。

储纱鼓的转速可以调节。为了尽量缩短鼓的停转时间，使筒子退绕过程几乎连续进行，储纱鼓的转速要调节得低一些，但应满足纬纱供给，最低的储纱鼓转速为：

$$n_{\min} = \frac{(1+a)nL_k}{\pi d}$$

式中　$n_{\min}$——储纱鼓的最小转速；

　　　n——织机转速；

　　　L_k——织机上机筘幅；

　　　d——储纱鼓卷绕部分直径；

　　　a——考虑织边等因素的加放率，以百分数表示。

动鼓式储纬器的储纱鼓具有一定的转动惯量，转动惯量与鼓的直径平方成正比。转动惯量越大，对储纬过程中频繁的启动、制动越不利，因此鼓的直径不可过大。储纱鼓上储存的纱圈数与鼓的直径成反比，直径过小会带来储存纱圈数增加的弊病，造成排纱困难、纱圈重叠。为此，鼓的直径要适当选择，一般在 100mm 左右。

2. 定鼓式储纬器

动鼓式储纬器以具有较大转动惯量的储纱鼓作为绕纱回转部件，显然对于高速织机十分不利。于是，以质量轻、体积小的绕纱盘代替储纱鼓作为绕纱回转部件的定鼓式储纬器得到了迅速发展。目前，定鼓式储纬器有多种结构形式，它们的作用原理基本相同，图 11-18 所示即为一种典型的定鼓式储纬器结构图。

纬纱从筒子上高速退绕，通过进纱张力器 1、电动机的空心轴 2，从绕纱盘 6 的空心管中引出。电动机转动时，空心轴带动绕纱盘旋转，将纱线绕到储纱鼓 11 上。

由于储纱鼓通过滚动轴承支撑在这根空心轴上，为了让储纱鼓固定不动，同时又能提供

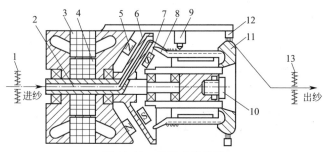

图 11-18　定鼓式储纬器

1—进纱张力器；2—空心轴；3—定子；4—转子；5—后磁铁；

6—绕纱盘；7—前磁铁；8—锥度导指；9—反射式光电传感元件；

10—锥度调节旋钮；11—储纱鼓；12—阻尼环；13—出纱张力器

必要的纱线通道，在绕纱盘两侧的储纱鼓和机架上，分别安装了强有力的前、后磁铁 7、5，起到将储纱鼓"固定"在机架上的作用。

储纬器电动机的旋转方向（"Z"向或"S"向）应与纱线的捻向保持一致，以保证纱线卷绕到定鼓上时为加捻过程，纱线从定鼓上退绕时为退捻过程。对于单位长度的纬纱来说，加捻和退捻的数量是相等的。

与动鼓式储纬器一样，定鼓式储纬器上也装有单点的反射式光电传感元件 9，实现最大储纬量检测。这种装置的缺点在于反射镜面沾污后易产生误动作。

部分定鼓式储纬器采用双点光电反射式或双点机械式检测装置，实现最大储纬量和最小储纬量检测。以微处理机控制的双点检测装置可以达到储纬速度自动与纬纱需求量相匹配，使储纱的卷绕过程几乎连续进行。

定鼓式储纬器的排纱方式亦有积极式和消极式之分，实现排纱运动的机构形式很多。图 11-18 所示为一种消极式的排纱方式，圆柱形储纱鼓 11 的表面上均匀地凸出着 12 个锥度导指 8，绕在鼓上的纱线受这些锥度导指所构成的锥度的影响，自动地沿鼓面向前滑移，形成规则整齐的纱圈排列。根据纱线的弹性、线密度、纱线与鼓面的摩擦阻力等条件，借助锥度调节旋钮 10，可改变锥度导指形成的锥角，以适应不同纱线的排纱要求。

定鼓式储纬器采用积极排纱方式，在积极排纱方式下，储纱鼓上的纱圈依靠专门的排纱机构完成前进运动，不需人工调整就能获得满意的纱线排列效果。但机构的复杂程度有所提高，工作时还会增加噪声和振动。

二、定长储纬器

纬纱定长储纬器在引纬开始时释放长度精确的一段纬纱，由流体牵引，飞入梭口。定长储纬器也分为动鼓式和定鼓式两种。动鼓式定长储纬器的高速适应性差，所以使用较少。目前，性能优秀的喷气织机和喷水织机一般都采用定鼓式定长储纬器。

典型的定鼓式定长储纬器的结构如图 11-19 所示。纬纱 1 通过进纱张力器 2 穿入电动机的空心轴 3 中，然后经导纱管 4 绕在由 12 只指形爪 5 构成的固定储纱鼓上。摆动盘 6 通过斜轴装在电动机轴上，电动机转动时摆动盘 6 不断摆动，将绕到指形爪上的纱圈向前推移，使储存的纱圈规则整齐地紧密排列。这是一种积极式的排纱方式，适当调节进纱张力器所形成的纬纱张力，可以获得良好的排纱效果。在储纱过程中，磁针体 7 的磁针落在上方指形爪的孔眼之中（图上以虚线表示），使具有微弱张力的纬纱在该点被磁针

"握持"，阻止纬纱退绕，并保证储纱卷绕正常进行。储纬器绕纱速度由测速传感器8进行测定。

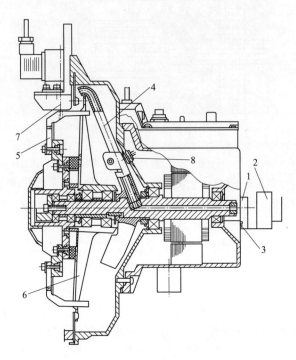

图 11-19　典型的定鼓式定长储纬器的结构

1—纬纱；2—进纱张力器；3—空心轴；4—导纱管；5—指形爪；6—摆动盘；7—磁针体；8—测速传感器

引纬时，每纬退绕圈数和指形爪所构成的储纱鼓直径有关，改变指形爪的径向位置，可以调整储纱鼓的直径，每纬退绕圈数 n（必须是整数）可按下式计算。

$$n = \frac{(1+a)L_k}{\pi d}$$

式中　L_k——织机上机筘幅；

a——考虑织边等因素的加放率，以百分数表示；

d——储纱鼓直径。

电动机带动导纱管在储纱鼓上卷绕并存储纬纱，纬纱存储量可通过磁针一侧的储纱传感器进行检测。一旦纱圈储"满"，传感器就发送信号，电脑控制电动机转速降低或停转。纬纱的储存量可通过改变储纱传感器的前后位置进行调整。储纱传感器和退绕传感器的灵敏度要与纬纱颜色对光的反射性能相适应，这可以通过纬色补偿设定而实现。与定鼓式储纬器相同，纬纱通过定鼓式定长储纬器之后，其单位长度的捻回数保持不变。

引纬时，磁针体7释放纬纱，磁针另一侧的退绕传感器检测退绕圈数信号，当达到预定的退绕圈数 n 时，磁针体7放下，停止纬纱的引入，从而实现定长地引入纬纱。

第四节　布 边 机 构

在有梭织机上，由于梭子被反复投射，引入织物中的纬纱是连续的，选择适当的经、纬纱交织方式（边组织），可以形成良好的织物布边。在无梭引纬代替有梭引纬后，引纬方式发生了改变，纬纱在织物中的形态也发生了变化，纬纱在布边处不连续，就形成了所谓的毛边。这种毛边的经、纬纱之间如果没有形成有效的束缚，就非常容易散脱。为此，在无梭织机上，需通过专门的成边装置对布边进行处理，以形成所谓的加固边。加固边装置是无梭织机形成质量合乎要求的织物和高速引纬所必须的辅助装置。

在无梭织机上，加固边的种类及形成方法主要有折入边、纱罗纹边以及绳状绞边。

一、折入边

折入边应用较广，在片梭、剑杆和喷气织机上都可采用。折入边形式如图 11-20 所示，它用折边机构将上一个梭口内纬纱留在梭口外的部分（一般长 10～15mm）折回到下一个梭口内，从而在布边处形成与有梭织机上相类似的光边。折入边装置较为复杂，在片梭织机上采用的折入边装置中，与纬纱接触的部件有边纱钳和钩纱针，两侧各有一组，通过边纱钳和钩纱针的运动配合，形成折入边，其工作过程如图 11-21 所示。在图 11-21(a) 中，边纱钳在引纬过程中已夹持住处于一定张力状态下的上一纬纬纱 1 的两端，钩纱针在打纬后穿过下一纬梭口的下层经纱，向机外侧方向移动，接近边纱钳上的纬纱。在图 11-21(b) 中，钩纱针在返回时勾住纬纱纱端，边纱钳将纬纱纱尾释放。在图 11-21(c) 中，纬纱纱尾已被钩纱针勾到下一纬的梭口中。

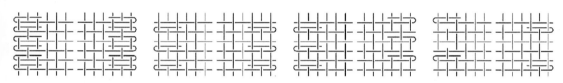

图 11-20　折入边的形式

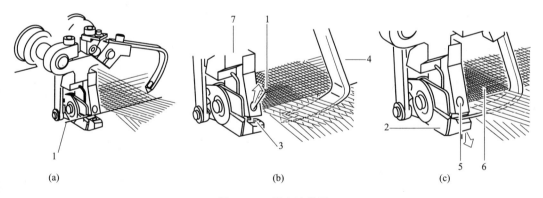

图 11-21　折入边装置

1—纬纱；2—剪刀；3—下喷嘴；4—钩针；5—上喷嘴；6—折入边；7—剪刀架

剑杆织机的折入边装置与片梭织机类似，但剑杆织机上采用折入边时需设置假边，假边与布边隔开一定距离。利用假边将引入的纬纱纱端握持，保持纬纱处于张紧状态，并配合边纱钳和钩纱针形成折入边。喷气织机上是利用压缩气流，靠加装吸嘴将上一纬的纱端吸持，起到边纱钳的作用，它不需设置假边，故简化了折入边装置。

折入边的经纱与布身经纱卷绕在同一织轴上，边经可穿入布身的综片内，较为方便，两侧的回丝消耗也较少，较适宜原料价格贵的品种。但折入边使得布边处纬密增加（在每根两侧都折入的情况下，纬密提高 1 倍），虽布边坚牢，但边部厚而挺，对后道的印染、整理不利。为了减轻这种影响，可采用每隔一纬折入的两侧折入边，或每纬仅在一侧折入的折入边（纬密增加了 1/3）；若采用每隔一纬在一侧折入的折入边，纬密较布身只增加 1/4，这种部分折入形成的折入边，可采用改变钢筘穿入数的方法解决布边增厚问题。

二、纱罗绞边

采用纱罗绞边装置时，留在梭口外的纬纱纱端不再折回，而是利用两根或更多的边纱交织成布边，如图 11-22 所示。

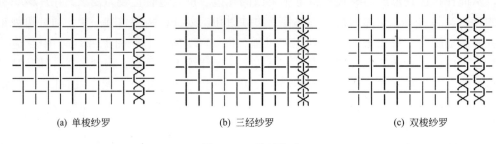

(a) 单梭纱罗　　　　　(b) 三经纱罗　　　　　(c) 双梭纱罗

图 11-22　纱罗绞边

纱罗绞边的边经纱分成地经、绞经两个系统，地经在每次开口过程中只作垂直升降运动，而绞经需按一定规律通过地经的上方（或下方），交替地从地经一侧移动到另一侧，从而交织出经纱与纬纱之间有较大束缚力的纱罗组织。

纱罗绞边是靠专门的纱罗开口装置实现的，它种类较多，现以片综纱罗绞边装置为例加以介绍。这种开口装置需借助两页平纹综框的一上一下运动规律，故即使织制其他织物组织，这两页平纹综框也是必备的。

纱罗绞边装置的综片结构如图 11-23 所示，绞边综 1、2 通过其上部的综耳挂在一对做平纹运动的综框上，U 形综 3 的两臂分别穿过绞边综的导孔内，它上部的综耳固定在可做升降运动的吊综挂板上，吊综挂板的上端与一回综弹簧连接，吊综挂板始终保持着将 U 形综上提。绞经纱 A 穿在 U 形综的综眼内，地经纱 B 则穿在两片绞综之间，通过平纹综框的传动，纱罗绞边装置按下列四个步骤形成纱罗绞边。

（1）绞边综 1 上升，绞边综 2 下降，到达综平位置。U 形综 3 随上升的绞边综 1 也上升到综平位置。

（2）绞边综 1 继续上升，绞边综 2 继续下降，分别到达各自的最上、最下位置。U 形综 3 跟随绞边综 2 下降，绞经纱 A 成为下层经纱，地经纱 B 滑到 U 形综的左侧，并借助于导纱杆 4 的上抬运动，地经纱 B 沿 U 形综与绞边综 1 之间的间隙上升，成为上层经纱。

（3）由引纬装置完成向梭口内引入一纬后，绞边综 1 下降，绞边综 2 上升，到达综平位置。U 形综 3 随上升的绞边综 2 也上升到综平位置。

（4）绞边综 1 继续下降，绞边综 2 继续上升，分别到达各自的最下、最上位置。U 形综 3 跟随绞边综 1 下降，绞经纱 A 再次成为下层经纱，地经纱 B 滑到 U 形综的右侧，并借助

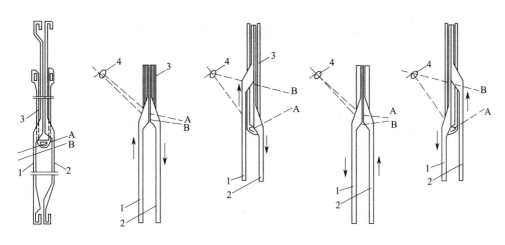

图 11-23 纱罗绞边装置的综片结构

1、2—绞边综；3—U 形综；4—导纱杆；A—绞经纱；B—地经纱

于导纱杆 4 的上抬运动，地经纱 B 沿 U 形综与绞边综 2 之间的间隙上升，成为上层经纱。如此反复便形成了二经纱罗绞边组织。

三、绳状绞边

在喷气和喷水织机上，一般采用绳状绞边。它利用两根特殊绞边纱（一般为长丝）相互盘旋构成与纬纱的抱合而形成布边，如图 11-24 所示。图 11-24 中右侧为绳状边组织，左侧为布身组织。绳状绞边机构主要由周转轮系组成，壳体齿轮受织机主轴的传动，一对对称安装的行星轮装在壳体齿轮上，中心轮固定不动。行星轮的齿数只是中心轮的一半。边纱筒子装在行星轮上，并附有张力装置，因此，织造过程中整个系统运动使两根边纱以摆线规律运动，可以避免两套装置的碰撞。织机主轴每转动 1 转，绞边齿轮 2 转动半转，行星轮转过 1 转，完成一次开口和成边运动。这种成边机构高速适应性较好（图 11-25）。

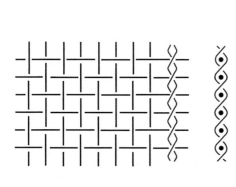

图 11-24 绳状绞边的形成

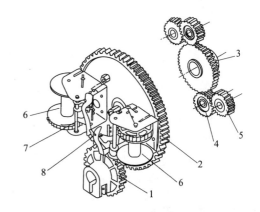

图 11-25 绳状绞边装置

1—传动齿轮；2—绞边齿轮；3—中心齿轮；4—传动齿轮；
5—行星齿轮；6—绞边纱筒；7—张力杆；8—导纱眼

除了折入边、纱罗绞边和绳状边三种最常用的无梭织机布边外，还有热熔边及针织边等边组织，但它们与特定的纬纱材料和引纬方式联系在一起，应用受到限制。

实验一 传动机构认识实验

一、实验目的

(1) 了解织机传动机构的工作原理。
(2) 了解开口机构、引纬机构、打纬机构、送经和卷取机构对传动机构的要求。

二、实验内容

(1) 认识织机的传动机构,绘制织机传动系统简图。
(2) 认识新型织机传动系统,了解其工作原理。

三、实验步骤

手动转动织机皮带轮,观察织机各机构的运动情况、传动机构及传动原理。

四、实验记录

绘制织机传动系统简图。

实验二 储纬器认识实验

一、实验目的

(1) 了解储纬器的工作原理。
(2) 了解各类储纬器的结构。

二、实验内容

(1) 了解储纬的目的。
(2) 了解一般储纬器和定长储纬器。

三、实验步骤

(1) 认识储纬器绕纱速度与纬纱飞行速度的关系。
(2) 认识一般储纬器上纬纱的排列。
(3) 认识一般储纬器的绕纱长度。
(4) 认识定长储纬器上绕纱长度的计算方法。

四、实验记录

1. 一般储纬器
织机类型: _____;织物幅宽: _____;纬纱线密度: _____;
储纬器上绕纱间隔: _____;储纬器上绕纱长度: _____。
2. 定长储纬器

织机类型：_____；织物幅宽：_____；纬纱线密度：_____；
储纬器上绕纱圈数_____；储纬器上绕纱长度：_____。

实验三　布边机构认识实验

一、实验目的

（1）了解各种布边加固装置的结构。
（2）了解各种布边加固装置的成边特点及对品种的适应性。

二、实验内容

（1）了解绳状绞边机构的工作原理。
（2）了解喷气折入边和机械折入边机构的工作原理。
（3）了解纱罗绞边装置及其工作原理。
（4）了解热熔边的工作原理。

三、实验步骤

（1）认识各种布边加固装置，掌握各种布边加固装置的工作原理。
（2）认识各种加固布边的结构。

四、实验记录

记录各种布边加固装置及其工作原理。

实验四　纬纱张力测试实验

一、实验目的

（1）了解各种引纬装置的特点。
（2）了解纬纱张力峰值对织造的影响。

二、实验内容

（1）了解各种引纬装置纬纱张力峰值出现的时间。
（2）了解控制及减少纬纱张力峰值的装置及工作原理。

三、实验步骤

（1）在纬纱入口侧设置便于测试的稳定的纱段。
（2）利用动态纱线张力测试仪测试纬纱张力并记录张力曲线。

四、实验记录

（1）记录不同引纬方式单根纬纱的张力曲线。

（2）记录并分析不同引纬方式纬纱张力峰值出现的时间。

（3）记录并探讨对于不同引纬方式拟采取的措施，以减小纬纱张力峰值。

思考题 ▶▶

1. 简述织机对传动机构的要求。

2. 简述不同形式经停装置的特点及使用场合。

3. 简述不同形式纬停装置的特点及使用场合。

4. 试述各种储纬器的结构、工作原理及其适用的引纬方式。

5. 为什么无梭织机织造时需要布边加固装置？

6. 试述不同布边加固装置的加固方式及优缺点。

第十二章

织物整理

织机卷取机构将织成的织物卷绕到布辊上，卷到规定的长度之后，布辊被从织机上取下，送整理车间进行织物检验、修整和成包，这项工作称为织坯整理，又称下机织物整理。

织机上所织成的织物，一般按规定长度剪开落下，落下的织物称织坯。其中，以棉及其混纺原料织成的称布坯；以天然丝、黏纤长丝或合成长丝为原料的称绸坯；以羊毛及其混纺纱为原料的称呢坯（毛毯称毯坯、起绒织物称绒坯）；毛巾类织物称巾坯；带类织物称带坯。

织坯整理加工的基本任务有以下几点。

（1）根据国家标准或合同规定的质量标准逐匹检验布匹外观疵点，正确评定织物品等。

（2）验布和分等发现连续性疵点、突发性纱疵等质量问题时，应及时通知有关部门跟踪检查，分析原因，采取措施，防止质量事故蔓延。

（3）将织物折叠成匹，计算下机产量。

（4）按疵点名称记录降等、假开剪、真开剪疵点，分清责任，落实到部门及个人，考核成绩，以供调查研究、分析产品质量时作参考。

（5）按规定的范围对布面疵点进行修、织、洗，改善布面外观质量。

（6）按标准（或企业规定的）成包办法及用户要求成包。成包时做好入库产量及品等记录，便于统计入库产量和质量。

第一节 整理机械

一、验布机

验布的基本任务是将前道各工序产生的纱疵和织疵认真仔细的检验出来；对检验出来的疵点，按照质量标准外观疵点评分规定，做好评分工作，并对不同疵点作出相应标记；按照规定做好小疵点的修理工作；对连续性疵点和突发性纱疵，及时填写速报单通知相关部门，以便跟踪检修或分析研究，采取措施，防止疵点蔓延。

连续性疵点即重复性的或连续性的有规律疵点，如筘路、筘穿错、流印以及连续的纬缩口小断纬等。突发性纱疵指突然发生、大面积影响织物等级的纱疵；突发性疵点多是规律性的粗纬或条干不匀，也有少量非规律性的条干不匀以及其他疵点。

验布的设备是验布机，一般由机架、导布辊、站台、验布台等部件组成，如图 12-1 所

示。织物的运动主要依靠拖布辊 4，为了使已经被检测过的一段织物倒回来复查，验布机采用一套离合器 7 控制拖布辊 4 的顺转、逆转、停转，以达到布面前进、后退、停止的目的。验布台面为白色磨砂玻璃，配有上下灯光，适用于本色或色织、高密或稀疏、或厚或薄等各种织物的检验。

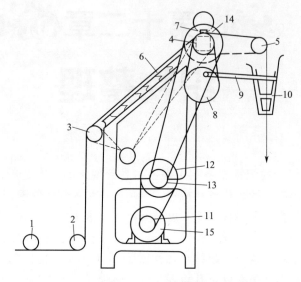

图 12-1　验布机简图

1、2、3、5—导布辊；4—拖布辊；6—验布台；7—离合器；8—偏心轮；9—连杆；
10—摆布斗；11—皮带轮；12、13—过桥皮带轮；14—主轴皮带轮；15—电动机

部分验布机兼有卷布功能，用于直接在验布机上对织物进行检验、修织、计长、定等，然后直接成卷或包装入库，或送印染厂加工使用。

目前，布面疵点检验主要由人工在验布机上进行。该方法劳动强度大，对检验人员要求较高，且易受主观因素影响。随着计算机技术、数字图像技术和神经网络技术的发展，基于图像处理和计算机平台的织物疵点自动检测成为研究热点，织物疵点自动检测代替传统的人工检测成为验布的一个发展方向。这种基于计算机视觉技术的织物疵点自动检测系统主要由三部分组成，即图像采集、图像处理、图像分类与控制。

图像采集由线阵 CCD 摄像机作为织物图像传感器，实时感应织物图像信息；采用数字信号处理器 DSP 实现对 CCD 的驱动及信号采集；采用通用串行总线 USB 作为通信接口实现高速数据传送。

图像处理即选择阈值对图像进行阈值化处理，给出阈值化图像，突显疵点。

图像分类与控制即运用织物疵点的分类标准和处理方式，利用模式识别等应用数学的知识，对疵点实时分类，并对特殊疵点给予停机等实时控制。

二、刷布机

刷布是为了清除布面上的棉结杂质和回丝，改善布面光洁度。刷布工作在刷布机上完成。刷布机有立式和卧式两种形式。

图 12-2 所示为立式刷布机，它主要由导布辊、金刚砂轮、鬃毛刷辊、拖布辊等部件组成。

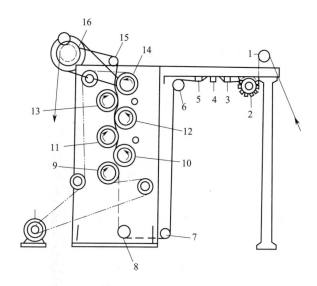

图 12-2　立式刷布机简图

1、6、7、8、15—导布辊；2～5—张力调节棒；

9、10—砂辊；11～14—刷辊；16—送出木辊

三、烘布机

烘布即将布匹的回潮率烘至规定回潮率以下，以防霉变。烘布仅在织物回潮率超标时使用。烘布机不仅消耗蒸汽，夏季使用时还影响劳动环境。

烘布在烘布机上进行。烘布机没有独立的动力来源，由刷布机的电动机间接传动，其线速度与刷布机相等，烘布机如图 12-3 所示。

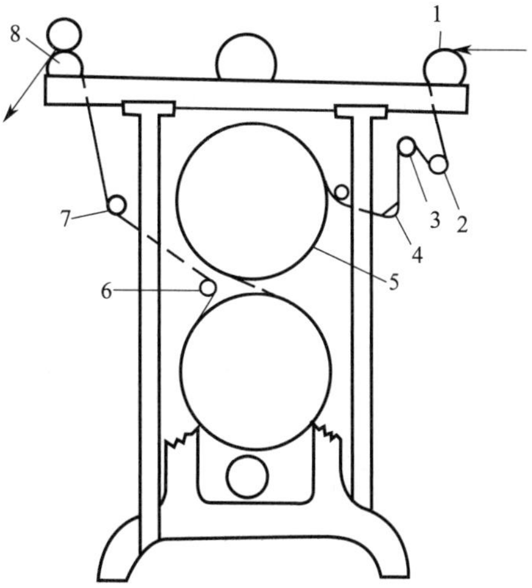

使用烘布机时应特别注意操作程序，保证安全生产。管道输送过来的蒸汽先经调压阀，再通过进气阀进入上下烘筒，烘筒内的冷凝水从烘筒另一侧经疏水器排出。

四、折布机

折布又称码布，是将织物按规定长度折叠成匹，以计算产量并方便成包。

折布的基本任务是将检验好的布按一定长度整齐折叠成匹；测量布匹长度，并在布头上标明，填写织物产量记录单，分清各班产量，打上责任印；按验布做出的疵点类别标记，根据品种分别堆放。

折布在折布机上进行。折布机如图 12-4 所示，

图 12-3　烘布机简图

1、3、6、7—导布辊；2、4—扩布铜杆；

5—烘筒；8—出布辊

布从运输车引出后，沿着折布机的倾斜导布板 20 上升，再向下穿过往复运动的折布刀 1，通过折布刀的来回运动，将织物一层层地折叠在折布台上。折布机主要由折布刀装置、压布装置、折布台和自动出布装置组成。

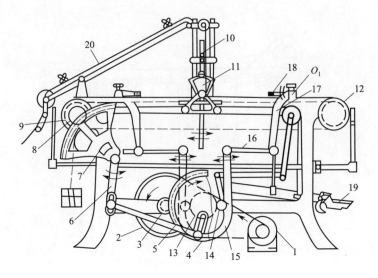

图 12-4　折布机简图

1—电动机；2—皮带轮；3、4—齿轮；5、16—连杆；6—摆动杆；7—扇形齿轮；
8—链条齿轮；9、12—链条；10—控制滑杆；11—折布刀；13—凸轮；
14—凸轮转子；15—杠杆；17—摆杆；18—压布杆；19—踏脚；20—导布板

　　折布刀装置控制折布刀的往复动程，确定每一折幅的长度，这关系到出厂成品的长度。折布机由齿轮 3、4 和连杆 5、摆动杆 6 组成的一套曲柄连杆机构的运动，使扇形齿轮 7 作往复旋转，通过链条 9、12 使折布刀直线往复运动，进行折布。

　　压布装置控制压布动作，将已折好的折幅两端压牢。压布动作由压布杆 18 上的压布针板上下运动而实现。凸轮 13 回转时通过凸轮转子 14 使杠杆 15 和连杆 16 运动，带动摆杆 17 以 O_1 轴为中心摆动。当凸轮 13 的回转小半径向前，杠杆 15 由于弹簧的作用向左摆动，通过连杆 16、摆杆 17 使与其同轴的压布杆 18 上摆，将压布针板抬起；当凸轮大半径向前时，压布针板压下，如此往复。折布刀进入折幅两端时，压布针板抬起，以便折布刀递入织物；折布刀退回时，压布针板迅速压下，压住织物，握持折幅两端。

　　压布针板每次下降都必须到达相同的位置，因此随着织物折叠层数的增加，折布台必须相应下降。如图 12-5 所示，重锤 1 的重量通过链条 2 和滑轮 3 使折布台 4 上升。调节重锤重量，可以改变折布台的上升力，从而调节压布针板对折布台的压力，即压布针板对织物折幅两端的握持力。当织物折叠完毕时，操作工踩下踏脚 5，通过连杆 6 使折布台下降，自动出布装置将折布台上折叠好的织物移离台面。

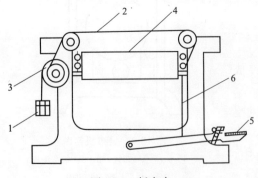

图 12-5　折布台

1—重锤；2—链条；3—滑轮；
4—折布台；5—踏脚；6—连杆

　　近年来生产的自动折布机，采用光电控制满匹自停，并设有三只电动机，一只控制正常运转，一只控制台板升降，一只控制出布。满匹自停、台板自动升降、自动出布是自动连续进行的。

　　对于幅宽超过 2286mm（90 英寸）的羽绒被、床单、窗帘、床罩等织物和国际上流行的宽幅织物，也有采用对折折布机将布幅先对折成双幅，然后再经过验布与修织工序。

五、分等

根据国家标准或合同要求评定织物品等，称为分等。

分等是下机织物整理过程中的一项关键性工作，其主要任务是把验布工做出的疵点标记，按质量标准进行评分、定等；按质量标准中的成包要求和加工要求，处理各种情况，确定修、织、洗范围，确定真、假开剪；将降等疵点（包括真、假开剪的疵点）的生产日期、车号、班别和责任工号正确地记录下来。

真、假开剪是对降等疵点采取的两种不同的处理方法。真开剪，即在织布厂开剪织物，剪除降等疵点。国家标准中规定的六大开剪疵点必须在织布厂开剪去除。涤/棉织物的六大开剪疵点为稀弄、0.5cm 以上的豁边、1cm 的破洞、1cm 的烂边、不对接轧梭、2cm 以上的跳花。不同种类织物的六大开剪疵点名称相同，但疵点的尺寸可能有所差异。

有些降等疵点，对印染加工影响不大，织厂对这类疵点可不作降等，也不开剪，仅在疵点处做标记，按一等品出厂，在以后印染成品时再开剪，这种处理称假开剪。假开剪可减少印染坯布缝头损失和由于缝头可能产生的印染疵布。但是，假开剪疵点必须符合一定的规定。

六、修、织、洗

织物经过验布、折布、分等后，对规定范围内的一些织物疵点用手工方法作修理、织补、洗涤处理。"修理"是对拖纱、毛边、双纬、杂物织入等疵点进行修正；"织补"是采用与织物相同的经纬纱，按织物中经纬纱的交织规律，对断经、断纬、跳纱等疵点作补织；"洗涤"是对坯织物上容易去除的油疵、污渍、锈疵等用相应洗涤剂清洗，并作适当干燥。通过修、织、洗，使疵点部位的织物恢复正常的织纹和外观。坯织物修、织、洗可提高织物的入库一等品率，提高织物质量及使用价值。

修、织、洗的基本任务是根据企业规定的范围对疵点进行修、织、洗，其处理质量必须符合下游企业的要求；负责检查整修疵点处前后 25cm 内是否有漏验疵点，如有则应修织或安漏验处理；修、织、洗后的布匹必须折叠整齐，按规定要求分别堆放。

修织工具主要有修布镊子、修布铁木梳和修布针。修布针有直针和钩针两种，不同织物使用不同号数的直针。钩针由直针加工而成，主要用于修补百脚和断经。

坯布上沾染了油迹或锈迹，应根据印染厂的要求洗涤。洗涤/棉布油污渍常用香蕉水、丝光皂或其他混合液洗涤，清洗铁锈迹可用草酸除锈液或氟化氢铵溶液，清洗涤/棉织物的某灰纱可用 JU 助剂。

七、拼件与打包

拼件是按照要求将不同匹长的布拼成整件，以便成包。

成包是整理工程的最后一道工序，它按成包规定将织物打成布包。成包质量的好坏对印染加工质量有一定影响。

成包的方法有市销布成包、加工坯布成包。加工坯布成包又包括联匹拼件成包、联匹假剪成包和零布成包。

成包的基本任务是将定好等、修织好的布匹，按国家质量标准和成包方法成包；记录每

件布的品名、品等、坯号、成包类别，以便结算入库产量和统计质量、假开剪率、拼件率和各种坯布的数量。

包装应外观整洁，适合储存和运输，保证产品质量。包装外面应清楚地标识织物品种、长度、品等等信息，便于识别，防止搞错。

包装方式有折叠与卷装两类。前者一般用油压打包机完成，后者由卷筒机卷成圆筒。

用于棉布打包的有中包机和大包机，其结构基本相同。中包机主要是由主机 1、操纵台 2 和液压站 3 三部分组成的。图 12-6 所示为 FA911 型液压中包机简图。主机的地面以上部分主要有顶盖 4、底座 5、柱子 6，地下部分有油缸和升降柱 7。该机采用三梁四柱式机架，四立柱螺母采用内、外两种螺母超高压紧固结构，保证打包机正常工作。顶盖 4、底座 5 均采用钢板焊接结构，外形美观，强度高。底座 5 可以升降，顶盖 4 固装于机器的顶部，底座 5 和顶盖 4 接触布包的部位有沟槽，以便用铁皮或麻绳打包。支撑全机的有四根立柱。油箱中的液压油带动齿轮泵和三柱塞泵工作。当油箱中的液压油压力升高时，液压油经三通阀进入油缸，使得起落盘逐渐上升。在起落盘达到一定高度时便开始捆绑布包。捆包完毕之后将释压阀松开，油缸内的液压油在起落盘自重的作用下，流入

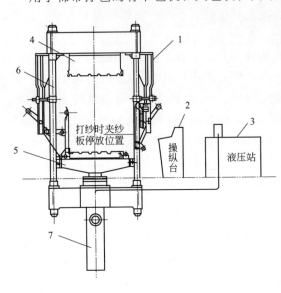

图 12-6　FA911 型液压中包机简图
1—主机；2—操纵台；3—液压站；4—顶盖；
5—底座；6—柱子；7—升降柱

油箱，起落盘逐渐下降。机器采用电液控制，准确可靠，有利于实现自动化。

卷布机适用于毛呢、色织、丝织、印染、针织、棉织或其他织物的半成品或成品打卷，对弹力布具有展布功能。以 ME821B 型卷布机为例，其主要结构特点为采用电子测长装置自动计长，机器采用变频无级调速，光电自动齐边、自动扩幅、展边去折，有电动吸边及自动倒车功能。

第二节　整理工艺和质量

一、验布

纺织各道工序因种种原因产生的纱疵和织疵，都要通过验布检验出来。要达到这一目的，除了验布工思想集中、提高操作水平外，还应根据不同品种和质量水平，合理配置验布速度，以便正确检出布面上的疵点，减少漏验，提高产品质量。验布机速度通常为 15～20m/min。

目前国内纺织厂采用最多的是 GA801 型验布机，其主要技术参数和型号规格是，验布速度 18m/min、20m/min、22m/min（变频调速为 0～45m/min）；电动机功率 0.37、0.75kW；验布台面倾斜角 45°；外形尺寸 2300mm×1900mm×2060mm（180 型）；规格

160 型、180 型、200 型、240 型、300 型、340 型、400 型。

验布台上要有足够的照度。白炽灯为 150lx，荧光灯为 300lx。检查加工杂色坯布时，可采用下灯光装置，即在玻璃台面下方开灯透视织物。玻璃台面用磨砂玻璃，以保护视力。

二、刷布

刷布要求既能除杂又不影响织物的内在质量，通常通过改变砂辊之间及刷辊之间的相对位置、调整织物与砂辊及刷辊之间的包围角大小来实现。

国内纺织厂采用的典型刷布机为 G321 型，其主要技术参数和型号规格是，出布速度 54m/min（160 型～340 型）、45m/min（300 型、340 型、400 型）；适用布幅宽度 1.0～3.9m；电动机功率 2.2kW；外形尺寸 2378mm×2170mm×2300mm（180 型）；规格有 160 型、180 型、200 型、240 型、300 型、340 型、400 型。

三、烘布

在一些热湿地区/湿热季节，成包布匹的实际回潮率若超过规定的范围，为防止布匹在储运过程中发生霉变，需经烘布机烘燥。本色布成包实际回潮率范围，纯棉布与棉/维混纺布实际回潮率应小于 9.5％，涤/棉混纺布与涤/粘混纺布实际回潮率应小于 7％，黏胶纤维纯纺布与棉/黏混纺布实际回潮率应小于 16％。

国内纺织厂采用的典型烘布机为 G331 型，其主要技术参数和型号规格是，烘布速度 54m/min（160 型～340 型）、45m/min（300 型、340 型、400 型）；布幅宽度 1.0～3.9m；外形尺寸 2935mm×1755mm×2130mm（180 型）；规格有 160 型、180 型、200 型、240 型、300 型、340 型、400 型。

四、折布

折布的折幅在 0.9～1.02m 之间可调，一般规定折幅长度为 1m，特殊要求折幅为 1 码，应另考虑增加折幅加放长度。折布速度随机型而异，一般在 80m/min 左右。

目前国内棉纺织厂采用最多的是 GA841 型折布机，其主要技术参数和型号规格是，折布速度 60～80 折/min（2m 以下）、40～60 折/min（2m 以上）；布幅 0.8～3.9m；折幅长度 0.9～1.02m；折布台升降动程 170mm；外形尺寸 2500mm×2160mm×1500mm（180 型）；规格有 160 型、180 型、200 型、240 型、300 型、340 型、400 型。

五、分等

分等的依据主要是织物的质量标准。目前织物的质量标准分为国家标准、行业标准和企业标准三大类。国家标准是指在国民经济中有重大技术经济意义的、产品量大面广、必须在全国范围内予以统一执行的产品标准。一般棉织产品国家标准均为推荐性执行标准，如棉本色布标准（GB/T 406—2008）、精梳涤/棉混纺本色布标准（GB/T 5325—2009）为两种具有代表性的产品国家标准。行业标准是指在全国纺织行业中的各个专业范围内应统一执行的标准，如色织棉布标准（FZ/T 13007—2008）。企业标准一般是由生产企业按规定办法自行制订的，其指标水平常高于国家标准与行业标准。下面以精梳涤/棉混纺本色布标准为例简要说明。

1. 技术要求

精梳涤/棉混纺本色布质量检验项目包括七项内容，即织物组织、纤维含量偏差、幅宽、密度、断裂强力、棉结疵点格率、布面疵点（比本色棉布少一项棉结杂质疵点格率），其中前六项为内在质量，由实验室负责检验；最后一项为外观质量，在整理工序检验。

2. 分等规定

精梳涤/棉混纺本色布的品等分为优等品、一等品、二等品，低于二等品的为等外品。精梳涤/棉混纺本色布的评等以匹为单位，织物组织、幅宽和布面疵点按匹评等，密度、断裂强力、纤维含量偏差、棉结疵点格率按批评等，以其中最低一项的品等作为该坯布的品等，具体分等规定见表 12-1～表 12-4。

表 12-1　精梳涤/棉本色布分等规定

评定内容	标　准	允许偏差		
		优等品	一等品	二等品
织物组织	设计规定	符合设计要求	符合设计要求	不符合设计要求
纤维含量偏差/%	产品规格	±1.5		不符合一等品要求
幅宽/cm	产品规格	+1.2% −1.0%	+1.5% −1.0%	+2.0% −1.0%
密度/(根/10cm)	产品规格	经密：−1.2% 纬密：−1.0%	经密：−1.5% 纬密：−1.0%	经密：超过−1.5% 纬密：超过−1.0%
断裂强力/N	按标准计算公式计算	经向：−6% 纬向：−6%	经向：−8% 纬向：−8%	经向：超过−8% 纬向：超过−8%

注：当幅宽偏差超过 1.0%时，经密允许偏差为−2.0%。

表 12-2　精梳涤/棉本色布分等规定——棉结疵点格率指标

涤纶含量/%	织物总紧度 80%及以下			织物总紧度 80%以上		
	优等品	一等品	二等品	优等品	一等品	二等品
60 及以上	3	6	超过一等品	4	8	超过一等品
50～60	4	8	允许范围	5	10	允许范围

注：棉结疵点格率超过规定降到二等为止。

表 12-3　精梳涤/棉本色布分等规定——布面疵点评分限度　　　单位：分/m²

优等品	一等品	二等品
0.2	0.3	0.6

注：1.1m 中累积评分最多评 4 分。

2. 每匹布允许总评分(分)＝每平方米允许总评分(分/m²)×匹长(m)×幅宽(m)，计算至一位小数，修约成整数。

3. 一匹布中所有疵点评分加和超过允许总评分为降等品。

4.1m 内严重疵点评 4 分为降等品。

表 12-4　精梳涤/棉本色布布面疵点评分标准

疵点分类		评 分 数			
		1	2	3	4
经向明显疵点		8cm 及以下	8cm 以上～16cm	16cm 以上～24cm	24cm 以上～100cm
纬向明显疵点		8cm 及以下	8cm 以上～16cm	16cm 以上～24cm	24cm 以上
横档		—	—	半幅及以下	半幅以上
严重疵点	根数评分	—	—	3 根	4 根及以上
	长度评分	—	—	1cm 以下	1cm 及以上

注：1. 严重疵点在根数和长度评分矛盾时，从严评分。

2. 不影响后道质量的横档疵点评分，由供需双方协定。

经向明显疵点有竹节、粗经、线密度用错、综穿错、筘路、筘穿错、长条影、多股经、双经、并线松紧、松经、紧经、吊经、经缩波纹、经缩方眼、断经、断疵、沉纱、跳纱、星跳、棉球、结头、边撑疵、边撑眼、针路、磨痕、木棍皱、荷叶边、猫耳朵、烂边、凹边、拖纱、修整不良、错纤维、煤灰纱、花经、油经、油花纱、油渍、锈经、锈渍、布开花、不褪色色经、不褪色色渍、水渍、污渍、浆斑。

纬向明显疵点有错纬（包括粗、细、紧、松）、条干不匀、脱纬、双纬、百脚（包括线状及锯齿状）、纬缩（包括起圈纬缩、扭结纬缩）、毛边、云织、杂物织入、花纬、油纬、锈纬、不褪色色纬。

横档疵点有拆痕、稀纬、密路。

严重疵点有破洞、豁边、跳花、经缩浪纹（三楞起算）、连续三根的松经、吊经（包括隔开 1～2 根好纱的）、稀弄、不对接轧梭、连续 1cm 的烂边、经向 5cm 内整幅中满 10 个结头或轧断纱的边撑疵、金属杂物织入、粗 0.3cm 的杂物织入、影响组织的浆斑、霉斑、损伤布底的修整不良。

几点说明如下。

(1) 经向疵点和纬向疵点中，有些疵点是两类共同具有的，如竹节、跳纱等，在此分类中只列入经向明显疵点，若这些疵点出现在纬向时，则算纬向明显疵点。

(2) 涤/棉织物的六大开剪疵点为稀弄、0.5cm 以上的豁边、1cm 的破洞、1cm 的烂边、不对接轧梭、2cm 以上的跳花。不同种类的织物，六大开剪疵点的名称相同，但疵点的尺寸规定有所不同。六大开剪疵点必须在织布厂剪除。

(3) 产品标准中对疵点的计量方法、特殊疵点的评分方法、不同加工坯（漂白坯、印花坯、杂色匹、深色匹）对某些疵点加重或减免评分的办法以及对疵点的处理都做了详细的说明和规定。

(4) 表 12-4 对布面疵点采用 4 分制评分法，代替旧标准中的 10 分法。

六、修织洗

1. 整修工具

整修工具包括修布铁木梳和修布针，修布铁木梳有普通式和特殊式两种。普通式根据钢针数量和粗细，又分密（84 针）、中（46 针）、稀针（42 针）三种。特殊式 34 针（钢针间隙一边为 1.27mm，一边为 1.693mm）。铁木梳的基本尺寸见表 12-5。

表 12-5　铁木梳的基本尺寸

参数	普通式			特殊式	允许公差
	1	2	3		
铁木梳宽度 L/mm	57	57	57	51	±0.2
植针宽度 L_1/mm	51.88	51.75	52.07	47.83	±0.25
边上高度 H/mm	26.5	26.5	26.5	26.5	
中间高度 H_1/mm	28.5	28.5	28.5	28.5	
总针数	84	46	42	34	0
针径×长度/mm	0.5×26	0.8×26	0.8×26	0.8×26	±0.02×±0.3
铁壳高度 H_2/mm	12	8	8	8	±0.2
铁壳厚度/mm	1.6	1.8	1.8	1.8	

(1) 修布针的分类。修布针有直针和钩针之分。钩针主要用于修理百脚及断经。修理各

种织物所需直针号数如下，直针在使用前可将针尖在 0# 砂皮上略为磨钝，以提高修织速度。

粗号织物经纬密比较低，一般用 23#、24#，中号织物一般用 25#，府绸织物一般用 26#。

（2）钩针相比于直针的优点，使用钩针操作，能提高修织百脚疵布的速度，普遍提高工效约 70%；在速度提高的条件下，提高了织物的修织质量；使用钩针操作，进针时织物易于控制，不会产生跳单根纱现象；各种织物需用钩针的号数同直针，钩针加工制造简单，造价低廉，工厂自己就可以制作。

2. 清洗油、锈迹溶剂的配制

棉型织物洗涤油污渍可用汽油、丝光皂或其他混合液，几种洗涤液的配方见表 12-6～表 12-9。

表 12-6 洗涤液配方 1

成　分	配　比/%
清水	81.2
香蕉水（或醋酸乙酯）	13.00
烷基磺酸钠	3.20
CMC	0.50
氨水	1.45
水杨酸	0.65

表 12-7 洗涤液配方 2

成　分	配　量
清水	81.2
高级皂片/盒	1～1.5
开水/kg	3.35～5
香蕉水/kg	0.67～1
酒精/kg	0.67～1
氨水/kg	0.13～0.2

表 12-8 洗涤液配方 3

成　分	配　比/%
清水	100
中性肥皂	10
香蕉水	10
氨水	2

表 12-9 洗涤液配方 4

成　分	配　比/%
乳化剂 OP—10	43
浸透剂 JFC	5
酒精	40
桉叶油	5
苏樟醇	2
松节油	5

配方 1 的配制方法是先将烷基磺酸钠、CMC 和水杨酸放入 30% 温水（50℃左右）中搅拌溶解，再加入香蕉水（或醋酸乙酯）与氨水，继续搅拌 5min 即可使用。不用时应放入瓶

中密封，用时先摇动瓶子，使之混合均匀后再用。本溶剂去污力强，干得快，可不必再经烫干，一般用于棉织物及维纶混纺织物中。

配方 2 的配制方法是先将皂片溶于开水中，待冷却后再加入香蕉水、酒精、氨水，搅和均匀后装入瓶中盖紧。使用时应注意，隔日用剩的洗涤剂，由于变质，作用降低，不得用于要求高的坯布；用上述配方洗布时，要用干净揩布把浮起的污液随时揩净，不使其残留在布上。

配方 3 的配制方法是先将皂片放入水中加热溶化，冷却后为糊状，再加入挥发油，搅拌均匀，然后加入氨水搅拌均匀，15min 后即可使用。一般棉织物及合成纤维混纺织物均适用，对合成纤维混纺织物上的浅色油渍可用苯洗除，深色油渍可在涂苯后再用此剂洗涤。

使用配方 4 时需将此液涂于油污上，不必搓洗，待印染加工后油污迹消失，但是只能用于漂白织物，否则会造成染色不匀。

七、打包

国内纺织厂采用的打包机主要有 FA911—75 型、FA911—150 型和 A752 型。以 FA911—75 型打包机为例，其主要技术特征，机器最大总压力为 750kN，最大单位工作压力为 21MPa，立柱间距为 1500mm×650mm，上下铁盘间最大距离为 1200mm，成包时最小压缩高度为 200mm，柱塞最大行程为 1000mm，柱塞直径为 300mm，起落盘最大使用面积为 1260mm×920mm，铁盘面积为 1210mm×650mm，外形尺寸为 1720mm×920mm×2755mm，全机总重约 9t。

卷布机以 ME821B 型为例，其技术参数和型号规格，卷布速度为 0～75m/min，可卷最大直径为 600mm，整机功率 1.6～2.6kW，外形尺寸为 2800mm×1500mm×2000mm（200型），型号规格为 200 型、240 型、300 型、340 型、400 型。

八、织物产量和质量统计

织物的产量和质量由整理工序直接、全面地加以反映。整理工序统计下机产量、入库产量及一系列下机质量指标、入库质量指标和漏验率等指标。下机产量和入库产量直接关系到企业能否按期交货。下机质量是企业管理水平、技术水平和质量水平高低的重要标志，它反映织物质量的真实水平，是分析织物质量的重要依据。

1. 纱疵率、织疵率

疵布率指由于各种因素造成的一次性降等疵点（一处性降等或连续性降等的疵点）的疵布产量与总产量的百分比。因原纱疵点造成坯布一次性降等的疵布率叫纱疵率。因织布各工序造成坯布降等的疵布率叫织疵率。纱疵率、织疵率是反映企业管理水平、技术水平和质量水平高低的重要标志。

纱疵率、织疵率有分品种纱疵率、分品种织疵率、混合纱疵率、混合织疵率，它们又分别有下机纱（织）疵率（即修前纱疵率、织疵率）和入库纱（织）疵率（即修后纱疵率、织疵率）两种。

$$分品种纱（织）疵率=\frac{纱（织）疵匹数×匹长（m）}{入库产量（m）}×100\%$$

$$混合纱（织）疵率=\frac{[甲品种纱（织）疵匹数×匹长]+[乙品种纱（织）疵匹数×匹长]+……}{入库总产量}×100\%$$

纱疵、织疵的原始资料由分等工提供，根据企业制订的次布责任制划分办法，将疵点按车间、班、组、个人进行记录。统计员根据分等工的原始记录，每天统计，逐日累计。

2. 下机匹扯分

下机匹扯分，即抽查布中平均每匹布上的疵点分数，可分为每个疵点的匹扯分和所有疵点加和的总匹扯分两种。计算匹扯分的意义在于了解影响下机一等品率提高的主要疵点，以便采取措施，减少疵点，提高质量。

$$下机匹扯分 = \frac{下机每个疵点分数（或下机全部疵点总分）}{检查匹数}$$

3. 下机一等品率

同纱疵率、织疵率类似，统计分品种下机一等品率和混合下机一等品率。

$$下机一等品率 = \frac{抽查下机一等品匹数}{抽查总匹数} \times 100\%$$

4. 漏验率

检查漏验率是抽查出厂成品中降等漏验疵点的情况。检查工在成包前或成包后对成品布进行随机、均匀抽样，其中等级布也抽查。抽查漏验率的原始记录，按验布工分别统计每人漏验分数和各种疵点名称，便于指导验布工寻找漏验原因，或作为生产成绩的考核依据。

$$漏验率 = \frac{抽查漏验匹数}{抽查总匹数} \times 100\%$$

5. 入库一等品率

入库一等品率的统计涉及入库产量和入库次布的统计。

$$入库一等品率 = \frac{入库一等品总米数}{入库总米数} \times 100\%$$

入库总产量及入库次布产量的原始记录，由打包工提供。为保证入库一等品率统计的准确性，成品必须按计划均匀入库，避免产量忽高忽低；次布应在该品种次布满件随即入库，避免次布集中入库。

6. 假开剪率

假开剪布需单独成包，并做出标记。假开剪率为一定时期内织物假开剪成包的产量（件数）对总产量（件数）的百分比。

$$假开剪率 = \frac{本月假开剪产量（件）}{本月总产量（件）} \times 100\%$$

7. 联匹拼件率

凡染整加工允许拼件的坯布，可拼件交付印染厂。拼件成包的段数为每包规定落布长度段数的200%，除允许一段在10～19.9m外，其余各段应在20m及以上。联匹拼件率为一定时期内织物拼件成包的件数对总件数的百分率。

$$联匹拼件率 = \frac{本月联匹拼件产量（件）}{本月总产量（件）} \times 100\%$$

九、织物疵点分析

织物疵点是影响织物品质的重要指标，是决定织物品种等级的主要因素，也是衡量一个纺织企业生产技术水平及管理水平高低的重要标志。织疵的种类有很多，应对其作具体的分析，找出形成的原因，以便采取必要的措施。织疵的成因一部分来自纺部的责任，如纺纱生产中出现的纱线竹节、条干不匀、粗细节等；一部分来自织造准备车间的责任，如经缩、纬纱成形不良、上浆不良等；大多数的织疵主要是由于织机机械故障和挡车工操作不善所造成的，如跳纱、双纬、经纬缩或跳花、稀密路等。因此在织造生产过程中，必须严格进行质量监控，并通过整理工序信息反馈，及时对出现问题的生产环节采取相应的措施。

1. 跳花、跳纱、星跳疵点

织物在织造生产过程中，由于受多种不同因素的影响，造成经纱开口不清，致使少数经纱或纬纱脱离组织，使一根或数根经、纬纱线不规则地浮于织物表面。根据疵点形成的轻重程度不同，可分为跳花、跳纱和星跳三种，简称为"三跳"。3 根及其以上的经、纬纱相互脱离组织（包括隔开一个完全组织），并列地跳过多根纬纱或经纱而呈"井"字形浮于织物表面，称跳花（图 12-7）。1 根或 2 根经纱或纬纱跳过 5 根及以上的纬纱或经纱，呈线状浮于织物表面，称跳纱（图 12-8）。1 根经纱或纬纱跳过 2～4 根的纬纱或经纱，在布面上形成分散星点状，称星跳（图 12-9）。

形成跳花、跳纱和星跳的主要原因有以下几种。

(1) 原纱与半制品质量不佳，经纱上附有棉结杂质、飞花回丝、大结头、并绞头及经纱轻浆起毛等，使经纱相互纠缠，引起经纱开口不清。

(2) 开口机构不良，如综丝断裂、综夹脱落、吊综各部件变形或连接松动，致使部分经纱松弛。

(3) 梭子运动不正常，投梭时间、投梭力不合理，梭子未按一定速度进出梭口。

(4) 开口与投梭时间配合不当，易产生边跳纱。

图 12-7　跳花　　　　　　　图 12-8　跳纱　　　　　　　图 12-9　星跳

(5) 经停装置失灵，经纱断头后不能立即关车。

(6) 经位置线不合理，后梁、经停架、边撑位置过高等造成开口时上层经纱松弛。

(7) 片梭织机上导梭齿弯曲、磨损，梭口过小或后梭口过长等造成上下层经纱开口不清。

2. 断经、断疵

断经是影响有梭织机效率的最主要因素。织物中缺少一根或几根经纱，称断经

（图 12-10）。经纱断头后其纱尾织入布内，称断疵（图 12-11）。

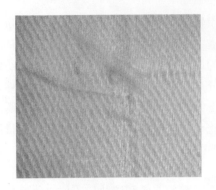

图 12-10　断经

图 12-11　断疵

断经、断疵形成的主要原因有以下几方面。

（1）原纱质量较差，纱线条干不匀、强力偏低或捻度不均匀。

（2）半制品质量较差，如经纱上附有棉结杂质、飞花回丝、大结头、并绞头以及纱线上浆不匀、轻浆或伸长过大等。

（3）断经自停装置损坏或漏穿经停片，经纱断头后不能立即停车。

（4）综箱、经停片损坏，梭子、剑头、剑带、剑带导轨毛糙或损坏等。

（5）织造工艺参数配置不当，如经停架、后梁位置过高，经纱上机张力过大。开口与引纬时间配合不当，剑杆动程调节不当等。

3. 脱纬、双纬、百脚疵点

织造引纬过程中，一梭口内有 3 根及以上的纬纱织入布内（包括连续双纬和长 5cm 及以上的纬缩），称为脱纬（图 12-12）。平纹织物一个梭口内有两根纬纱织入布内，称为双纬（图 12-13）。斜纹或缎纹织物一个完全组织内缺 1 根或 2 根纬纱，称为百脚（图 12-14）。防止此类疵点发生的根本办法就是尽量降低织造时纬向停台次数。

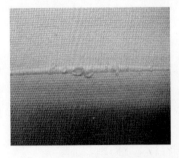

图 12-12　脱纬

图 12-13　双纬

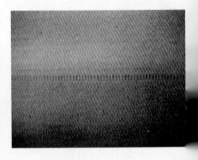

图 12-14　百脚

形成脱纬的原因主要有以下几种。

（1）纬纱卷装松弛或成形不良。

（2）纬管上沟槽太浅，纱线易成圈脱下织入布内。

（3）织机投梭力过大，梭箱过松，缓冲装置失调，使梭子进梭箱后回跳剧烈。

（4）车间相对湿度过低，纬纱回潮率过小。

造成双纬、百脚的主要原因有以下几方面。

（1）有梭引纬时，纬纱生头和成形不良；梭子通道不光滑，碰断纬纱；梭管不配套或破损、起毛；换梭诱导装置的相位置不正或作用失常；梭子定位不正或飞行不正常，断纬后开车时，没有对准织口补入纬纱；换纬操作不良，如未摘除纱尾，未剔掉成形不良纬纱等均会造成双纬或百脚。

（2）剑杆织机探纬器作用时间不准确，送纬剑与接纬剑交接纬纱失误，可能出现纬纱被送纬剑又带回左侧，出现双纬；引纬时，纬纱张力过大或过小，接纬剑释放纬纱提前或滞后，导致织物布边处产生纬纱短缺一段或纱尾过长，过长的纱尾容易被带入下一梭口；边剪剪不断纬纱。

（3）喷气织机的探纬装置失灵，其引纬时，纬纱有特别细弱部分或主喷嘴压力高于规定，气流对纬纱的牵引力过大，喷射气流时吹断纬纱，或夹纱器闭合时间迟于规定，它们均可能造成断纬或双纬。

4. 布边疵点

布边常见疵点主要有边撑疵、豁边、烂边、毛边等。织机边撑或刺毛辊使织物布边部分经纬纱线起毛或轧断，称为边撑疵（图12-15）。边组织内3根及以上经、纬纱共断，或单断经纱，包括隔开1根或2根好纱，称为豁边（图12-16）。边组织内单断纬纱，一处断3根及以上的，称为烂边（图12-17）。由于边剪作用不良或其他原因，使纬纱不正常被带入织物内（包括距边5cm以下的双纬和脱纬），称为毛边（图12-18）。

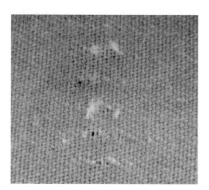

图 12-15　边撑疵

图 12-16　豁边

图 12-17　烂边

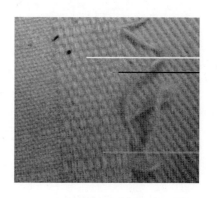

图 12-18　毛边

（1）形成边撑疵的主要原因。布边张力过紧，经纱紧贴边撑刺辊，使布脱刺困难；边撑刺辊选用不当或刺尖有弯曲起毛，易将纱线勾断；边撑盒不配套，盒座与盒盖不平齐，缝隙过小或刺辊不平行等；边撑盒位置过高或过低；边撑刺辊环绕了回丝或飞花，转动不灵活等。

（2）形成豁边的主要原因。开口与投梭配合不当，使边经纱受摩擦过多而断头；边撑伸幅不良，使边经纱张力受影响而断头；梭芯位置不正，纬纱退绕时被拉断；边部筘齿破损，磨断边经纱；综框歪斜或过高过低，使边经纱断头。

（3）形成烂边的主要原因。有梭织机上梭子上的导纱瓷眼阻塞；经纬纱张力配合不当；开口与投梭运动不协调；边纱穿错或绞头；梭芯过高或过低，使纬纱退绕时被拉断；边撑伸幅作用不良，或边撑刺辊磨损。

无梭织造布边采用绳状绞边或纱罗边时，布边绞经纱和纬纱交织，若绞边纱滑脱会出现豁边疵点。或绞经纱未与纬纱交织脱出毛边之外，出现烂边疵点。产生这些疵点主要是由于绞边经纱张力大小不适宜或纱罗装置工作失调；剑杆织机接纬剑纬纱头握持不佳或释放过早；或边纱清洁不良，经纱开口不清等原因。

（4）形成毛边的主要原因。边撑剪刀磨损或失效，纱尾未被剪断而带入织口；换入梭子的纬纱因受力过大，在梭库处被拉断；边撑位置不良，使边剪未能及时剪断纬纱；梭库与落梭箱上回丝未清除干净带入织口。

5. 经缩波纹疵点

部分经纱因受意外张力后松弛，使织物表面呈波纹状起伏不平，称为经缩波纹疵点（图12-19）。

形成经缩波纹疵点的主要原因有以下几方面。

（1）送经机构出现故障，经纱张力感应机构调节不当，使部分经纱以松弛状织入布内，呈毛圈状。

（2）卷取机构和送经机构配合不协调，造成织口位置和布面张力发生变化，影响经纱正常屈曲成形。

（3）浆纱后的织轴片纱张力和排列不均匀。

6. 纬缩疵点

纬纱扭结织入布内或起圈现于布面，称为纬缩疵点（图12-20）。

图12-19　经缩波纹疵点　　　　　　　图12-20　纬缩疵点

形成纬缩疵点的主要原因有以下几方面。

（1）经纱开口不清，使梭子飞行不稳定。

(2) 投梭运动不正常，如投梭力过大过小，缓冲装置失效，梭箱过松等。

(3) 纬纱的回潮率过低；纬纱捻度过高，涤/棉纬纱未定捻。

(4) 剑杆引纬纬纱张力过大、过小或不稳定；开口时间过迟或剑头释放纬纱时间太早；控纬剪刀切割不稳定，形成纬纱长短不一；纱罗绞边机构开口时间过迟等。

(5) 喷气引纬气流对纬纱牵引力不足；主喷嘴与辅助喷嘴的位置安装不良；引纬工艺参数设置不合理，如纬纱飞行角设置不当，辅助喷嘴喷射时间配合不当；纱罗绞边装置工作不正常，绞边经纱干扰纬纱正常飞行等。

(6) 片梭引纬的纬纱张力过大或过小；布边纱夹弹性过小；开口时间过早等。

7. 筘路疵点、筘穿错疵点

织物经向呈现条状稀密不匀，称为筘路疵点（图 12-21）。没有按工艺要求穿筘，造成布面上经纱排列不匀，称为筘穿错疵点。

经纱在筘齿内排列不均匀、筘齿变形是产生筘路的主要原因，经纱绞头、综框变形，使综丝不能自由游动，也会引起经纱排列不均匀。

8. 稀纬疵点、密路疵点

经向 1cm 内少 2 根纬纱（横贡织物稀纬少 2 根作 1 根计），称为稀纬疵点（图 12-22）。经向 0.5cm 内纬密多 25％以上（纬纱紧度 40％以下多 20％及以上）纬纱，称为密路疵点（图 12-23）。稀纬、密路疵点统称为织物横档疵点，形成稀纬、密路疵点的主要原因有以下几方面。

(1) 织机开关车时，织机的转速明显低于正常转速，织机制动机构失灵，由此引起稀纬疵点。

(2) 打纬机构部件磨损或松动过大，使打纬力不足，造成稀纬。

(3) 织机停机后卷取齿轮退卷不足或卷取辊打滑、卷取机构零部件松动等造成稀纬。

(4) 经纱送出装置和经纱张力调节装置不正常，致使送经量时多时少，经纱张力时紧时松。

(5) 吊综状态不良，左右两侧经纱张力不均匀，停台后开车容易造成局部性稀密路。

(6) 密路主要由于卷取和送经机构发生故障以及换梭时织物退出过多而形成。织机停车后开车时，如退卷过多，也会造成密路。

图 12-21 筘路疵点　　　　图 12-22 稀纬疵点　　　　图 12-23 密路疵点

9. 云织疵点

纬纱密度稀密相间呈规律性的段稀段密，像云斑状，称云织疵点（图 12-24）。云织疵点主要是由于送经机构、卷取机构工作不正常造成的，如送经轴或送经侧轴弯曲，蜗轮、蜗杆偏心或单面磨损；经纱张力调节装置部件不正或磨损，致使经纱张力产生周期性不匀；卷

取时间不正确或齿轮啮合不良。

10. 浆斑、油污疵点

浆斑疵点是指布面上附着有影响织物质量的糨糊干斑（图12-25）。主要是由于浆纱生产操作不当造成的。油污疵点主要是指油经、油纬、油污渍和散油几种情况（图12-26）。其产生的原因较为复杂，主要是由于纺部、织部生产管理不良造成的。应加强对扫车、加油、上轴、落布、保全保养等工种的责任教育和生产管理，严格执行各工种操作法。

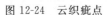
图 12-24　云织疵点

图 12-25　浆斑疵点

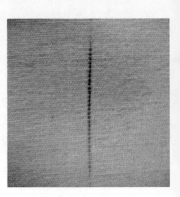
图 12-26　油污疵点

思考题 ▶▶

1. 织坯整理的各项工作及要求是什么？

2. 常用织物质量统计指标及其含义是什么？

3. 常见织物疵点及其成因是什么？

第十三章

机织物加工的工艺流程及快速反应

第一节　机织物的加工流程与工艺设备

各种机织物在纤维材料、织物组织、织物规格和用途等方面都具有各自的特殊性，所以在机织加工过程中，要针对这些特殊性选择适宜的加工流程、加工设备、环境条件，同时还应注意原纱质量。

一、棉型织物加工流程与工艺设备

棉型织物生产主要分为白坯织物生产和色织物生产两大类，其中大部分为白坯织物的生产。

（一）白坯织物

白坯织物以本色棉纱线或棉型纱线为原料，一般经漂、染、印花等后整理加工。白坯织物生产的特点是产品批量大，大部分织物组织比较简单（主要是平纹、斜纹和缎纹组织）。在无梭织机上加工时，为减少织物后加工染色差异，纬纱一般以混纬方式织入。

1. 加工流程

根据经纬纱线的形式和原料，织造白坯织物的工艺流程通常有以下几种。

（1）单色纯棉织物。

经纱：原纱→络筒→分批整经→浆纱→穿结经
纬纱 { （有梭）原纱直接纬或间接纬→给湿
　　　（无梭）原纱→络筒 } →织布→坯布整理

（2）单纱涤/棉织物。

经纱：涤/棉原纱→络筒→分批整经→浆纱→穿结经
纬纱 { （有梭）涤/棉原纱→络筒→蒸纱定捻→卷纬
　　　（无梭）涤/棉原纱→络筒→蒸纱定捻 } →织布→坯布整理

（3）股线织物。

经纱：股线→络筒→分批整经→并轴上轻浆或过水→穿结经

纬纱 {（有梭）股线管纬 ⎫ →织布→坯布整理
     {（无梭）股线→络筒 ⎭

棉坯布整理的工艺流程是，

验布→（刷布→烘布→）折布→分等→修织洗→复验、拼件→成包→入库。

2. 工艺设备

（1）络筒。纺部供应的经纬纱线首先经络筒加工。采用电子清纱器和捻接技术生产无结纱是络筒加工的发展方向。在涤/棉纱络筒时，为了减少静电和毛羽的增加，应尽量使用电子清纱器。

（2）整经。络筒定长和集体换筒是整经加工中控制单纱和片纱张力均匀程度的有效手段。为适应整经高速化的需要，整经筒子架和张力装置一般选用低张力V形筒子架，筒子架上导纱棒式的张力装置产生很低的经纱张力，主要用于经纱张力均匀程度的分区调整。

（3）浆纱。棉型经纱上浆通常以淀粉、PVA和丙烯酸类浆料作为黏着剂，上浆的重点在于降低纱线毛羽，增加浆膜的完整性和耐磨性，提高经纱的可织性。粗特纱以被覆为主，细特纱则着重浸透和增强。以各种变性淀粉取代原淀粉对棉或涤/棉经纱上浆时，可适当减少浆料配方中PVA的用量，既可明显改善上浆效果，又有利于环境保护。

采用单组分浆料或组合浆料是上浆技术的发展方向，它不仅简化了调浆操作，而且有利于浆液质量的控制和稳定。上浆过程合理的浆槽浸压次数、压浆力以及湿分绞、分层预烘、分区经纱张力控制等措施，都是保证上浆质量的重要措施。预湿上浆技术在中、低特棉型经纱上浆中应用，可减少浆纱毛羽，节约浆料，降低上浆能耗。

加工高密宽幅织物时，经纱在浆槽中的覆盖系数是上浆质量的关键，覆盖系数应小于50%，一般采用双浆槽上浆方法。双浆槽上浆有利于降低覆盖系数，但是对两片经纱的平行上浆工艺参数控制也提出了很高的要求，两片经纱的上浆率、伸长率应当均匀一致。

（4）织造。在高密和稀薄织物的加工中，有梭织机的产品质量往往不能满足高标准的织物质量要求，织物横档一直是主要的降等疵点。无梭织机的应用大大缓解了这些问题。无梭织机从启动、制动、定位开关车、电子式送经、连续式卷取、电脑监控和打纬机构的结构刚度、机构加工精度等方面对织机综合性能进行优化，有效抑制了各种可能引起横档织疵的因素。

加工高密织物，应当慎重选择符合要求的织机，部分无梭织机对适用的织造范围给出了一个判别指标，即适宜加工的最大织物覆盖率，其计算式如下。

$$织物径向覆盖率\ H_j = \frac{P_j(d_j n_j + d_w n_w)}{100 n_j} \times 100\%$$

$$织物纬向覆盖率\ H_w = \frac{P_w(d_w n_w + d_j n_j)}{100 n_w} \times 100\%$$

$$织物的覆盖率\ H = \frac{H_j Tt_j + H_w Tt_w}{Tt_j + Tt_w}$$

式中 P_j、P_w——织物经向和纬向密度，根/10cm；

        d_j、d_w——经纱和纬纱直径，mm；

Tt_j、Tt_w——经纱和纬纱线密度，tex；

n_j、n_w——组织循环经纱和纬纱数。

织物经向和纬向覆盖率表示织物经向和纬向实际密度与极限密度之比。织物覆盖率在一定程度上反映了织物加工的难易度。

织机在加工覆盖率超出适用范围的织物时，会表现出如机构变形、机件磨损严重等问题，最明显的往往是织机上织物打纬区宽度增加，织物达不到预期的紧密程度。在白坯织物生产中，轻薄、中厚织物的加工通常采用喷气织机，厚重织物加工一般使用剑杆织机或片梭织机。近年来，喷气织机也在开拓自己的应用范围，采用共轭凸轮打纬和积极式开口，以适应厚重织物的加工。

在有梭织机上加工织物时，纬纱可以是直接纬纱或间接纬纱。间接纬纱的纤子卷装成形较好，容纱量也较大，对提高织物质量，减少纬向织疵是十分有利的。如果以涤/棉纱作为纬纱，则纬纱准备加工必须采用间接纬工艺，因为涤/棉纱需要蒸纱定捻处理。涤/棉纬纱定捻是减少纬缩疵点的重要措施。无梭织机上使用筒子纱作纬纱。

（二）色织物

色织物由经纬色纱交织而成。色织物设计中通常以色纱和织物组织结构相结合的手法体现花纹效应，因此花型变化比较灵活，花纹层次细腻丰富，有立体感，花型比较逼真、饱满。色织物的生产一般有小批量、多品种的特点。

1. 加工流程

色织物生产有两种比较常见的工艺流程。

（1）分批整经上浆工艺流程。

（2）股线、花式线等分条整经免浆工艺流程。

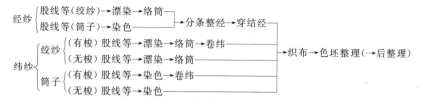

色坯布经过与白坯布类似的坯布与检验、修整工程，验布→（刷布→烘布→）折布→分→修布→开剪理零→复验、拼件→打包，对于一般品种即可成为成品出厂。对一些高档产，还进行不同的后加工整理，经过后整理的色织物为成品布。比如，棉色织物后整理方式预缩整理、轧光整理、上浆整理、漂白整理、练漂整理、套色整理以及树脂整理等；涤/色织物整理有树脂整理、氯漂整理、练漂整理、耐久压烫整理等。

2. 工艺设备

（1）准备。在整经和浆纱工序中，按照织物产品的花型要求进行色纱排列，称为排花。整经和浆纱排花型是色织工艺的重要特点，它对织物的外观质量起着决定性作用。在色

纱整经过程中，色纱与导纱部件、张力装置的摩擦因数受纱线色泽及染料的影响，为保证片纱张力均匀程度，张力装置的工艺参数设计要考虑这一因素。部分新型分条整经机采用间接法张力装置，从而排除了这项不利因素，给工艺设计和张力装置的日常管理带来便利，同时满足了经纱的片纱张力均匀性要求。由于漂染纱线色泽繁多，色织物组织结构复杂，织造难度较大，因此对色纱的上浆要求亦较高。色纱上浆时应注意合理选用浆料、合理制订上浆工艺，使经纱从耐磨、增强和毛羽降低等方面的性能得以提高，同时应注意防止色纱变色和沾色，保持色纱色泽鲜艳。

（2）织造。色织生产使用的织机一般为选色功能较强的多梭箱有梭织机、剑杆织机和喷气织机，织机通常配有多臂开口机构或提花开口机构，用于复杂花型的织制。在有梭织机上加工时，为提高产品的质量，纬纱准备经常采取间接纬工艺。

（三）对原纱的要求

无论是白坯布还是色织物，要加工高档次的织物，必须有优质的原纱。随着无梭织机应用的不断普及，在高速运行的情况下，为了减少纱线断头，提高织机效率，原纱检验是必不可少的。

无梭织机开口较小，为了保证梭口清晰，织制时一般加大上机张力；通常以无梭织机加工紧密厚实织物，加工此类织物也会加大上机张力。经纱在长期大张力下，加上反复的打纬高峰负载以及高速运转中综片对经纱的磨损，易使经纱发生断裂。因此，对原纱的质量要求，除对纱线特性指标的绝对值有较高要求外，对指标的全面性、离散性以及卷装质量亦有较高要求。如果原纱质量得到保证，辅之以严格的各项技术管理，无梭织机的效率可达到92%以上。

1. 纱线断裂强度

大部分纱线的最小强力是由纱线中细节弱环决定的，弱环的数量与织机停台具有极高的相关性。因此，减少弱环，降低原纱的单纱强力 CV 值，才能降低纱线的断头率。通常纱线平均强力的25%应大于织造时经纱张力峰值，单纱强力变异系数则随纱线品种而异，例如14.5tex 的精梳棉纱，其单纱强力变异系数以小于10.3为宜。

2. 原纱条干 CV 值和粗节、细节、棉结数

原纱条干 CV 值与单纱强力 CV 值之间正相关。一般纱线 CV 值应控制在2007年乌斯特统计值5%～25%的水平效果较好。实践表明，14.8tex 的纯棉精梳环锭纺筒纱的条干均匀变异系数可定在13.5%以上，同时还应注意反映机台之间，纺锭之间，即管间的条干质量变异系数和质量不匀率。原纱的粗节、细节和棉结数也应以2007年乌斯特统计值5%～25%水平的相应值为目标。例如14.8tex 的纯棉精梳环锭纺筒纱，每千米+50%的粗节在个左右，−50%的细节在5个左右，+200%的棉结在70个左右。

3. 原纱毛羽

纺纱过程中不适当的工艺配置使纤维损伤，短绒增多。纱线运行过程中不正常的摩擦是造成毛羽增多的主要因素。经纱毛羽多，纠缠严重，会导致开口不清，形成织疵。目前厂实际应用的纱线毛羽指标为2001年乌斯特公报中纱线毛羽 H 值、毛羽标准差 S_h 和变系数 CV_h。例如14.5tex 的精梳棉纱的毛羽指数 H 值可在5左右。

二、毛织物加工流程与工艺设备

毛织物主要分为精梳毛织物和粗梳毛织物两个大类。精梳毛织物表面光洁、有光泽，纹清晰，一般为轻薄型织物，手感坚、挺、爽。粗梳毛织物整理后表面有茸毛，一般织纹不明显，为厚重型织物，手感松软，且有弹性。毛织物幅宽较宽，常带边字，主要用作高档服装面料。毛织物的品种很多，通常生产批量较小，织物组织比较复杂，纬纱颜色比较丰富。

1. 加工流程

（1）精梳毛织物。

呢坯整理的流程：量呢（测长和称重）→验呢→呢坯分等→呢坯修补→复验、拼件→成包。

毛股线以精梳毛纱并、捻、定捻加工而成，其加工流程为：

精梳毛纱 { 并线→捻线→蒸纱→络筒 / 络筒→并线→倍捻→蒸纱 } →毛股线（筒子）

毛股线加工流程中先络筒后并捻的流程生产效率高，纱线质量好，适于大批量生产；先并捻后络筒的工艺流程比较适合小批量、多品种的毛织生产，故仍被广泛采用。通常，各毛织厂根据织物要求、自身设备条件、传统生产习惯等因素选择适宜的工艺流程。

（2）粗梳毛织物。

经纱　毛纱（筒子）→分条整经→穿结经 ┐
纬纱 { （有梭）毛纱（筒子）→卷纬→织布 → 呢坯整理 / （无梭）毛纱（筒子） }

2. 工艺设备

（1）准备。毛织生产中，经纱一般不经过专门的上浆工序，只有在生产细特精梳单纱轻薄织物时，才采用类似棉织的分批整经和上浆加工方法，或采用单纱上浆再进行分条整经加工。前者生产效率高，适用于批量很大织物品种的生产；后者生产效率较低，但上浆质量很好，符合小批量、多品种的市场需求。为防止高速整经时产生静电，并适应无梭织机高速、高张力的织造，分条整经加工时对经纱给油进行上蜡或上合成浆料的乳化液，以代替浆纱。

由于分条整机的织造加工流程较短，能满足小批量、多品种的生产要求，因此十分适宜于毛织生产。

（2）织造。根据毛织物的特点，用于毛织生产的织机为宽幅织机，经常配有多臂开口机构，并且具有很强的多色选纬功能。目前，有梭毛织机使用比例还很大，有梭毛织机常用于多色纬织造的双侧升降式多梭箱织机，采用短牵手四连杆打纬机构，以适应打纬力较大和宽幅织机上纬纱飞行时间较长的需要。为保证织物的实物质量，纬纱一般采取间接纬，纡子卷绕密度大、成形好，纬纱疵点也有减少。剑杆织机和片梭织机在毛织生产中应用很广，两种织机都能适应厚重或轻薄型织物加工。剑头和片梭对纬纱作积极式引纬，对纬纱控制能力强，引纬质量好。片梭织机可以进行 4～6 色任意选纬，剑杆织机选纬功能更强，任意选纬数量多达 8～16 色。由于片梭启动时的加速度很大，使纬纱张力发生脉冲增长，容易引起纬纱断头，因此，使用片梭织机加工毛织物时，对纬纱质量提出了较高的要求。

三、真丝织物加工流程和工艺设备

真丝织物产品种类很多，有纺类、绉类、绫类、罗类、缎类、绸类、锦类和绡类等十四大类，各类织物都具有自己独特的外观风格和手感特征。因此，它们的加工工艺流程和加工工艺存在一定差异。

1. 有梭织机织制真丝织物的工艺流程

(1) 平经平纬织物。

经丝　原料检验→浸渍→络丝→整经→穿结经┐
纬丝　原料检验→浸渍→络丝→并丝→卷纬┘→织绸→绸坯整理

(2) 绉经绉纬织物。

经丝　原料检验→浸渍→络丝→并丝→捻丝→定形→倒筒→整经→穿结经┐
纬丝　原料检验→浸渍→络丝→并丝→捻丝→定形→卷纬┘→织绸→绸坯整理

(3) 熟织物。

经丝　原料检验→络丝→捻丝→并丝→捻丝→定形→成绞→练染→色丝挑剔→再络→整经→穿结经→织绸→绸坯整理
纬丝　原料检验→络丝→并丝→捻丝→定形→成绞→练染→色丝挑剔→再络→卷纬┘

2. 剑杆织机织制真丝织物的工艺流程

如果加工的是无捻织物，则在下列工艺流程中去掉捻丝、定捻两工序即可。

经丝　原料检验→浸渍→干燥→络丝→无捻并丝→捻丝→定形→倒筒→整经→穿结经→织绸→绸坯整理
纬丝　原料检验→浸渍→干燥→络丝→无捻并丝→捻丝→定形→倒筒┘

绸坯整理的工艺流程：称重、测长和检验→修剪和织补→分等复查→成包

3. 对原料的要求

真丝织物是机织物中最轻薄的织物，原料价格比较高，因此，合理使用原料对提高产品质量、降低生产成本影响很大。首先是不同庄口(蚕茧产地)、不同茧别(春、秋茧)、不同批号应分别使用。其次，高档、轻薄织物的疵点不易掩盖，像电力纺、斜纹绸、洋纺等应选用匀度好、线密度偏差小、清洁的原料。而需加捻、并合，或用于提花织物(如双绉、花软缎等)的，原料级别可稍低，因为并合可降低条干不均，加捻可提高强力、抱合力、耐磨性等指标。满地花织物有强绉效应，原料档次更可低一些。另外，经丝在织造时受到开口、打纬等外力的反复多次长时间的作用，应选用伸长、强力、抱合力好的原料。无梭织机因为车速高、机身短，经丝原料各项指标应高于有梭织机，常用4A级桑蚕丝，而纬用原料可选用丝身柔软、线密度偏差小、匀度好的原料，以防出现各种纬档疵点。

4. 工艺设备

(1)准备。真丝十分纤细，卷绕时容易产生嵌头、倒断头等疵点，致使退解困难，张力波动增大，甚至无法退解，造成原料浪费，影响产品质量和生产顺利进行。因此，准备工序的重点是控制丝线张力，不但张力大小要恰当，而且要均匀，只有保证单丝张力和片丝张力的均匀，才能有效地防止产生经柳、横档等织疵。

(2)织造。桑蚕丝吸湿量对丝线的强力、伸长产生显著影响，在准备和织造过程中应控制丝线回潮率的均匀程度，避免因原料回潮率之间的差异引起丝线的伸长差异，从而造成经柳、横档织疵。在开口清晰的前提下，经丝上机张力以小为宜。加工平素织物，为获得较大的织物密度，可以适当增加经丝上机张力；熟织的经丝因脱胶而强力下降，它的上机张力要低于生织的经丝。

真丝织物的经丝通常由两根、三根或四根22.2/24.4dtex的桑蚕丝经无捻并合而成,有时加有极少的捻度,经丝的断裂强度较低,织造过程中不宜经受较大的拉伸张力,否则会引起断丝。因此,丝织加工的特点是织机车速稍低,采用较大的梭口长度和较小的梭口高度,从而降低开口过程中经丝的伸长变形和张力,使经丝得到保护。

真丝织物的经丝质量比纬丝好,因此织物应为经面织物,使织物正面较多地看到经丝。如果织物正面朝上正织,开口时提升的经丝比不提升的经丝多,就增加了开口机构的负荷。因此,丝织物大多采用正面朝下的反织。为使梭口满开后上下层经丝强力差异不大,在工艺参数配置上宜采用等张力梭口,开口时间迟些,有助于织物平挺、织纹清晰、手感丰满。

用于真丝织物加工的织机常配用多臂开口机构或提花开口机构。目前,有梭织机仍占真丝织物加工织机的很大比例。在类型众多的无梭织机中,剑杆织机比较适应批量小、花色品种繁多的丝织生产,并且剑杆对纬纱积极控制,引纬动作比较缓和,故在真丝织物加工中得到广泛应用。剑杆织机应选择加工轻薄型织物者为宜,织机常采用单后梁结构,其经纱张力感应部件对经纱张力变化比较敏感,送经调节灵敏度高,同时后梁摆动对经纱长度的补偿也较大,适合真丝织物的加工。

四、麻类织物加工流程和工艺设备

我国麻纺织使用的麻纤维主要有苎麻、亚麻和黄麻。麻纤维的共同性质是细度较粗,强力大而伸度很小,刚度大而缺乏自然卷曲,吸湿性能好,散热散湿也快。苎麻和亚麻具有良好的穿着性能和抗菌卫生性能,是高级纺织原料。黄麻以及性质相近的红麻、洋麻等麻品是另一类重要的麻纺织原料,纤维的细度较粗,长度较短,只能纺成粗特纱,用于织制麻袋、包装用麻布或地毯底布,也可用作电缆麻纱。

(一)苎麻织物

苎麻纤维具有许多独特的优点,纤维长,强度高,色泽洁白,热、湿导性能良好。苎麻服用织物能及时排除汗液,降低体温,织物粗犷挺爽,夏季穿着舒适、透气。为此,苎麻织物以单纱织物为主,经纬向紧度不宜过大,一般经向紧度为45%～55%,纬向紧度为40%～50%。织物组织常采用重平、方平组织,使麻织物纱线粗细不匀的风格特征更加突出。但是苎麻纤维的大分子结晶度高,分子排列倾角小,表现为苎麻织物服用性能的抗折皱性差、织物弹性差、不耐磨、易起毛。因此,在产品设计时通常采用混纺、交织及麻纤维改性等措施,达到扬长避短的效果。

1. 加工流程

```
经纱    络筒→分批整经→浆丝→穿结经
                                            ├→织布→检验→修整
纬纱 { (有梭)直接纬纱或间接纬纱
        (无梭)苎麻原纱→络筒
```

苎麻织物的织坯整理和棉坯布整理相同。

2. 工艺设备

(1)准备。苎麻织物以单纱作为经纱,单纱的特点是纱体松散、粗细节多、麻粒多、毛羽多、纱疵多,因此经纱准备加工是织造的重点,其中又以浆纱为关键。

络筒中应采用电子清纱器,纱线通道宜光滑,尽量减少对纱线的摩擦,防止毛羽增生。宜采用较小的络筒张力和较慢的络筒速度,以保持纱线的强力及弹性,避免纱线条干恶化。络筒清疵去杂的对象是大粗节、羽毛纱、飞花附着和粗大麻粒。一些短小粗节可以保留,这

些短小粗节残留于织物表面有助于苎麻织物独特风格的形成。

苎麻纱在整经过程中容易断头，合理的整经工艺应是轻张力、慢速度、片纱张力应尽可能均匀。

苎麻纱上浆的要求是浆膜坚韧完整，纱身毛羽贴伏，使经纱在织机上开口清晰，顺利织造。通常，上浆采用成膜性、弹性、强度均佳的以 PVA 为主的混合浆料。为提高浆纱的柔韧和平滑性能，可以适量增用油脂或其他柔软剂，如采用浆纱后上蜡工艺，则效果更为显著。浆纱过程中必须对湿浆纱实行湿分绞、分层预烘等保护浆膜的措施，并且严格控制浆槽中的纱线覆盖系数，必要时采用双浆槽浆纱机上浆。浆纱的质量指标，上浆率 8%～10%，回潮率 5%～6%，增强率 15%，减伸率 20%。

（2）织造。织造苎麻织物时，为了开清梭口，防止毛羽缠绕，上机张力应适当增大。增大上机张力以后，经纱张力均匀程度改善，打纬力增大，使织物丰满匀整。为了减少下层经纱的断头，后梁位置比其他同类织物可以偏低一些，以减小上下层经纱张力差异。

为了进一步减少经纱毛羽相互粘连的现象，改善梭口清晰度，可以用多页多列综框，以减少综丝密度，从而减少经纱的相互摩擦黏结。采用双开口凸轮两次开口也是行之有效的办法。另外，还可以在有梭织机的后梁与经停架之间加装活络绞杆，实现强迫开口，以便织造顺利进行。加工特宽苎麻织物时，设计的开口凸轮应延长静止角，缩短开口角等，这些都是改进开口效果的有力措施。

苎麻纱上浆后变得手感粗硬，刚性强，弹性差，不耐屈曲磨损，因此浆纱回潮率和织造车间温湿度要加以控制，使苎麻浆纱保持一定的水分，从而改善浆纱的弹性、韧性和耐磨性。加工涤/麻织物时，织造车间的温度为 25～27℃，相对湿度为 72%～77%。

（二）亚麻织物

亚麻纤维的性能与苎麻相似，但强力与伸度均略次于苎麻。亚麻的单纤维长度短（一般为 15～25mm），差异大，无法纺纱。因此，亚麻是利用束纤维纺纱的。亚麻的纺纱方法比较特殊，除了像苎麻那样有长麻纺和短麻纺的区别外，还有湿法纺纱（简称湿纺）和干法纺纱（简称干纺）之分，通常只对短麻进行干纺。湿纺是亚麻纺纱的一大特点，湿纺亚麻纱的表面比较光洁，毛羽也较少。

由于束纤维在牵伸过程中有非控制区的存在，有少部分束纤维未被牵伸或分劈。因此，在细纱上出现竹节状条纹（类似棉纺的竹节纱）。这种条纹被视为亚麻纱的特征，构成亚麻织物的特有风格。亚麻织物主要用作夏季衣料，其性能与苎麻织物类似。亚麻织物毛羽少，具有卫生性能，广泛用作餐巾、台布、手帕、床单等装饰用品中。

湿纺纱织物多用作服装面料和装饰用品，纱线在织制前需经练漂，在细纱机上纺得的管纱先经卷络工序，卷络成绞纱或松式筒子，再进行练漂，绞纱练漂后，需再经一次络筒。

亚麻织物的织造工艺流程为：

$$
\begin{array}{l}
经纱\quad 络筒\to整经\to穿结经\\
\qquad\qquad\qquad\searrow 浆纱\nearrow\\
\qquad\quad\Big\{
\begin{array}{l}
（有梭）络筒\to给湿或蒸纱\to卷纬\\
（无梭）络筒\to给湿或蒸纱
\end{array}\Big\}\to织布\to织坯整理\\
纬纱
\end{array}
$$

亚麻织坯整理的工艺流程是，验布→分等→修布→洗布→折布→打包。

纯亚麻织物的纱线较粗时，可以采用分条整经免浆工艺。亚麻混纺织物，考虑其混纺纤维的性能，如棉、黏纤等，则必须上浆，采用分批整经上浆工艺。亚麻纬纱织造前需要给湿或蒸纱，以稳定捻度，降低纱的刚度。

亚麻水龙带织机像其他带织机一样是一种整织联合机。生产时，只要将亚麻纱筒子装到织机后部的筒子架上即可织造。

（三）黄麻织物

黄麻织物的织造工艺流程比较简单。

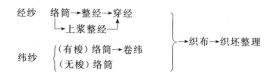

黄麻织坯整理的工艺流程是，量检（检验和测长）→轧光→折布→打包。

黄麻麻袋整理的工艺流程是，量检→轧光→折切（折叠和裁切）→缝边→叠检→缝口→检袋（→印袋）→打包。

黄麻纱线密度低，强力大，一般不需上浆。但用细特纱织制单经平纹麻布、麻袋织物时，或用圆型织机织造时，为使开口清晰，减少断头，亦对经纱进行上浆处理。织制黄麻地毯底布时，也进行上浆。黄麻纱上浆在上浆整经机上进行（比普通整经机多上浆装置和烘燥装置）。

五、合纤长丝织物加工流程和工艺设备

合纤长丝织物主要是指涤纶和锦纶的长丝织物。锦纶长丝织物比较少，全锦纶丝织物的典型产品是尼丝纺，大多用作伞布和滑雪衫面料。涤纶长丝经常用于加工服装和装饰织物，近年来随着差别化涤纶长丝纤维的开发，涤纶长丝的仿真丝绸、仿毛、仿麻产品得到了快速发展，达到了以假乱真的水平。

目前，涤纶长丝织物的织造生产设备有两种类型：一种是由有梭织机及与之配套的传统前织设备组成；另一种是以无梭织机及其配套的整、浆、并等设备构成。后者一次性投资较高，但设备性能好，生产效率及产品质量高，是合纤长丝织造设备的发展方向。

（一）合纤长丝仿真丝绸织物

1. 加工流程

合纤长丝仿真丝绸产品主要有纺类、缎类、双绉类、乔其类，尼丝纺也是纺类的一种。无梭织机加工长丝仿真丝绸织物的相应工艺流程有三种。

（1）纺、缎类（平经平纬）。

```
经丝  长丝→分批整经→浆丝→并轴→穿结经┐
纬丝  长丝───────────────────────────┤→织布→检验→修整
```

（2）双绉和绉类（平经绉纬）。

```
经丝  长丝→分批整经→浆丝→并轴→穿结经┐
纬丝  长丝─络丝→捻丝→定捻→倒筒──────┤→织布→检验→修整
```

（3）乔其类（绉经绉纬）。

```
经丝  长丝→络丝 →捻丝→定捻→倒筒→分条整经→穿结经┐
     纬丝  长丝→络丝→捻丝→定捻→倒筒──────────┤→织布→检验→修整
```

2. 工艺设备

(1) 捻丝。捻丝加工通常在倍捻机上进行，部分倍捻机上装有电热定捻装置，可以将捻丝和定捻合并为一道工序，大大缩短了生产流程，称为一步法工艺。但是这种定捻方式的定捻时间短，定捻效果不如二步法工艺好（捻丝和定捻分为两道工序）。对于有绉效应的织物，如双绉、乔其类，需对长丝加强捻，定捻效果尤为重要，因此，大多数工厂使用的是二步法工艺路线。

(2) 经丝准备。经丝准备通常采用整、浆、并三步加工方式。在整经机上有静电消除装置、毛丝检测装置。浆丝机的单经轴上浆有利于经丝上形成完整的浆膜，而且还配备了后上油装置。由并轴机对浆轴并合，形成织轴，这样的加工流程虽然长些，但对产品质量有利。

(3) 织造。用于合纤长丝仿真丝绸加工的无梭织机以喷水织机为主，因为喷水织机车速高，产量高。近年来强调织物品种开发更新，剑杆织机和喷气织机也有较多使用。喷水和喷气织机用于纬向强捻的双绉和乔其类织物加工时，由于水束和气流对纬纱的控制能力有限，容易造成织物的纬向疵点，采用剑杆织机则可克服这一问题，并且可以增大这类织物的幅宽。

（二）合纤长丝仿毛、仿麻织物

目前，合纤长丝的仿毛、仿麻加工主要是指涤纶长丝的仿毛、仿麻织造加工。加工原料除涤纶复丝外，还经常使用涤纶空气变形丝、网络丝等。用无梭织机加工的涤纶长丝仿毛、仿麻产品质量好，产品的附加值高，比较受市场的欢迎。

1. 加工流程

```
经丝    涤纶复丝→整浆联合(或整浆分开)→并轴→穿结经┐
                                                    ├→织布→检验→修整
纬丝    涤纶复丝────────────────────────────────┘
```

或

```
经丝    涤纶空气变形丝、网络丝→分条整经→穿结经┐
                                              ├→织布→检验→修整
纬丝    涤纶复丝、空气变形丝、网络丝────────────┘
```

2. 对原料的要求

利用合纤长丝生产仿真织物，不同牌号、不同批号的原料不能混用；原料的吸色性能应一致，如有吸色差异，应根据吸色深浅分档使用，吸色差异不明显的，可用于提花或印花织物；原料的沸水收缩率不能太大。另外，单纤维根数少或捻度大的原料作经纱比较好，用于上浆加工的合纤长丝含油率要控制在 1.5% 以下，过高的含油将导致上浆失败。

3. 工艺设备

(1) 经丝准备。合纤长丝为疏水性纤维，织造工程中应尽量减少产生毛丝和静电。在前织设备上通常装有静电消降装置或适量给油，以消除加工过程中所产生的静电。为避免毛丝对织机开口的不良影响，部分整经机上配备了毛丝检测装置，以检测和清除毛丝。经丝准备较多采用分条整经工艺。

合纤长丝加工应适当控制张力，张力过大容易引起大量毛丝或断头，张力过小则会产生半成品卷装和织物疵点，如经轴小轴松塌、宽急经织疵等。

合纤长丝上浆决定着织造加工的成败。根据合纤长丝的特点，上浆工艺要掌握强集束求被覆、匀张力、小伸长、保弹性、低回潮率和低上浆率的原则。上浆率应视加工织物品的不同而有所差异。上浆通常采用丙烯酸类共聚浆料，为克服摩擦静电引起丝条松散、织断头，经丝上浆应采取后上抗静电油或后上抗静电蜡的措施，以增加丝条的吸湿性、导电性和表面光滑度。合纤长丝的受热收缩性能决定了上浆及烘燥的温度不宜过高，特别是异收缩丝，高温烘燥会破坏其异收缩性能。烘燥温度要自动控制，保证用于并轴的各批浆丝收缩程度均匀一致，防止织物产生条影疵点。

（2）织造。为适应小批量、多品种的仿毛、仿麻织物生产，通常选用选色功能极强的剑杆织机，经丝准备较多采用分条整经工艺。

（三）合纤长丝仿真技术

近年来，新型合成纤维以仿丝、仿毛、仿麻、仿棉、仿羽绒等仿天然纤维为目标的仿真技术发展十分迅速。新一代的合成纤维将天然纤维的服用舒适性和合纤的优良特性兼收并蓄，除涤纶、锦纶外，丙纶、氯纶、氨纶等各种合纤长丝都得到了较快发展。仿真合纤长丝主要有异形丝、改性丝、共混丝、海岛丝、复合丝、混纤丝、超细丝、特粗丝、异收缩丝及特种功能丝，如高吸水、高收缩、超高强高模、抗静电、导电等长丝。各种合纤长丝的高仿真性能是合纤长丝织物绚丽缤纷、以假乱真的基础。

仿真合纤织物的织造加工流程和工艺设备根据原料和产品确定。仿真合纤织物在外观、手感、服用舒适性等方面的高仿真性能和产品的高附加值主要是通过各种特色染整深加工实现的，良好的染整加工使合纤织物预期的设计风格得到了淋漓尽致的体现，用于仿真丝绸的染整方法有碱减量处理、染色、印花、机械超喂整理以及柔软整理、砂洗整理、磨绒整理、树脂整理、抗静电整理、轧光和轧纹整理等。用于仿毛加工的有全松式染整加工、树脂整理、抗起球整理、阻燃整理、亲水整理等。

六、特种纤维织物加工流程与工艺设备

特种纤维织物是产业用纺织品中一个重要部分，用作骨架材料、过滤材料、隔层材料、绝缘材料、文娱及体育用品材料、国防工业和汽车工业用材等。特种纤维品种正在不断开发，常用的有玻璃纤维、碳纤维和芳纶等。这些纤维通常具有细度极小、高强度、高模量、抗疲劳、耐热、耐腐蚀、相对密度低等特点，它们的织造加工基本沿用了传统的织造和经纬纱准备的加工方法。

（一）玻璃纤维织物

玻璃纤维织物的加工原料有连续长丝和短纤纱两种，其织造加工流程为：

经丝　连续长丝或短纤纱（筒子卷装）→多次并捻→分条整经→穿经┐
　　　　　　　　　　　　　　　　　　　　　　　　　　　　├→织布→检验
纬丝　连续长丝或短纤纱（筒子卷装）→多次并捻→卷纬──────┘

玻璃纤维织造可以在有梭织机上进行，纬纱采用间接纬准备工艺。但是，梭子飞行对不耐磨的玻璃纤维经纱产生较强的磨损作用，使经纱起毛，影响产品质量。刚性剑杆织机是玻璃纤维织造最适宜的机型。剑杆头截面尺寸小，为减小经纱开口高度创造了条件，对低伸长率的玻璃纤维加工十分有利。另外，引纬过程中剑杆与经纱不发生摩擦，对经纱起到良好的保护作用。

（二）碳纤维织物

碳纤维伸长率一般小于2%，经并捻加工会产生大量毛丝，因此，碳纤维复合丝通常以上浆处理来改善可织性，使纤维集束。同时，碳纤维上浆可保护碳纤维的表面活性，增强碳纤维与基体树脂的黏结牢度，提高复合材料的力学性能。碳纤维的上浆一般在原丝生产过程

中进行。

碳纤维的上浆剂应根据相似相溶原理进行选择。碳纤维织物用作复合材料增强体时，多用环氧树脂为基体。因此，上浆剂的主成分常为环氧树脂，通过适当方法配制成乳液进行上浆。

碳纤维织造常采用改造后的传统织机或无梭织机，其中刚性剑杆织机最为适宜。利用小开口高度、短筘座动程、经纱开口长度补偿等措施，以适应碳纤维低伸长特性并减少纤维磨损。织机的织轴由滚筒代替，并在织机机后增设筒子架，碳纤维直接由筒子架上引出，进入织机与纬纱交织。碳纤维织物的纬纱可以是碳纤维、玻璃纤维或其他纤维。碳纤维筒子重4kg左右，这种大卷装、短流程加工方式适合于大批量的织造生产。

碳纤维和其他一些特种纤维纱线在断头后很难打结，打结后也极易散结，为此，常使用快干树脂黏合剂的粘接方法进行织造过程纱线接头。

碳纤维织物作为立体多维骨架材料时，可用立体多维编织机加工，这种立体织物经碳/碳复合用于航天事业。

（三）芳纶织物和高强涤纶、锦纶织物

在芳纶（美国商品名 Kevlar™）、高强涤纶、高强锦纶的加工中，"并捻→分条整经→穿经"的经纱准备工艺流程应用得比较普遍，其优点在于工艺流程短，适于小批量的织物生产。通过并、捻加工提高经纱的可织性，可以免去经纱上浆工程。特种纤维上浆采用的浆料一般为非常规浆料，浆料的选择、制备、上浆工作都有较大难度。

第二节　机织物加工的快速反应

机织物加工的快速反应系统采用计算机和网络通信技术，在生产过程高度自动化、计算机化的基础上，对机织物的产、供、销、人、财、物、产量、质量和效益等进行全面、科学的管理，以最快速度生产客户需求的产品。在纺织厂内部，采用现代化（自动化、计算机化和高技术化）的生产设备和计算机辅助设计（CAD）、计算机辅助工艺设计（CAPP）、计算机辅助制造（CAM）和管理信息系统（MIS）等，乃至将它们集成到一起的计算机集成制造系统（CIMS），高质、高效地完成各项生产作业。在纺织厂和上下游企业之间，利用计算机通信网络完成纺织厂与各种原材料供应商（棉花公司、化纤厂等）、面料采购商（服装厂、面料经销商等）之间的各种业务和信息传递，如产品的供销、技术要求、交接方式和开发计划等；同时，也利用计算机网络收集新原料、新产品信息，开展电子商务，利用虚拟卖场展示产品或织物 CAD 设计的样品及用其"制作"的"服装"，直观显示服装模特或顾客穿着该"面料"做成的服装的三维效果，或该"面料"做成窗帘、床上用品等的三维室内效果。为维护纺织厂和供销链之间良好的运作，由专门的组织机构和信息机构进行协调，实施面料快速反应有利于实现小批量、多品种、高质量、快交货，提高产品开发成功率，也有利于满足人们个性化、多样化以及自我设计的消费需求。

一、计算机辅助织物设计（CAD）

CAD 是实现机织物加工快速反应最重要的基础，它是关于织物设计的一组计算机应用软件。机织物 CAD 包括织物测试分析子系统、花型设计子系统、纱线设计子系统、部分织物加工工艺生成系统和织物仿真子系统等。织物测试子系统对织物来样进行测试分析，获得

织物各项技术参数，包括纱线原料、线密度、捻度、配色、织物组织结构、织物经纬纱密度和织物纹样等。花型设计子系统用于设计和处理织物的图案纹样，以获得满意的花型效果。纱线设计子系统用于设计织物的经、纬纱，展示不同原料、线密度、捻度和毛羽数的各种纱线，包括花式纱线。织物加工工艺生成子系统则根据用户选择的织物图样信息、经纬纱线信息、织物组织信息（这些信息可以由用户按需输入，也可从数据库调用）及织机本身的信息（一般储存于织机所附的磁盘上），通过特定的算法直接生成织机能读懂的上机信息。织物仿真子系统用来显示织物图样、纱线参数（如原料、类型、线密度、配色等）和织物参数（如组织、经纬纱密度等）改变时织物的仿真效果，还可以将模特穿着时的三维效果和室内装饰的三维效果展现出来。机织物 CAD 系统为设计人员提供良好的工作界面，通过屏幕显示和人机对话开展设计工作。与传统设计方法相比，它能快速、正确、方便地完成织物图样、纱线、组织、风格的设计及修改，迅速确定符合用户要求的纱线、织物参数、图样及其组合。

目前，机织物 CAD 对织物的仿真模拟逐渐达到以假乱真的水平。从对普通色纱的模拟到对花式纱线和新型纱线的模拟，从对织物的二维外观模拟到三维模拟织物的质感和立体结构，模拟织物的起毛、起绒效果以及悬垂性等。在色彩方面，可以模拟墨水色、颜料色等。理想的辅助设计软件可根据织物的基本力学特征参数模拟织物的三维质感效果，甚至能直接根据织物的技术规格参数（如纤维原料、纱线结构参数、织物组织、经纬纱密度）以及加工工艺条件等仿真织物的三维质感效果（如织物的悬垂性、飘逸性、柔软度、硬挺度、丰满度）。要实现这一软件功能，尚有大量的关键技术需要研究。

二、计算机辅助工艺设计（CAPP）

通常，机织物 CAD 能自动生成所设计织物的技术规格和该织物上机织造所需的部分工艺参数，而加工产品所需要的其他大部分生产工艺文件，则由计算机辅助工艺设计（CAPP）系统完成。CAPP 生成的工艺文件既包含产品加工工艺，又包含许多生产管理所必需的信息。CAPP 实际上就是将产品设计信息转化为制造加工和生产管理信息。

目前的 CAPP 大都是介于交互型和生成型之间的综合型，既需要人机交换信息，又利用计算机快速处理信息的功能和具有各种逻辑决策功能的软件和程序模块，半自动或自动地生成工艺。智能型 CAPP 是 CAPP 系统的最佳类型，是将人工智能技术应用于 CAPP 系统中开发而成的 CAPP 专家系统。生成型和智能型的区别在于，生成型以逻辑算法加决策表为其特征，智能型则以逻辑推理加知识学习为其特征。

三、计算机辅助织造（CAM）

纺织厂内部的通信网络以及计算机控制的自动化生产装备使计算机辅助制造（CAM）可能实现。由纺织厂中央计算机通过网络通信电缆及适配器对织造生产的各道工序、各种设备进行监督、管理与控制。中央计算机将机织物设计 CAD 和 CAPP 生成的加工信息直接输入到各生产机台的控制微型计算机，向它们发出各种控制参数指令，如经纱上浆率、浆纱回潮率、浆纱各区伸长率、织机工艺参数、织物组织参数、停机指令等，这些生产数据也可通过中央计算机的双向通信网络，在各机台之间相互传递。单台浆纱机、织机的控制微型计算机可将本机的运转状态、生产数据、维修警报、故障原因及操作人员传呼信息等向中央计算机传输，并显示、储存、打印，供生产组织者参考，还可通过中央计算机向其他业务部门报告生产信息或申请帮助。

为适应市场小批量、多品种、供货周期短的特点，纺织机械制造商开发了现代无梭织机的快速品种变换系统，使用该系统可在织机上快速完成织轴、经停片、综框、钢筘更换等一系列上了机工作。该项技术将织机机架设计成组合形式，将安装织轴、经停架、综框等机件的机架构成一个独立机架。织机上了机时，解除机架组合连接及部件传动连接，以装有上机织轴、完成了穿经工作的上机独立机架更换了机机架，然后恢复机架和传动的连接，使上了机的织机调整工作大为减少。由于上机布被塑料薄膜代替，并在穿经间里与穿经之后的上机经纱的头端焊接，节省了上了机时上机纱与了机纱的对接操作。这些措施大量缩短了织机品种变换的停机时间，能提高织机生产效率，适应市场所需的织物品种变化。为配合这一系统工作，还要增加专门的运输车和塑料焊接机。

四、企业资源规划系统（ERP）

机织物生产的快速反应链中，涉及上下游企业之间供应链管理的就是企业资源规划系统。ERP 是建立在信息技术基础上、以系统化的管理思想为企业领导及员工提供决策运行手段的管理平台。其核心思想就是将企业的人力、资金、信息、物料、设备、技术等各方面资源充分调配，平衡优化，为企业提高资金运营水平、提高生产效率、降低经营成本、减少库存、提高服务质量提供强有力的工具。ERP 的本质是管理和信息技术（IT）的结合，就是物流、资金流和信息流进行全面一体化管理的新一代的管理信息系统（MIS）。企业通过 ERP 可以与客户关系管理（CRM）、供应链管理（SCM）进行整合，以实现供应商、企业、客户整个价值链的信息化管理。ERP 的基本思想是强调在供应商、制造商、分销商、用户之间形成一个合作性竞争模式。面临日益激烈的市场竞争中，企业应更加注重产品的研究开发、质量管理、营销扩张和售后服务等来建立企业的竞争优势；在日趋分工细化、开放合作的年代，企业仅仅依靠自己的资源参与市场竞争往往显得被动，企业必须把与经营过程有关的多方面，如上游的原材料供应商和下游的客户等纳入一个整体的供应链中。供应链管理体现了以市场需求为导向的管理思想，将客户要求、企业内部资源以及上游供应商资源整合在一起，以最快的速度满足顾客的需求。

ERP 系统包含多个相互协同作业的子系统，如生成制造、质量控制、财务、营销、人力资源等，可对供应链上的所有环节，如订单、采购、库存、计划、制造、质量控制、运输、分销、服务、维护、财务、人事等进行有效管理。ERP 系统集信息技术与先进的管理思想于一身，将成为现代企业的运行模式，反映时代对企业合理调配资源、最大化地创造社会财富的要求，是目前企业信息化与电子商务的热点议题。

五、电子商务

广义上讲，电子商务一词源自于 Electronic business，是指通过使用互联网等电子工具，使公司内部、供应商、客户和合作伙伴之间，利用电子业务共享信息，实现企业间业务流程的电子化，配合企业内部的电子化生产管理系统，提高企业生产、库存、流通和资金等各个环节的效率。简而言之，电子商务是利用计算机技术、网络技术和远程通信技术，实现电子化、数字化和网络化的整个商务过程。用于织物网上贸易的电子商务已经起步，它具有许多优点，如低成本的全球性宣传有利于扩大市场，产品上市时间大幅缩短；广泛及时的信息来源利于分析市场，对市场需求做出快速反应；将织物 CAD 设计的样品接入虚拟卖场，迅速测试其设计与市场的吻合性，能增加创造力，缩短产品开发周期，提高新品开发的成功率。

目前，计算机屏幕显示的织物视觉效果逐渐趋于完善，但对于织物的触觉风格、加工成形性和服用舒适性仍需通过文字进行表达。这正是虚拟现实技术正在探索解决的一个问题。此外，用 ERP 为电子商务作后台管理支撑，成为电子商务脱离浅层商务运用，得以全面开展和深入运行的坚实基础。

理想的电子商务运用状态是，市场营销部通过网络 ERP 软件（亦称可扩展的、支持电子商务的 ERP，即 eERP）及时、准确地掌握客户订单信息，并按时间、地点、客户统计出产品的销量和销售速度，经过对这些数据的加工处理和分析对市场前景和产品需求做出预测，并把产品需求结果反馈给计划与生产部门，以便及早安排某种产品的生产和相应投入品的购进。

思考题 ▶▶

1. 棉、毛、丝、麻不同织物织造加工工艺流程的特点是什么？
2. 真丝和仿真丝织物加工流程和工艺设备的异同点是什么？

参 考 文 献

[1]　朱苏康,高卫东.机织学 [M].北京:中国纺织出版社,2008.

[2]　朱苏康,陈元甫.织造学 [M].北京:中国纺织出版社,1996.

[3]　周永元.纺织浆料学 [M].北京:中国纺织出版社,2004.

[4]　朱苏康.机织实验教程 [M].北京:中国纺织出版社,2007.

[5]　祝成炎,张友梅.现代织造原理与应用 [M].杭州:浙江科学技术出版社,2002.

[6]　江南大学.棉织手册 [M].3版,北京:中国纺织出版社,2006.

[7]　陈元甫.机织工艺与设备 [M].北京:纺织工业出版社,1988.

[8]　R. Marks. Principles of Weaving. Manchester:The Textile Institute, 1976.

[9]　Sabit Adanur. Handbook of Weaving. Lancaster:Technomic Publishing Co. , Inc. , 2001.

[10]　Schlafhorst, Murata, Savio, Benninger, Zucker-Muller, Picanol, Sultex, Toyoda, Tsudakoma, Dornier, Somet, Staubli 公司产品技术资料.

[11]　张振,过念薪.织物检验与整理 [M].北京:中国纺织出版社,2002.

[12]　中国纺织机械器材工业协会.无梭织机使用手册 [M].北京:中国纺织出版社,2006.

[13]　荆妙蕾.织物结构与设计 [M].3版,北京:中国纺织出版社,2004.

[14]　陈革.织造机械 [M].2版,北京:中国纺织出版社,2009.

[15]　萧汉滨.新型浆纱设备与工艺 [M].北京:中国纺织出版社,2006.